ホログラフィックメモリーのシステムと材料
Systems, Devices and Materials for the Holographic Data Storage
《普及版／Popular Edition》

監修 志村 努

シーエムシー出版

はじめに

　波長405nmの青色レーザーを用いた光ディスク（HD-DVD，Blu-ray）の次の世代の光メモリーの候補として，ホログラフィックメモリーへの注目度が高まっている．これまで二度までも死んだかと思われた技術が三たび息を吹き返しつつあるわけで，かつてホログラフィックメモリーを研究されていた方の中には，「今さらホロメモ？」という感想をお持ちの方もあるかもしれない．CDに始まる平面・ビット記録型光ディスクは，光源波長405nmで記録密度の限界に来ており，その次の世代は記録再生の原理を変えなければ壁を打ち破れない，ということはおそらく間違い無い．しかしながら，その新方式がどれも決め手に欠いていることも事実で，その中でホログラフィックメモリーが改めて注目されてきた，ということだろう．

　とは言え，ただ何もしないでいて注目され始めたわけではなく，これまでのホログラフィックメモリーの失敗の要因を良く分析した，新たなシステムが提案，研究されて，その研究成果が認められてきた，ということが大きな要因になっていると思われる．しかもそれらは日本発の技術である，という点は明記すべきだろう．マラソンに例えると，先頭集団から一度は遅れたものの，あきらめずに精一杯走り続けていたら，いつの間にか先頭集団に再び追いついてしまった，というような状態といえる．

　本書では，光メモリー一般の動向についてレビューした後，ホログラフィックメモリーに関する国内の最新の研究・開発の成果を，システム，記録メディア，信号処理，シミュレーション，光源技術，の各分野にわたって解説する．新しい技術の実用化への一つの鍵は，いかに多くの人がその分野で集中的に研究・開発を行うか，であると思う．本書によってホログラフィックメモリー研究・開発の現状を認識してもらい，できればこの分野に新たに参入する研究者が増えて欲しいと考えている．特に現状では，記録メディアの性能，特にダイナミックレンジが記録密度・容量に大きな影響を与えていると考えられ，この面の改良が今最も重要なポイントであり，研究者人口の増加が切に望まれる．

　ホログラフィックメモリーの研究者，特にこれからこの分野に参入しようとしている人々にとって，本書がその一助となれば幸いである．

2006年4月14日
東京・駒場にて

志村　努

普及版の刊行にあたって

本書は2006年に『ホログラフィックメモリーのシステムと材料』として刊行されました。普及版の刊行にあたり，内容は当時のままであり加筆・訂正などの手は加えておりませんので，ご了承ください。

2012年9月

シーエムシー出版　編集部

執筆者一覧（執筆順）

横森　　清	㈱リコー　研究開発本部　研究開発企画室
志村　　努	東京大学　生産技術研究所　教授
堀米　秀嘉	㈱オプトウエア　取締役；CTO
譚　　小地	㈱オプトウエア　技術開発グループ　シニアエンジニア
石岡　宏治	ソニー㈱　コアコンポーネント事業グループ　コアテクノロジー開発本部　テラバイトメモリー開発部
外石　　満	ソニー㈱　コアコンポーネント事業グループ　コアテクノロジー開発本部　テラバイトメモリー開発部　1課
田中　富士	ソニー㈱　コアコンポーネント事業グループ　コアテクノロジー開発本部　テラバイトメモリー開発部　1課
的場　　修	神戸大学　工学部　情報知能工学科　助教授
岡本　　淳	北海道大学　大学院情報科学研究科　情報エレクトロニクス専攻　助教授
八木　生剛	日本電信電話㈱　フォトニクス研究所　主幹研究員
寺西　　卓	日本ペイント㈱　ファインケミカル事業本部　FP部　係長
植田　秀昭	ダイソー㈱　研究開発本部　研究所　次長
桜井　宏巳	旭硝子㈱　中央研究所　主幹研究員
平尾　明子	㈱東芝　研究開発センター　記憶材料・デバイスラボラトリー　主任研究員
藤村　隆史	東京大学　生産技術研究所　助手
山本　　学	東京理科大学　基礎工学部　電子応用工学科　教授
木下　延博	日本放送協会　放送技術研究所
ステラ・ランボーディ	（元）ソニー㈱
福本　　敦	ソニー㈱　コアコンポーネント事業グループ　コアテクノロジー開発本部　テラバイトメモリー開発部
山本　和久	松下電器産業㈱　AVコア技術　開発センター　主幹技師
平等　拓範	自然科学研究機構分子科学研究所　分子制御レーザー開発研究センター　助教授

執筆者の所属表記は，2006年当時のものを使用しております。

目　次

第1章　大容量光メモリーの展開　　横森　清

1　はじめに …………………………… 1
2　大容量光メモリーの応用 ………… 1
　2.1　光ディスク市場の現状 ……… 1
　2.2　将来応用およびニーズ ……… 4
3　大容量光メモリー技術の現状 …… 8
　3.1　技術開発の概要 ……………… 8
　3.2　海外での研究開発例 ………… 9
　3.3　光メモリー技術の将来 ……… 11
4　おわりに …………………………… 11

第2章　システム技術

1　ホログラフィックメモリー総説
　　………………………志村　努 … 13
　1.1　平面ビット記録型光メモリーの限界 …………………………………… 13
　1.2　ホログラフィックメモリーの原理 …………………………………… 15
　1.3　多重記録の方式 ……………… 16
　　1.3.1　ブラッグ回折 …………… 16
　　1.3.2　角度多重 ………………… 18
　　1.3.3　波長多重 ………………… 19
　　1.3.4　球面波シフト多重 ……… 20
　　1.3.5　位相コード多重 ………… 21
　　1.3.6　スペックル多重 ………… 22
　　1.3.7　コリニア方式シフト多重 …… 22
　1.4　記録媒体 ……………………… 23
　　1.4.1　フォトリフラクティブ材料 … 24
　　1.4.2　フォトポリマー材料 …… 25
　　1.4.3　記録のスケジューリング …… 26
　　1.4.4　ダイナミックレンジ：$M/\#$ … 27
　1.5　ホログラフィックメモリーの歴史と今後の課題 ……………………… 28
　　1.5.1　誕生と第1次ブーム ……… 28
　　1.5.2　第2次ブーム …………… 28
　　1.5.3　フォトポリマーを記録材料としたシステムの登場と現在の状況 ……………………………… 29
　　1.5.4　今後の課題 ……………… 30
　1.6　まとめ ………………………… 31
2　コリニア方式ホログラフィック光ディスクメモリー：HVD™ …… 堀米秀嘉 … 32
　2.1　はじめに ……………………… 32
　2.2　コリニア方式ホログラフィー技術 …………………………………… 33
　2.3　コリニア方式における記録再生原理 …………………………………… 34
　2.4　二波長光学系の構成と波長選択反射膜付き光ディスク構造 ………… 35
　2.5　データページフォーマット …… 37

- 2.6 コリニアシフト多重方式 ………… 39
- 2.7 ダイナミック記録再生実験システム ………………………………… 40
- 2.8 ホログラフィック光ディスクシステム：HVD™ ………………………… 44
- 2.9 今後の課題 ……………………… 44
- 2.10 まとめ …………………………… 45
- 3 コリニア方式 HVD-ROM 大量複製技術 ……………………… **譚　小地** … 48
  - 3.1 はじめに ………………………… 48
  - 3.2 従来のホログラフィック ROM 複製技術の問題点 ………………… 48
  - 3.3 コリニア方式によるホログラムの複製方式 ……………………………… 49
  - 3.4 「面多重記録方式」および位相共役再生によるホログラフィック ROM の複製 …………………………… 52
    - 3.4.1 マスターホログラムディスクのカッティング ……………… 52
    - 3.4.2 面ホログラムの位相共役再生による一括コピーと面多重記録方式 …………………………… 53
  - 3.5 原理実証実験装置と実験結果 …… 54
  - 3.6 まとめ …………………………… 57
- 4 青色 ECLD 光源とランダム位相マスクを用いたコアキシャルホログラムシステム ………………… **石岡宏治** … 58
  - 4.1 はじめに ………………………… 58
  - 4.2 光学系の構成 …………………… 58
  - 4.3 データパターン ………………… 61
  - 4.4 実験 ……………………………… 61
  - 4.5 結果 ……………………………… 62
  - 4.6 まとめ …………………………… 63
- 5 ホログラフィックメモリーの温度トレランスとその改善法 ……………………… **外石　満，田中富士** … 64
  - 5.1 はじめに ………………………… 64
  - 5.2 ホログラフィックメモリーの温度変化の影響 …………………………… 65
    - 5.2.1 メディアの膨張・収縮と屈折率変化 ……………………… 65
    - 5.2.2 温度変化が出力画像に与える影響 ………………………… 65
  - 5.3 Littrow 型外部共振器付き波長可変レーザ ………………………………… 67
  - 5.4 数値計算と実験による温度変化の解析 ……………………………………… 67
    - 5.4.1 角度による補正方式 ………… 71
    - 5.4.2 波長による補正 ……………… 71
    - 5.4.3 角度と波長を組み合わせたハイブリッド方式 ……………… 72
    - 5.4.4 各方式の比較 ………………… 74
  - 5.5 光束系での温度トレランス ……… 75
  - 5.6 おわりに ………………………… 77
- 6 光暗号化によるセキュリティーホログラフィックメモリー ……… **的場　修** … 79
  - 6.1 はじめに ………………………… 79
  - 6.2 光暗号化技術 …………………… 79
  - 6.3 信号光暗号化バルク型ホログラフィックメモリー ………………… 81
  - 6.4 参照光暗号化ディスク型ホログラフィックメモリー ………………… 85
  - 6.5 まとめ …………………………… 88
- 7 光学的リフレッシュ法によるリライタ

ブル記録再生システム……岡本　淳… 91
7.1　はじめに …………………………… 91
7.2　フォトリフラクティブ媒質の記録・
　　　消去特性 ……………………………… 91
7.3　光学的リフレッシュ技術 ………… 94
7.4　空間スペクトル拡散多重記録と多
　　　重ホログラムの一括リフレッシュ
　　　方式 …………………………………… 97
7.5　まとめ ……………………………… 101
8　積層導波路ホログラフィー
　　　………………………… 八木生剛… 103
8.1　媒体構成 ………………………… 103

8.1.1　層間クロストークの回避 …… 104
8.1.2　積層による信号光強度減衰・
　　　　劣化の回避 …………………… 104
8.1.3　入射光由来の迷光回避 ……… 105
8.2　媒体製造 ……………………………… 105
8.2.1　計算機ホログラム …………… 105
8.2.2　媒体作製 ……………………… 106
8.3　再生光学系 …………………………… 108
8.3.1　開口多重 ……………………… 108
8.3.2　段差ビームサーボ …………… 110
8.4　おわりに ……………………………… 112

第3章　記録メディア技術

1　ハイブリッド硬化システムを利用した
　　ホログラム記録材料………寺西　卓… 113
1.1　はじめに …………………………… 113
1.2　ハイブリッド硬化システム ……… 114
1.2.1　ホログラム記録メカニズム … 114
1.2.2　ハイブリッド硬化システム … 116
1.2.3　当社材料の特長と性能 ……… 117
1.3　当社ホログラム記録材料を用いた
　　　用途展開例 ………………………… 119
1.3.1　セキュリティー分野（認証ラ
　　　　ベル）…………………………… 121
1.3.2　光学素子分野－VPHグリズム
　　　　………………………………… 122
1.3.3　情報記録分野 ………………… 123
1.4　おわりに …………………………… 127
2　ダイソー㈱のホログラム記録材料
　　　………………………… 植田秀昭… 129

2.1　はじめに …………………………… 129
2.2　ダイソーホログラム記録材料の特
　　　徴 …………………………………… 129
2.3　ホログラム記録材料の調製 ……… 130
2.3.1　感光層作製 …………………… 130
2.3.2　配合材料 ……………………… 130
2.3.3　ホログラムの記録 …………… 131
2.3.4　記録原理 ……………………… 131
2.4　ホログラム記録特性 ……………… 132
2.4.1　透過型ホログラム …………… 132
2.4.2　反射型ホログラム …………… 132
2.4.3　増感色素の影響 ……………… 133
2.4.4　増感色素の濃度効果 ………… 134
2.4.5　TEMによる観察 …………… 135
2.5　光メモリー ………………………… 135
2.6　おわりに …………………………… 136
3　液晶性フォトクロミック材料を用いた

光記録材料 ………… 桜井宏巳 … 138
　3.1　はじめに ……………………… 138
　3.2　リライタブル用記録材料の開発動
　　　向 ………………………………… 138
　3.3　基本材料コンセプト …………… 140
　3.4　特性評価 ………………………… 143
　3.5　ホログラム記録 ………………… 144
　3.6　今後の課題とまとめ …………… 147
4　フォトリフラクティブポリマー
　　　………………………… 平尾明子 … 149
　4.1　はじめに ………………………… 149
　4.2　フォトリフラクティブポリマー以
　　　外のフォトリフラクティブ材料 … 150
　4.3　フォトリフラクティブポリマー … 150
　4.4　ホログラフィックメモリーの記録
　　　材料としてのPRポリマー ……… 153
　4.5　フォトリフラクティブ効果発現の
　　　素過程 …………………………… 154
　　4.5.1　キャリア発生 ……………… 154
　　4.5.2　キャリア輸送 ……………… 155
　　4.5.3　電気光学効果 ……………… 156
5　2色書き込み不揮発性フォトリフラク
　　ティブ結晶 …………… 藤村隆史 … 159
　5.1　はじめに ………………………… 159
　5.2　フォトリフラクティブ効果 …… 159
　5.3　ホログラム記録媒体としてのフォ
　　　トリフラクティブ結晶 …………… 161

　5.3.1　光学品質 …………………… 161
　5.3.2　保持時間 …………………… 161
　5.3.3　ダイナミックレンジ ……… 162
　5.3.4　記録感度 …………………… 162
　5.4　ホログラムの再生劣化とその対処
　　　法 ………………………………… 163
　5.5　2色書き込み法による不揮発性ホ
　　　ログラムの記録 ………………… 164
　5.6　不揮発性フォトリフラクティブ結
　　　晶の開発状況 …………………… 167
　　5.6.1　2光子吸収・励起状態吸収を
　　　　　用いた2色書き込み ……… 167
　　5.6.2　コングルエント組成 $LiNbO_3$
　　　　　結晶での2色書き込み …… 168
　　5.6.3　ストイキオメトリック組成
　　　　　$LiNbO_3$ 結晶を用いた2色書き
　　　　　込み ………………………… 168
　　5.6.4　Mn 添加ストイキオメトリック
　　　　　組成 $LiNbO_3$ 結晶を用いた2色
　　　　　書き込み …………………… 169
　　5.6.5　ストイキオメトリック組成
　　　　　$LiTaO_3$ 結晶を用いた2色書き
　　　　　込み ………………………… 171
　　5.6.6　ダブルドープ $LiNbO_3$ 結晶に
　　　　　おける2色書き込み ……… 171
　5.7　おわりに ………………………… 173

第4章　ホログラフィックメモリーの信号処理　　山本　学

1　はじめに ……………………………… 176
2　信号品質の劣化要因 ………………… 176

3　信号品質の劣化に対する信号処理 …… 178
　3.1　歪補正 …………………………… 178

3.2 変調符号 ……………………… 178	5 信頼度を用いた軟判定ビタビ復号 …… 182
4 信頼度を用いた信号品質の評価 ……… 179	6 おわりに ………………………………… 186

第5章 シミュレーション技術

1 デジタルホログラム再生のFDTDシミュレーション……………**木下延博**… 187
  1.1 はじめに ……………………………… 187
  1.2 FDTD法 ……………………………… 187
  1.3 一様なホログラムの二次元シミュレーション ……………………………… 189
    1.3.1 解析モデル ……………………… 189
    1.3.2 波源面 …………………………… 190
    1.3.3 観測面での空間周波数領域への変換 ………………………… 191
    1.3.4 RCWAとのシミュレーション結果比較 ……………………… 191
  1.4 デジタルホログラムの三次元シミュレーション ……………………………… 192
    1.4.1 解析モデル ……………………… 193
    1.4.2 デジタルホログラムの記録過程 ………………………………… 194
    1.4.3 デジタルホログラムの再生過程 ………………………………… 196
  1.5 おわりに ……………………………… 198
2 コアキシャルホログラムの記録再生シミュレーション
…**ステラ・ランボーディ，福本 敦**… 200
  2.1 はじめに ……………………………… 200
  2.2 シミュレーションの手法 …………… 200
    2.2.1 シミュレーション条件 ………… 200
    2.2.2 シミュレーションの手順 ……… 202
    2.2.3 SNRの計算 …………………… 205
  2.3 シミュレーション結果と考察 …… 205
    2.3.1 シミュレーションプログラムと数値パラメータの検証 …… 205
    2.3.2 z方向のホログラム媒体位置，厚み依存性の評価 ……………… 205
    2.3.3 記録再生トレランスの評価 … 207
  2.4 まとめ ………………………………… 209

第6章 光源技術

1 ホログラフィックメモリー用光源技術
………………………**山本和久**… 211
  1.1 はじめに ……………………………… 211
  1.2 ホログラフィックメモリーに求められるもの ………………………… 211
  1.3 小型短波長レーザとホログラフィックメモリーへの適用性 …………… 212
  1.4 半導体レーザ ………………………… 213
    1.4.1 GaN半導体レーザ …………… 213
    1.4.2 半導体レーザの波長ロック技術 ………………………………… 215
  1.5 SHGレーザ ………………………… 217

- 1.5.1 分極反転とバルク型SHG素子 …………………………………… 218
- 1.5.2 導波路型SHGデバイス …… 221
- 1.6 ホログラフィック光メモリーへの展開 ………………………… 224
- 1.7 将来光源技術 ………………… 225
- 1.8 おわりに …………………… 226
- 2 単一周波数マイクロ固体レーザー
  ……………………**平等拓範** … 228
- 2.1 レーザー光の指標 …………… 228
- 2.2 固体レーザー材料 …………… 229
- 2.3 マイクロ固体レーザーの基本特性 ……………………………………… 232
- 2.3.1 単一モード発振 …………… 232
- 2.3.2 複合共振器による単一モード化 ……………………………… 233
- 2.3.3 波長可変化 ………………… 234
- 2.4 光メモリー用単一周波数レーザー ……………………………………… 235
- 2.4.1 波長可変内部共振器SHG型 Yb:YAGレーザー ………… 236
- 2.4.2 受動QスイッチNd:YAGレーザー ……………………… 239
- 2.5 まとめ ……………………… 242
- 付録：波長多重ホログラフィック光メモリーへの応用 ……………… 243

第1章　大容量光メモリーの展開

横森　清*

1　はじめに

　デジタル化の波に続き多様な情報ネットワークが形成された中で，時間や場所の制約を超えて，必要とする情報を誰もが意識しないで簡単に安心して活用できる「ユビキタス情報社会」の実現が望まれている。そこでは，今以上に情報の伝達，蓄積，処理などの機能を果たす高性能で多様なシステムが必要となる。そのなかで情報の蓄積を担うものが，ハードディスクや光ディスク，テープ，半導体などのメモリーである。それぞれのメモリーは，その特長を生かした市場において使われている。この中で，民生用途であるCDから始まった光ディスクメモリーは，可換性（ディスクの交換で実質無限容量）と互換性（いたるところで再生ができる）により，全世界的巨大市場を築きあげており，将来の大容量化においても光メモリーがその地位を占めることが期待される。

　本稿では，ユビキタス情報社会における大容量光メモリーの将来像を想定するために，これまでの光ディスク市場の形成過程を概観した上で，大容量光メモリーの応用について考察する。また，これまでに提案されている将来の大容量化を実現する技術候補に簡単に触れ，ホログラフィックメモリーへの期待を述べる。

2　大容量光メモリーの応用[1,2]

　本節では，現在のような大きな光ディスク市場が形成された過程から，その成功要因を考察する。ついで，そこから導き出された要因と今後のニーズから，将来の光ストレージの応用分野は何かを考える。

2.1　光ディスク市場の現状

　光ディスクの実用化は1970年代末の業務用30cm径光ディスク（ドキュメントファイリングシステム装置）から始まった。しかし，ドキュメントファイリング装置はニッチな市場にとどまり

---

*　Kiyoshi Yokomori　㈱リコー　研究開発本部　研究開発企画室

ホログラフィックメモリーのシステムと材料

大きな産業にはつながらなかった。それから20年以上を経た現在，CDをはじめとする光ディスクの市場（光ディスクドライブ装置および光ディスクメディア）は2兆円を超えていると推定されている。

　2005年のPC用光ディスクドライブ出荷台数は約2億7千万台と推定される。これに，民生用途（CDオーディオ，DVDビデオ，MD，ゲーム機など）の約1億5千万台がある。PC用途では長らく外部記憶装置として使われてきたフロッピィディスクに替わり，CD-R/RWドライブがその地位に取って代わり，さらにDVDドライブが主流となりつつある。また，記録媒体（メディア）でみると，2005年の見込みではCD-Rが約70億枚，CD-RWが約5億枚とフロッピィディスクの最盛期の出荷枚数を凌駕している。また，追記型DVD（DVD-R/DVD＋R）では35億枚以上が，書き換え型DVD（DVD-RW/DVD＋RW/DVD-RAM）では3億枚弱が見込まれている（日本記録メディア工業会調べ）。現在市場にあるPC用途の光ディスクドライブのほぼ100％がCDの再生が可能であり，約60％がDVDを再生できる。

　初期のニッチ市場から，現在のような巨大市場になった光ディスク市場形成のシナリオを表1に示す。CDは当初デジタルオーディオ用途として1982年に上市されたが，1987年にデータ用途としてCD-ROMが規格化され，さらに記録用のCD-RついでCD-RWが相次いで規格化された。実際のPCへの搭載は1980年代末から始まり，マイクロソフトのサポートによるWindowsマシンへのCD-ROM採用がきっかけとなった。これは，民生用（CDオーディオ）に成功した規格をPC用途に展開することで，部品の共通化により低コスト化に成功したこと，民生用途とPC用途の共通プラットホームでの互換性がある（PCでもCDオーディオが再生できる）ことによ

表1　光ディスク市場形成のシナリオ

◆光ディスク市場規模（2005年）
　　　コンシューマ製品（CDオーディオ、DVDビデオ、MD）：　　約1億5千万台
　　　PC用途（CD、DVDドライブ、MOなど）　　　　　　：　　約2億7千万台

■オーディオ：レコード（再生専用）⇒ CD-DA（再生専用）──レコードの代替機能を達成
　　　　　　　　　　　　　　　　⇒ CD-ROM（データ頒布）　　　　　　　　　　　　PC用途
　　　　　　　　　　　　　　　　⇒ CD-R（データ複製／配布、アーカイブ）
　　　　　　　《CE製品のPC用途への展開》

CE市場で主流となったストレージをPC用途に適用したことで、
CEとPC世界の互換が得られるとともに、低コスト化が達成された

■ビデオ：　ビデオテープ（録再）⇒ DVDビデオ（再生専用）
　　　　　　　　　　　　　　　　⇒ DVD-ROM（データ頒布）
　　　　　　　　　　　　　　　　⇒ 記録型DVDへ──テープの代替機能が達成される──

第1章　大容量光メモリーの展開

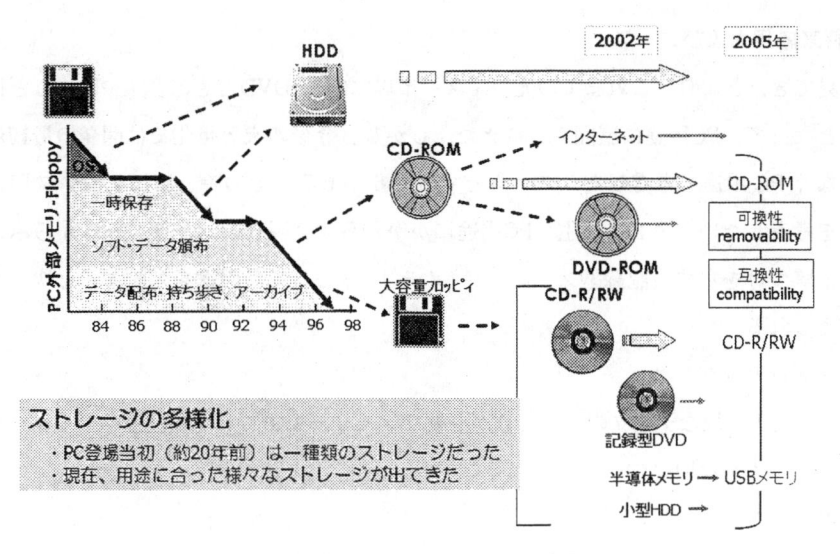

図1　PC用途における光ディスクの位置づけ

り，マスマーケットに受け入れられた結果である。CD-ROMが搭載されると，それと互換のある記録型光ディスクであるCD-R/RWが市場を獲得した（同じ時期に記録型光ディスクの国際規格であるMO：光磁気ディスクがあったが，技術的には優れながらも低価格化，互換性の点でCD系に劣り，大きな市場にはならなかった）。さらには，CDに次ぐ新しい規格として映像配布を目的としたDVDビデオが1996年に登場し，DVD-ROM，記録型DVDと大きな市場を占めている。DVDにおいても映像再生・記録という民生用途が，PC市場での光ディスク用途を牽引している。このような経緯からも，来るべきハイビジョン映像時代にも光ディスクへの期待が高まっている。

図1にPC用途における光ディスクの位置づけを示す。初期（1980年代前半）のPC用途ではフロッピィディスク1枚でシステム（DOS），データ一時保存，データ交換，アーカイブ（長期保存）とあらゆる機能をまかなっていた。しかし，PCで扱うデータ量の増大に伴って，システムやデータ一時保存はHDDに，データ頒布はCD-ROMやDVD-ROMに，データ交換やアーカイブはCD-R/RWや記録型DVD，フラッシュメモリーなどに代わってきている。また，一部のデータ頒布やデータ交換はネットワークで行われるようにもなってきている。現在では用途にあわせたストレージ（メモリー）の多様化が進んでいるといえる。一方，セキュリティ重視の視点から，データを持ち歩かないシンクライアントというコンセプトのPCも登場してきた。これは，PC本体にはHDDをはじめとするいかなるストレージをも搭載せず，PC使用時にネットワーク経由でサーバからデータを取り出すものである。将来の大容量光メモリーの姿を考える上では，このシンクライアントの動きに注視していく必要があろう。

2.2 将来応用およびニーズ

　上で見てきたとおり，これまでの光ディスク市場はCD，DVDともに音楽や映像など民生用がベースとなって，PC用途に展開されてきた。しかし，今後の大容量化では開発の最初から民生だけでなくPC用途も考慮したシステムとする必要がある。その際，特にビジネス用途からのニーズを考慮したい。表2に民生，PC用途にかかわらず，現在のユーザニーズからみた光ディスクの位置づけを示す。記録型ストレージ（メモリー）としての用途を列記すると次の6つの項目が考えられる。

①データプロセッシング

　システムとの頻繁なデータのやりとりが必要なメモリーであり，転送速度やデータへのアクセスがクリティカルな用途。

②バックアップ

　データの一時的な保存をおこなう。アーカイブとは異なり，データの保管を目的としない。データへのアクセスは頻繁ではなく日単位や月単位でおこなう用途（データ保全）。転送速度が重要であり，容量も大きい必要がある。

③記録・保管（アーカイブ）

　データの長期にわたる保管や保存をおこなう。失われては困るデータを記録する用途。転送速度が重要であり，容量は対象データにより異なる。

④一時保存

　作成あるいは取得したデータを随時保存するもので最終的な長期保存を意図しない用途。データへのアクセス速度が重要。

表2　ユーザニーズからみた光ディスクの位置づけ

ターゲット市場		用途	データ	バックアップ	記録・保管	一時保存	複製・配布	データ交換
オフィス		プロフェッショナルPCユーザ	HDD	Tape	Tape	RHDD	CD-R	Network
		カンパニーPCユーザ	HDD			DVD	CD-R	Network
		SOHOユーザ	HDD	Tape	Tape	DVD	CD-R	Network
ホーム		パワーユーザ	HDD	Tape	CD/DVD	DVD	CD-R	Network
		一般ユーザ	HDD	HDD	CD/DVD	DVD	CD-R	Network
		オーディオユーザ			CD-R	HDD	CD-R	CD-R/RW
		ビデオユーザ				HDD	DVD	Tape

非光ディスク　　光ディスク

第1章 大容量光メモリーの展開

⑤複製・配布

　作成あるいは取得したデータを他者に配布する用途。大量複製が可能で媒体価格の安いことが要求される。一回書込用途。

⑥データ交換

　作成あるいは取得したデータを他者に渡す用途。媒体は繰り返し使う。書き換え可能媒体である必要がある。

　一方，ターゲットユーザは次の7カテゴリーにわけて考えたい。

(a)プロフェッショナルPCユーザ

　PCを用いてデザインやソフトウェア開発，シミュレーションなどをおこなうユーザ。PCのCPUパワーを最大限使う用途で，メモリーも大量に使う。

(b)オフィスユーザ（比較的大きい企業）

　オフィス文書の作成が主業務。ネットワーク環境が整っている。

(c)オフィスユーザ（SOHO）

　オフィス文書の作成が主業務。ネットワーク環境が不十分である。

(d)ホームパワーユーザ

　個人用途でさまざまなアプリケーションを駆使するユーザ。保存データも多い。PCに関する知識も豊富である。

(e)ホーム一般ユーザ

　個人用途で限られたアプリケーションを使う。

(f)オーディオユーザ

　ホームの一般PCユーザであるがオーディオ主体にデータハンドリングをおこなう。

(g)ビデオユーザ

　ホームの一般PCユーザであるがビデオ主体にデータハンドリングをおこなう。民生用レコーダではなくPC経由でおこなう。

　ターゲットユーザにより同じ用途でも使用するメモリーが異なるが，ほぼ用途ごとに色分けができる。特に注目されるのは，従来，データ交換は光ディスクの主要カテゴリーと考えられてきたが，現在は，ブロードバンドの高速化とUSBフラッシュメモリーの低価格化で，これらにとって代わられつつある。いろいろなシーンを考えると，用途によるメモリーの多様化が進み，1種類のストレージですべての用途をカバーすることはできない。

　ここで，別の視点からニーズを考えてみる。コンシューマ（民生）用途では標準テレビ記録，DVDビデオ記録，ハイビジョンテレビ記録というようにコンテンツの大容量化が見込まれる。図2に民生用途でのコンテンツの容量に対するデータ転送速度の変化を示す。単純にコンテンツ容

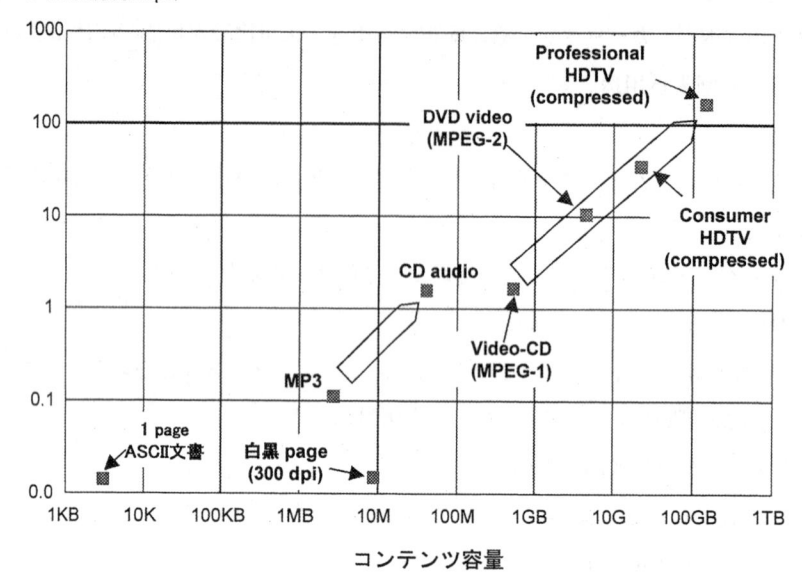

図2　コンテンツの容量に対するデータ転送速度の変化

量の増大に伴いデータ転送速度の高速化が進むと考えられる。しかし，ビデオコンテンツを考えると，ようやくハイビジョン映像（1,920×1,080）の配信が本格化する段階であり，その次のプロ用ハイビジョンやNHKで開発中のスーパハイビジョン（7,680×4,320）が一般化されるのには数十年の時間を要すると考えられる。テラバイト級以上の大容量を主導するのは，表1のようなシナリオではない普及シナリオを想定する必要があろう。

では，光メモリーがカバーすべき市場はどこであろうか。表2を基に光（ディスク）メモリーが狙うべき用途を表したものを表3に示す。光ディスクの特徴である媒体の可換性（ディスクの交換で実質無限容量）と互換性（いたるところで再生ができる）を生かすことが重要と考える。

④一時保存の用途では，最近のビデオレコーダの例にあるように，HDDがその位置を占めており，光メモリーは③記録・保管（アーカイブ）や⑤複製・配布で特徴が生かせる。ただし，③記録・保管（アーカイブ）では，メディアの信頼性が最重要性能であり，現在のCD/DVD以上の信頼性が要求される。表4に将来光メモリーのはたすべき役割をまとめたものを示す。

1）何時でも，何処ででも読むことができる

　⑤複製・配布を主用途とする媒体可換性と互換性が必要

2）きたるべき膨大なストレージニーズに応える

　③記録・保管（アーカイブ）用途として，信頼性確保と大容量・高転送速度化が必要

ここで，記録密度の変遷を見てみよう（図3）。PC用途の外部記録装置として重要な位置を占

第1章　大容量光メモリーの展開

表3　光（ディスク）メモリーが狙うべき用途

ターゲット市場		用途 データ	バックアップ	記録・保管（信頼性）	一時保存	複製・配布（互換性）	データ交換
プロフェッショナルPCユーザ		HDD	Tape	Tape	RHDD	CD-R	Network
オフィス	カンパニーPCユーザ	HDD			DVD	CD-R	Network
	SOHOユーザ	HDD	Tape	Tape	DVD	CD-R	Network
ホーム	パワーユーザ	HDD	Tape	CD/DVD	DVD	CD-R	Network
	一般ユーザ	HDD	HDD	CD/DVD	DVD	CD-R	Network
オーディオユーザ				CD-R	HDD	CD-R	CD-R/RW
ビデオユーザ					HDD	DVD	Tape

非光ディスク　／　光ディスク

表4　将来光メモリーのはたすべき役割

1）何時でも、何処ででも読むことができる

媒体可換性（Removability）と互換性（Compatibility）の両立

≪光ディスク普及の原動力≫
低価格のプラスチックリムーバブルディスク
複製生産できるROMと書き込み可能なディスク
小型で低価格なドライブ
コンピュータ用途とCE（consumer electronics）用途に適用可能

2）きたるべき膨大なストレージニーズに応える（アーカイバル）

信頼性（Reliability）と容量（Capacity）の両立

≪2010年での基本性能≫
記録密度：数100Gb～Tb/in2級
転送レート：1Gbps

めるHDDの記録密度向上は近年，年100%となったものの，ここ数年，高密度化が足踏みしていた。しかし，垂直磁気記録方式の採用により高密度化の目処が立ち，2010年にはテラビットが可能な勢いとなっている。一方，光メモリーはCDの登場時こそ，HDDに対して2桁以上の高密度ということで脚光を浴びていたが，その後のHDD高密度化のトレンドに伍していくことができず，現在も後塵を拝している。アーカイバル用途ではHDDを凌ぐ大容量化が必要であり，

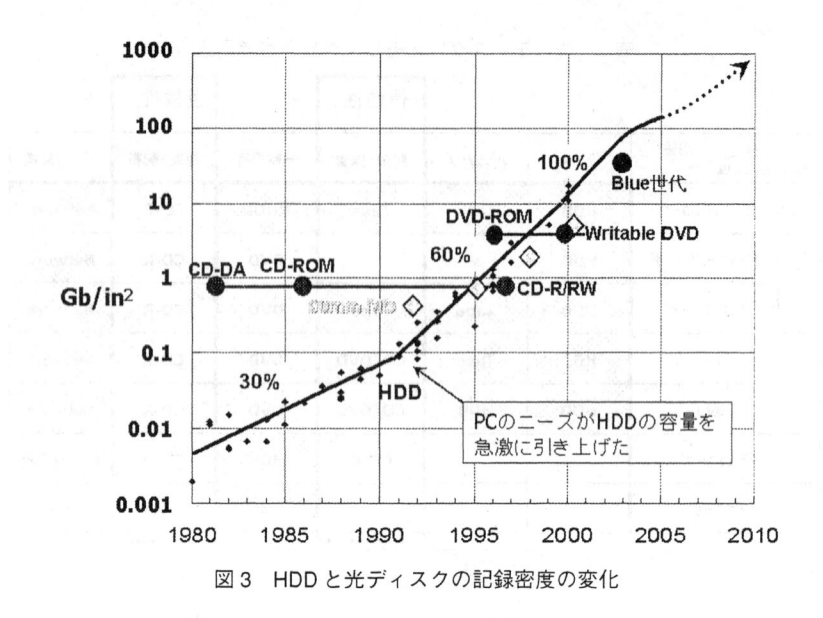

図3　HDDと光ディスクの記録密度の変化

数100Gbit/inch^{2}を超える大容量光メモリーが期待されるゆえんである。

最後に，大容量光メモリー用途についてまとめる。大容量光メモリー用途としては大きく三つを想定する。一つはCD/DVDのような互換性を重視した用途で急激な大容量化よりコストコンシャスなもの。高速，大容量を狙ったアーカイブ用途にもちいられるもの（メディア形状によっては持ち運びができる超小型メモリーへの展開もある）。もうひとつは，超高速，大容量のHDDの市場を狙うものである（これまで考察した光メモリーという範疇ではないが，ハイブリッド磁気記録と呼ばれ，一部に光が使われる）。

3　大容量光メモリー技術の現状

ここでは，前節で考察した大容量メモリー応用のために，ブレイクスルーを目指した光メモリー技術について概観したい。大容量化の実現に向けて重要な将来技術の候補について述べ，海外の技術動向についても，産官学連携という観点から各国がどんな技術開発に重点を置いているかをみる。最後に，ホログラフィックメモリーへの私見を述べる。

3.1　技術開発の概要

現行のCD/DVD技術のトレンド上での大容量化技術としては，光源の短波長化，対物レンズの高NA化，多値化，多層化がある。短波長化では現在青紫色（405nm）の半導体レーザがあるが，今後さらに短波長化がなったとしても紫外光までであろう。高NA化では0.85，さらにはSIL

第1章　大容量光メモリーの展開

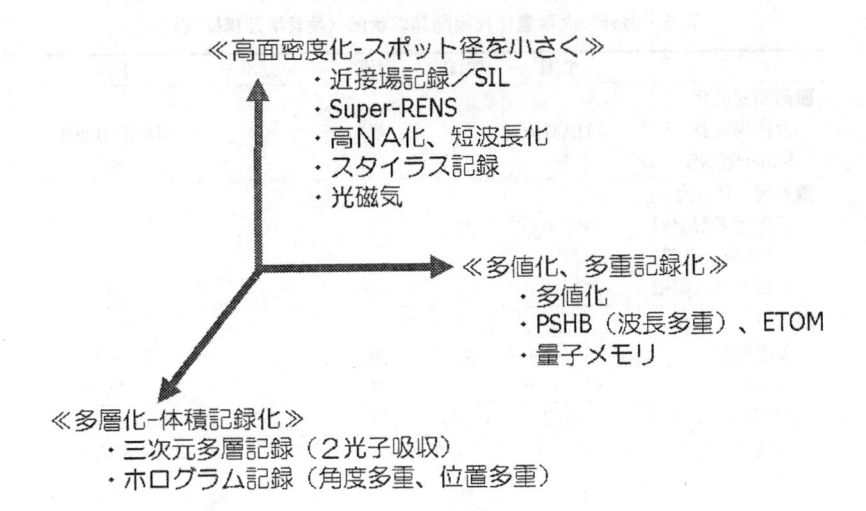

```
≪高面密度化-スポット径を小さく≫
  ・近接場記録／SIL
  ・Super-RENS
  ・高ＮＡ化、短波長化
  ・スタイラス記録
  ・光磁気

              ≪多値化、多重記録化≫
                ・多値化
                ・PSHB（波長多重）、ETOM
                ・量子メモリ

≪多層化-体積記録化≫
  ・三次元多層記録（２光子吸収）
  ・ホログラム記録（角度多重、位置多重）
```

PSHB-Persistent Spectral Hole Burning
ETOM-Electron Trapping Optical Memory

図4　大容量化（高密度化）技術のまとめ

(Solid Immersion Lens) をもちいて1を超えるものも発表されている。多値化では2値から8値あるいは16値まで研究されている。経済産業省の予算でNEDOからの委託でおこなわれたナノメータ制御光ディスクの研究開発では16値で100Gbit/inch^{2}が達成された。また，多層化では2層がすでに市場に出ているが，実用上はせいぜい4層が限界と考えられる。

このようなトレンドに乗った技術のほか，それを打破する様々な大容量化（高密度化）技術が提案されている。それらをカテゴライズすると図4のようになる。ひとつは，スポット径を極限まで小さくする高密度化，もう一つは多値，多重化，さらには，体積型記録として100層を超えるような2光子吸収材料を用いた多層化やホログラフィックメモリーがある。それぞれ，現在の容量を2桁から3桁以上拡大する可能性を秘めている。

3.2　海外での研究開発例

表5に海外の大容量化技術開発の状況を示す。とくに産官学の連携による研究開発についてまとめた。各国ともストレージ技術の獲得のために，資源を投下しており，現在の光ディスク市場における日本の技術プレゼンスを凌駕しようと，官民一体となった開発が行われている。それに対し，日本における大学での光ストレージ研究の少なさ，産学の連携の乏しさは憂うべきものである。特に，アジア各国には拠点となる大学を中心に，産官が出資し研究を奨励している。これ

表5 海外の大容量化技術開発の状況（産官学連携研究）

	米国	韓国	台湾	シンガポール	EU
■高面密度化					
近接場記録	HAMR	○	無	○	MAMMOSIL
SuperRENS	無	○	○	○	無
■多層・体積化					
三次元多層記録	ベンチャ	無	無	○	○
（二光子吸収）					
ホログラム記録	ベンチャ	○	○	○	無
■多値・多重化					
多値記録	ベンチャ	無	無	○	TwoDOS
波長多重	ベンチャ	無	無	○	無
〈産官学連携のコア〉	NIST	CISD	ITRI	DSI	Philips/LETI

○：産官学連携プロジェクト（プロジェクト名が判明しているものは名を記入）

らは，研究の裾野を拡大するのに有効である。

　米国でのプロジェクトでは，現在，NIST（National Institute of Standards and Technology）のATP（Advanced Technology Program）の一環として，2つのテーマが賞を受け開発が進んでいる。熱アシスト磁気記録（HAMR）であり，日本では光アシストあるいは光と磁気の融合技術（ハイブリッド磁気記録）と呼んでいる。また，パターンドメディアのテーマもある。ともに磁気記録主体である。2001年までのDARPAがスポンサーのホログラムメモリー研究が終了し，それをベースとしたベンチャー企業の設立が相次いでいる。ルーセント社をスピンアウトしたIn-phase社，ポラロイド社から出たAprilis社などがある。日本でもオプトウェア社がホログラム記録装置のデモを行っている。また，特殊なメモリーとしてはIBM社が発表したMillipedeと呼ばれるスタイラスメモリがある。

　韓国では延世大学のCISD（Center for Information Storage Device）を中心に産業界，政府が出資し，精力的な研究を進めている。将来技術だけでなくDVDなど現状の技術にも関わっている。将来技術としては，近接場記録，ホログラム記録の国家プロジェクトがある。CISDは特にサーボを含むマイクロメカニカル技術が強い。

　シンガポールではシンガポール大学内にあるDSI（Data Storage Institute）を中心に産官学の連携で研究を進めている。光メモリーに関しては，材料，デバイス，プロセス，信号処理，システムなど広範な技術を開発している。ここでも，現世代のピックアップや媒体材料開発も行っている。最近では，相変化材料を用いた半導体メモリーの研究も行っている。

　そのほか，台湾においても国の研究機関であるITRI（Industrial Technology Research Institute）を中心にCD世代から将来のテラバイトメモリー研究まで広範囲に研究開発していたが，光ディスク市場の先行きに見切りをつけ，光メモリーよりディスプレイ，半導体デバイス開発に産官学

第1章　大容量光メモリーの展開

の資金を集中させている。

3.3　光メモリー技術の将来

　現在，CD-R/RWの大きな市場が形成された後，記録型DVDの市場が急激に立ち上がっている。その中で，次のコンシューマ製品としてハイビジョン映像記録用の青紫色半導体レーザを用いた20Gbit/inch^{2}程度の記録密度を持つ光ディスクの商品化が着々と進んでいる。しかし，「ユビキタス情報社会」が形作られるであろう2010年頃に，情報蓄積として必要とされる数100Gさらには1Tbit/inch^{2}を超える記録密度を達成するためには，現在の技術トレンドとは大きく異なるブレイクスルー技術の出現が必要である。

　本書の主題であるホログラフィックメモリー技術はその有力候補として近年研究開発が盛んになり注目を集めている。1948年のGaborによるホログラフィの発明当初から，ホログラフィのひとつの用途としてメモリーが想定されていた。ホログラフィックメモリー研究の第一の波は1970年代であった。当時はデータとなる画像をそのままホログラムとして記録する方式であり，記録材料として重クロム酸ゼラチンなどが用いられていた。しかし，光ディスクによるビットバイビットデジタル記録が主流になるにつれて，ホログラフィックメモリー研究は下火となった。その後，米国・クリントン政権時代の情報スーパーハイウェイ構想のもとで，「角砂糖1個に図書館1つ分の情報を記録する」システムとして，ホログラフィックメモリーの研究が注目され，デジタルビット記録，液晶空間変調素子，フォトポリマ記録材料などの要素の開発と相まって，実用化に向けた研究が進んでいる。大容量化のための多重記録がSNの低下を招くという大きな課題があるが，着実な進展が見られている。今後は，100G～1Tbit/inch^{2}の記録密度を目指した研究が進むものと考えられるが，2次元記録再生による高速データ転送が可能という特徴を生かしたアーカイブメモリーへの適用が狙いとなろう。その場合には，現在の光ディスク形状にこだわらず，アプリケーションにあわせた最適な形をとることも必要になる。

4　おわりに

　現在の光ディスク産業においては，光ディスク駆動装置や光ディスク媒体は，日本企業が研究開発から実用化，市場形成に至るまで世界を主導してきた。しかし，市場の成長期になると，韓国，台湾，中国などのアジア系企業が台頭してきている。これは，市場の成熟化にともないモジュール化される部品の寄せ集めで上市が可能となるモジュラー型製品の宿命である。日本は，製品システム内での構成要素間の機能的相互依存が大きく，技術蓄積やノウハウが必要なすりあわせ型製品で優位を保つことが重要となる。本稿で考察した将来の光メモリーへの大容量化ニー

ズに答えるため，現状容量の100倍以上であるテラバイト級を目指した技術開発においても，材料・デバイスからシステムまでの統合的な開発を進める必要がある．

　大容量光メモリーの実現には，その応用にあった最適な技術を取り込み，実用化していくことが望まれる．実現が期待されるホログラフィックメモリーをはじめとする候補技術については，技術比較に終始することなく，その特徴を生かした応用を見つけていくことがより大切である．一例として，テラバイトを超える大容量光メモリーに関連して，大学での研究を産業界で支援しようとする組織：テラバイト光メモリー研究推進機構（TBOC- http://www.tboc.gr/）がある．ここでは，1999年の創設以来大容量光メモリーに関する内外の講師を招き応用や技術の情報交換をおこなっており，ホログラフィックメモリーなどの技術動向だけでなく，大容量光メモリーの応用についても議論されている．このような活動の中から，大学と産業界が連携して将来の応用と研究開発の方向性を整合し，大容量光メモリーの実現が促進されることを期待したい．

文　　献

1)　横森，第85回微小光学研究会講演集 "Microoptics News", **20**, No.3 (2002. 9)
2)　横森，第3回ボリュームホログラムメモリー技術研究会 (2005. 7)

第2章 システム技術

1 ホログラフィックメモリー総説

志村　努*

1.1 平面ビット記録型光メモリーの限界

　CDの登場以来デジタル光メモリーは，DVDを経て現在立ち上がりつつあるHD-DVDあるいはBlu-rayまで，順調に発展してきた。これらは平面状に記録されたピットの反射率の違いという形でデジタルデータを記録するという点で全く同じ原理に基づいている。記録密度は基本的にはピットの大きさによって決まり，そのピットサイズは書き込み・読み出しのレーザーのビームスポットサイズをどこまで小さくできるかで決まる。

　中心対称な無収差レンズで平面波を集光した時の焦点面での光の強度分布 I は，光軸を中心とした円形となり，光軸からの距離を r として，

$$I(r) = I_0 \left[\frac{2J_1\left(2\pi \frac{NA}{\lambda} r\right)}{\left(2\pi \frac{NA}{\lambda} r\right)} \right]^2 \tag{1}$$

となる[1]。これがAiry discと呼ばれる回折パターンで，J_1 は1次のベッセル関数，λ は光の波長，NAはレンズの開口数（Numerical Aperture）である。レンズの焦点距離を f，入射瞳の半径を a とすると，$NA = f/a$ となる。式(1)の関数の形を図1に示す。最初のゼロ点は $r = 0.61 NA/\lambda$ の位置になり，ビット記録型光メモリーのピットの半径はこれの半分程度になる。

　したがってビット記録型光メモリーの場合，原理的に記録密度の向上はレンズのNAの増大と光源波長の短波長化によって実現され，CD以来表1に示すように順調に記録密度を伸ばしてきた。しかしながら，レンズのNAはディスクの周囲が屈折率1の空気である限りNA＜1という上限があり，Blu-rayのNA＝0.85という値を超えることは容易ではない。また光源波長も，405 nmよりも短波長になると多くのプラスチック材料では急激に吸収が増大し，材料のコストや量産性等を考えるとこれ以上の短波長化は難しいと考えられる。

　したがって，これ以上の記録密度あるいは記録容量の増大を実現するには，CD型の平面ビッ

---

*　Tsutomu Shimura　東京大学　生産技術研究所　教授

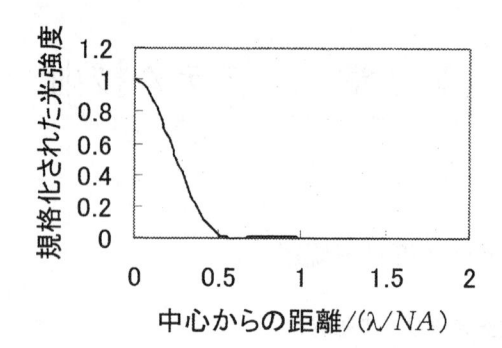

図1 円形絞りを持つレンズにより平面波を集光した場合の焦点付近の強度分布

表1 光ディスクの基本的な仕様

	CD	DVD	HD-DVD	Blu-ray
対物レンズのNA	0.45	0.6	0.65	0.85
光源波長（nm）	780	650	405	405
カバー層厚さ（mm）	1.2	0.6	0.6	0.1
ディスク容量（片面1層）(Gbite)	0.65	4.7	20	25

ト記録以外の方法を用いることが必要になる。今のところ，

(1) 回折限界を超えるビット記録
   a. 超解像メモリー（Super Rens）
   b. 近接場光メモリー（探針型）
   c. 近接場光メモリー（Solid immersion 型）
(2) 体積型（3次元）記録
   a. 多層型ビットメモリー
   b. 2光子吸収多層型ビットメモリー
   c. ホログラフィックメモリー

が主な候補と考えられているが，いずれも一長一短で，決め手を欠いている。本書で取り上げるホログラフィックメモリーは，歴史は古く，かつて集中的に研究・開発が行われた時期も何度かあったが，一時下火になっていた。それがここへ来て再び脚光を浴びつつある。

　他の方式に対するホログラフィックメモリーの特徴は，2次元配列として表示されたデータを，ページ単位で読み書きすることで，原理的にデータ転送速度が速いことである。もし1kHzの繰り返しで動作する1,000×1,000画素の空間光変調器と2次元光検出アレイが存在し，これを用いたデータの読み出しができれば，データ転送速度は単純計算で1Gbit/sとなる。もう一つの特徴は，記録媒体の同じ場所に複数のページデータを多重記録できることで，他の方式と大きく

第2章 システム技術

違う点である。

1.2 ホログラフィックメモリーの原理

　ホログラフィックメモリーはデジタルデータを2次元のページデータとして表現し，これを画像として記録媒体に読み書きするタイプの3次元メモリーである。2次元ページデータは液晶ディスプレイ，Digital Micromirror Device (DMD)[2]等に代表される空間光変調器によって表示する。最も一般的な2次元ページデータの表現法は白黒2値の強度変調だが，位相変調，偏光変調を用いることも可能である。

　データの書き込みは以下の手順で行う（図2(a)）。レーザー光で空間光変調器を照明し，その透過あるいは反射光をホログラフィーの物体光として記録媒体に照射する。物体光は多くの場合レンズで記録媒体に絞り込む。ただしレンズの使用は必須ではない。ホログラムの記録には，物体光と同時に参照光が必要である。この2つの光束を記録媒体中で干渉させ，できた干渉縞の明

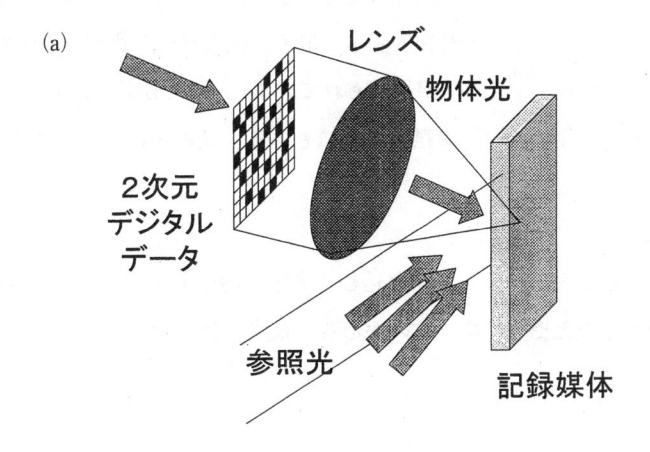

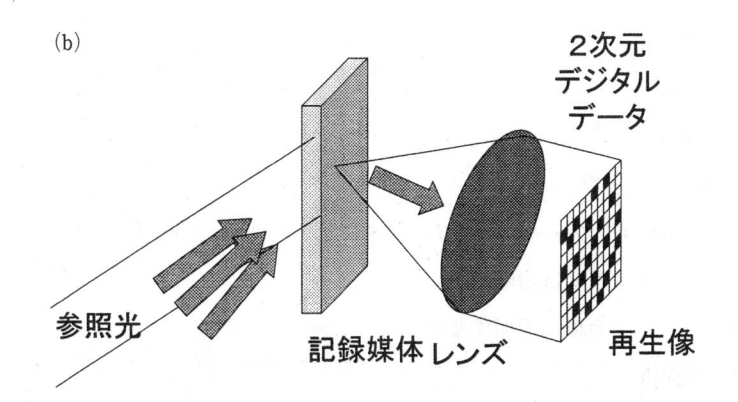

図2　ホログラフィックメモリーの(a)書き込みと(b)読み出しの模式図

暗を屈折率格子(ホログラム)として記録する。原理的には吸収格子の記録でも構わないが、吸収による光量ロスが大きく、実用には向かない。したがって、記録媒体は、光の強度分布を屈折率分布に変換し、光が消えた後もそれを保持する性質を持つことが必須である。

　ページデータは記録媒体の同じ場所に複数ページ記録できる。ページの区別は基本的にはブラッグ回折の回折効率の波数ベクトル(kベクトル)依存性を利用する。このブラッグ選択性を用いたページデータの多重記録の方法の基本形は角度多重と呼ばれる方式であり、平面波の参照光を用い、その角度をわずかずつ変えながら異なるページを空間光変調器に順次表示し、記録する。読み出しも参照光の角度を変えてページを選択する。

　データの読み出しは、書き込みと全く同じ系で記録媒体に参照光のみを照射することによって行う。このとき参照光は書き込み時と完全に同じでなければならない。角度多重の場合は参照光の角度を変えると、書き込み時と同じ角度の参照光に対応するページのみが再生される。再生光はレンズによって結像され、その実像をCCDあるいはC-MOS撮像素子等で検出する。空間光変調器と撮像素子は、ホログラムとは無関係に結像光学系により共役な位置にある必要がある。

　以上がホログラフィックメモリーの動作の基本と最も単純なページ選択の方法の例であるが、これ以外にも様々な多重方式やシステムが提案されている[3]。また必ずしもブラッグ選択性によらない、若干異なる原理を用いたページ選択の方法もある。これらについては後に紹介する。

1.3　多重記録の方式

　記録媒体の同じ場所に多数のページを書き込む、多重記録の方式には大きく分けて、主にブラッグ選択性を用いるものとそうでないものがある。前者には、

　a. 角度多重

　b. 波長多重

　c. 球面波シフト多重

等があり、後者には、

　d. 位相コード多重

　e. スペックル多重

　f. コリニア式シフト多重

等がある。また、ホログラフィックメモリーの中には、物理的に同じ場所には多重記録をしない方式もあるが、ここでは説明は省略する。

　以下、各方式について簡単に説明する。

1.3.1　ブラッグ回折

　各多重方式の説明に入る前に、ブラッグ回折について簡単に解説しておく。いま、図3のよう

第2章 システム技術

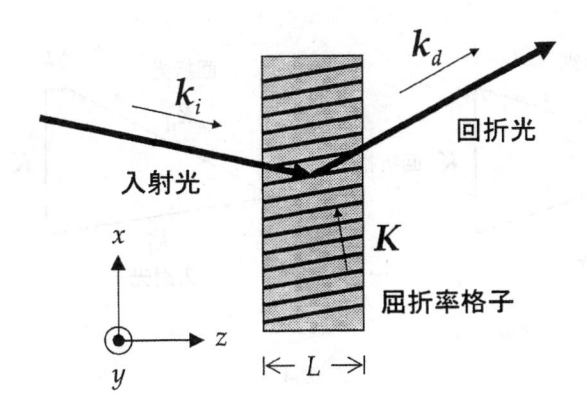

図3 厚い回折格子による回折

な，平面屈折率回折格子が書き込まれた，厚さ L のホログラム記録媒体があったとする。

この回折格子に単色平面波が入射すると，回折光が発生するが，

$$Q = \frac{K^2}{nk}L \gg 1 \tag{2}$$

という条件を満たしているときブラッグ回折となり，回折光は1次光の1本しか存在しない。ここで k は光の波数，K は回折格子の波数である。このときの回折効率は，次式で決まる[4]。

$$\eta = \kappa^2 L^2 \frac{\sin^2\left(\sqrt{\kappa^2 + (\Delta k)^2}L\right)}{(\kappa^2 + (\Delta k)^2)L^2} \tag{3}$$

ここで，η は回折効率，L は記録媒質の厚さ，Δk は後述するブラッグ条件からのずれ，κ は回折格子の屈折率変調の大きさ n_1 に比例する定数で，

$$\kappa \equiv \chi \frac{kn_1}{2} \tag{4}$$

である。χ は回折格子と入射光の角度によって決まるほぼ1のオーダーの無次元の補正項である。入射光，回折光，回折格子の k ベクトルをそれぞれ k_i, k_d, K とすると，図4(a)のように k ベクトルの三角形が閉じている状態がブラッグ条件を満足した状態になる。図4(b)は一般ブラッグ条件を満たしていない場合で，三角形が閉じていない分のベクトルが Δk となる。図3のような場合で，x および y 方向に無限に広がった媒質を考えると，Δk は z 成分しか許されず，$\Delta k_x = \Delta k_y = 0$ でない場合は回折効率は0になる。図4(b)に示した円弧は半径 k の球面の断面を示しており，この球は x 線のブラッグ回折における Eward 球と同じものである。ブラッグ条件から

(a)   (b)

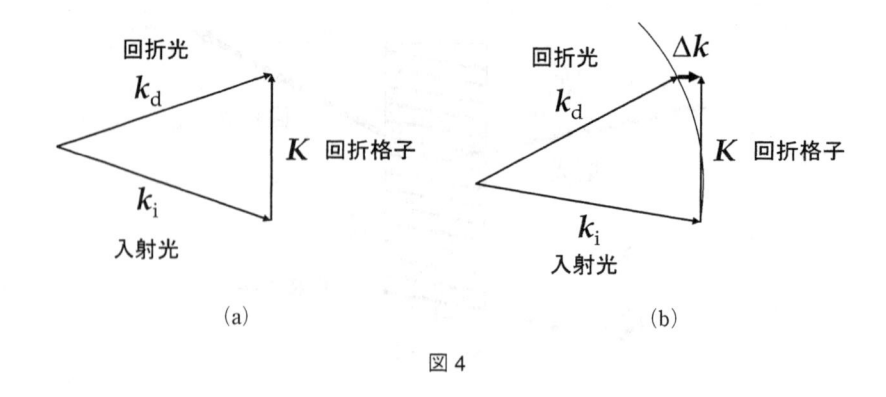

図4

のずれ Δk に応じて回折効率は式(3)に従って変化する。

1.3.2 角度多重

ページ選択の方法として最も基本的なのが，参照光の角度を変える角度多重法である。既に書き込まれている回折格子 K に，書き込み時と全く同じ参照光を当てると，回折光が生じる。参照光の角度が書き込み時とずれると，そのずれに応じて図4(b)のように Δk が発生し，図5に示すように回折効率が下がる。式(3)からわかるように，回折効率は角度のずれに対してSinc関数の2乗の形で低下していく。

ただしここで注意すべきなのは，図5は入射光が自分自身と回折格子との作る面内（紙面内）で回転した場合で，回転方向が紙面と垂直だと，幾何学的に容易にわかるように Δk は $\Delta \theta$ に対して2次の微小量となり，ほとんど回折効率は変化しない。つまり角度選択性は強い方向依存性を持つ。

実際のページデータを持つ光の場合は，物体光は単純な平面波ではないが，この場合もある角度範囲に広がった k ベクトルを持つ平面波の集合と考えられるので同様に考えることができる。

参照光の角度がずれて，回折効率が十分下がれば次のページデータを記録することができる。

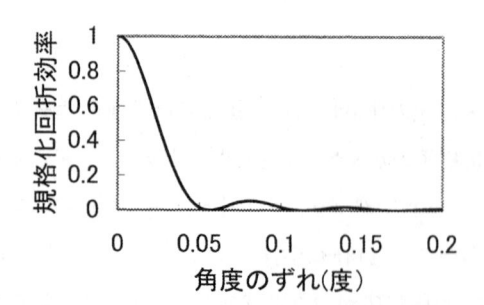

図5 角度のずれと回折効率の関係
$L=1\,\mathrm{mm}$, $\lambda=500\,\mathrm{nm}$, $\Lambda=2\,\mu\mathrm{m}$, $n=1.5$,
$n_1=10^{-4}$ とした。この場合 $Q=524$ である。

第2章　システム技術

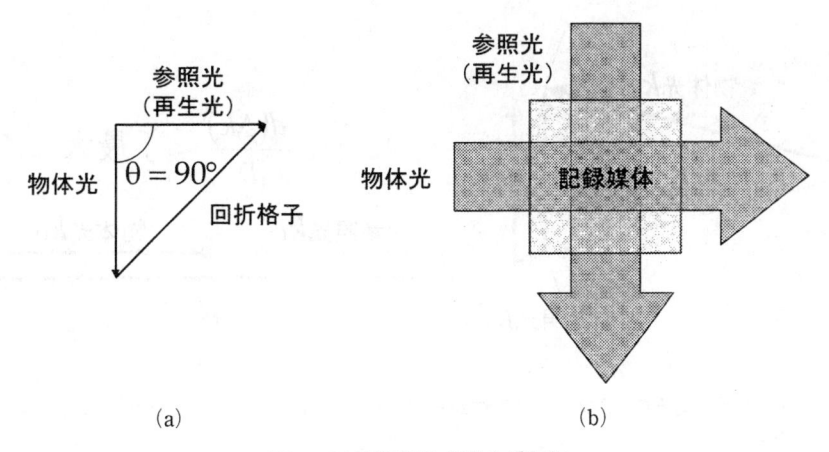

(a)　　　　　　　　　　　(b)

図6　90度配置の角度多重記録

Sinc関数は一定周期でゼロになるので，理想的には隣のページの回折効率がゼロになる角度で次のページを記録し，これを繰り返せば等角度間隔の参照光でページデータを重ね書きすることができる理屈になる。実際上はページデータのkベクトルの角度の広がり，参照光の角度の制御精度等によって，ブラッグ条件を満足したページ以外の再生光も完全にはゼロにはならず，ノイズとして再生像にかぶることになる。実用上の角度間隔は式(3)の最初のゼロ点に相当する角度よりは大きくなる。

角度多重での多数ページの重ね書きとしては，アナログ記録ではあるが，2 cm×1.5 cm×1 cmのFe添加LiNbO$_3$に5,000枚の画像を記録したF. Mokの報告はインパクトが大きかった[5]。

角度多重の場合，幾何学的な考察から参照光と物体光の角度が90度のとき，角度の変化に対するkベクトルの変化，$\Delta k/\Delta \theta$が最大となることが導かれる（図6(a)）。すなわち最も小さな角度間隔でページが多重記録できる，すなわち角度選択性が最も大きくなる。この配置を実現するために，直方体型のフォトリフラクティブ結晶を用いた場合には，隣接する異なる2面からそれぞれ参照光と物体光を入射する形をとることがある。

1.3.3　波長多重

書き込み時と読み出し時で参照光の波長が異なる場合，書き込み時と参照光のkベクトルの長さが変わってΔkが生じ，回折効率が式(3)に従って下がる。これを利用した多重記録法が波長多重である。波長が変わった場合のブラッグ条件からのずれを示すダイヤグラムを図7(a)に示す。幾何学的な考察から，角度多重の場合とは異なり，図7(b)に示すような180度配置（対向配置）の場合にページ選択性が最大となることがわかる。この場合の書き込み時との波長のずれと回折効率の関係を図8に示す。

多重記録できるページ数は光源の波長可変範囲と図8の回折効率の波長依存性による。実際上

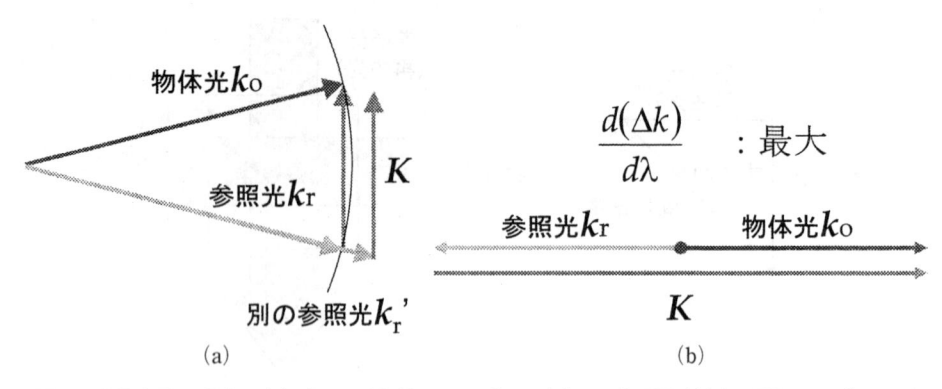

図7 波長多重の場合の(a)ブラッグ条件からのずれ，(b)180度配置（対向配置）でのブラッグ条件

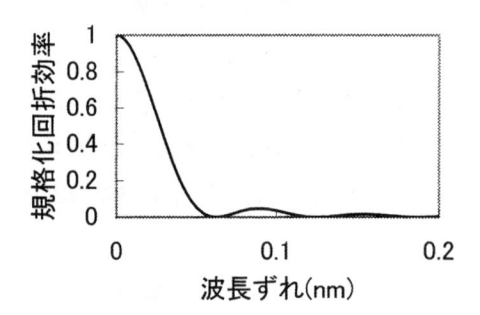

図8 対向配置の時の読み出し光の波長ずれと回折効率の関係
$L=1$ mm, $\lambda=500$ nm, $\Lambda=2\,\mu$m, $n=1.5$, $n_1=10^{-4}$ とした．この場合 $Q=524$ である．

は波長可変範囲の大きな色素レーザーやチタンサファイアレーザー等は装置が大きく，また波長制御のための機構も大掛かりになる．半導体レーザーは連続波長可変範囲にモードホップなどによる制約があり，また精密な波長制御には外部共振器やその制御機構などが必要になり，現状では実際のシステムを作ることは難しい．逆に波長可変光源の今後の進歩いかんによっては，機械的稼動部の無いメモリーシステムを作れる可能性はある．

1.3.4 球面波シフト多重

ブラッグ回折の角度依存性を巧みに利用して，従来のCDやDVDのようなディスク型の記録メディアの回転（移動）によってページを選択できるシステムが球面波シフト多重法である[6]．この方式では参照光に収束または発散する球面波を使う点が特徴である．例えば，図9に示す系で，物体光が平面波であった場合を考える．この物体光と参照光の干渉をごく局所的に見れば，球面波の一部はほぼ平面波と近似できるので，平面波どうしの干渉による回折格子が書き込まれるとみなせる．球面波は場所によって角度の異なる平面波が連なったものとみなせるので，書き

第2章 システム技術

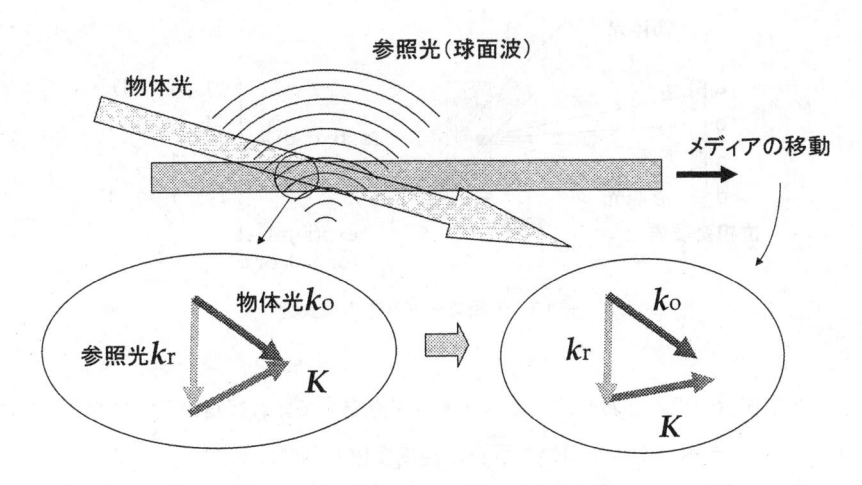

図9 球面波シフト多重方式の説明図

込まれる回折格子の角度も記録メディア上の位置によって角度が連続的に変化することになる。このように記録されたホログラムを再生すると，メディアと参照光の位置関係が書き込み時とまったく同じならばブラッグ条件が満たされ物体光が再生されるが，参照光に対してメディアが横方向に移動したとすると，違う角度の回折格子を再生することになり，ブラッグ条件が満たされず，回折光が現れない。したがって，書き込み・読み出しの光学系は固定したままで，記録メディアの横移動でページを選択することができる。

1.3.5 位相コード多重

以上3つの方式は基本的にブラッグ条件を利用したページ選択法だったが，これらとは異なるページ選択法がいくつかあるので，それらについても触れる。

中でも比較的古くからある方式が位相コード多重法である[7]。これは，配置は基本的に角度多重と同じであるが，異なる角度の参照光を同時に使用する。図10のようなaからdの4種類の角度の異なる参照光を用いた場合を例にとって説明する。参照光にはそれぞれ位相変調器により0またはπの位相が付与されるが，ページごとに位相の組み合わせによって作られる4次元ベクトルが全て直交するようにしておく。各位相の組み合わせにより異なるページを記録し，それを再生すると，参照光aによる再生光，参照光bによる再生光，…と計4つ再生光の重ね合わせによって物体光が再生される。ここでa〜dが全て書き込み時と同じ位相の組み合わせになっていれば，再生される物体光は全て同位相になるが，a〜dの組み合わせが，書き込み時の組み合わせと直交するベクトルになっていると，4つの再生光のうち半数が逆位相となり，干渉によって像が消えてしまう。4つの参照光の組み合わせならば，自由度は4なので，4ページが記録でき，正しい組み合わせの位相を持つ参照光に対応するページのみが再生される。理論的には位相だけ

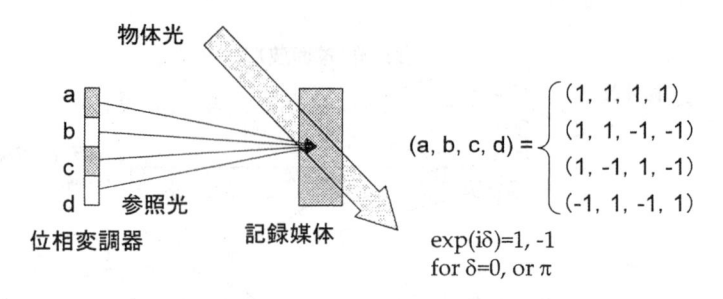

図10 位相コード多重の模式図

ではなく，複素振幅の組み合わせによるベクトルが直交していれば良いことになり，(1,0,0,0)，(0,1,0,0)，…というベクトルを用いた場合は角度多重と同じになる。

実際上は位相変調器に高い位相制御の精度が要求され，実用には至っていない。

1.3.6 スペックル多重

原理的には位相コード多重と同じだが，位相変調器の代わりに拡散板あるいは多モードファイバーなどを用いて確率的にランダムな位相のばらつきでページを消す，という方法がスペックル多重である[8]。拡散板を用いた場合の原理図を図11に示す。拡散板あるいは記録メディアを移動させると，書き込み時と参照光の振幅・位相が変化し，位相コード多重と同様の再生光の重ね合わせの結果，総体としての再生光が消える。参照光は記録メディア上でスペックルパターンを作ることから，このような名前がついている。単純なシステムが構成でき，実用を視野に入れた研究が継続されている。

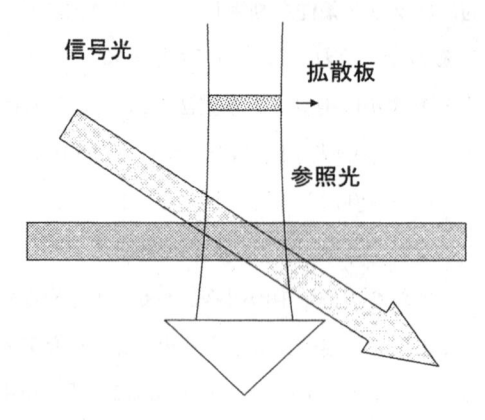

図11 スペックル多重の模式図

1.3.7 コリニア方式シフト多重

球面波シフト多重，スペックル多重と同様，記録メディアの横移動でページ選択のできるもう

第2章　システム技術

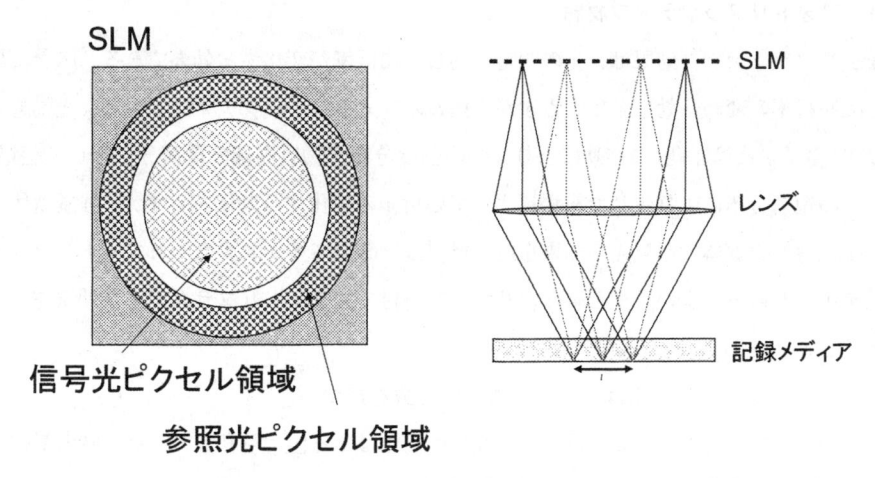

図12　コリニア方式シフト多重の空間光変調器（SLM）のピクセル配置と光学系

　一つの方式にコリニア方式がある。これは1つの空間光変調器(SLM)の内側の画素からの光を物体光，外側の輪帯状の領域の画素からの光を参照光として，これらを対物レンズで記録メディアに集光し，対物レンズの焦点面付近で物体光と参照光を干渉させるという方式である（図12)[9]。再生時には書き込み時と同じSLMを用い，参照光に対応する画素のみを使って記録されたホログラムを読み出す。ページの選択の原理は位相コード多重，スペックル多重と基本的に同じである。書き込み時の干渉縞，あるいは書き込まれる回折格子という観点では，参照光と物体光の区別は無く，全ての光が作る干渉パターンがそのまま記録される。

　この方式以外は全て参照光と物体光が異なる光路を通過しており，基本的にマッハ＝ツェンダー干渉計と同じ光学系になっている。コリニア方式は参照光と物体光の光路が共通であり，系の安定性に優れている。また光路が単一であることから，従来のCDやDVDと光学系が類似しており，サーボ技術がかなりの部分流用できるという点も利点である。

1.4　記録媒体

　基本的にホログラフィックメモリーの記録媒体はホログラフィーと同じであり，初期には銀塩感光剤も使われた。2000年ごろまでは，書き換え可能なフォトリフラクティブ材料が主流となったが，これも後述する問題点のために現在では実用システムに使用する動きはほとんど無くなっている。現在は使いきりのフォトポリマー材料が主体であり，システムもほとんどがwrite onceの材料を想定したものとなっている。ただしフォトリフラクティブ材料も研究は続けられており，これら2つの材料について簡単に解説する。

ホログラフィックメモリーのシステムと材料

1.4.1 フォトリフラクティブ材料

　フォトリフラクティブ効果は，光の明暗に応じて屈折率が変化する効果である。広義には光が当たって屈折率の変わる効果全てをさすが，狭義のフォトリフラクティブ効果は，光励起されたキャリア（電子または正孔）の移動により，光の強度分布が物質内部の電荷分布として記録され，さらにこの電荷分布により生じた電場によって屈折率の変化する効果をさす[10]。強誘電体，常誘電体，半絶縁性半導体で電気光学効果を持つ材料はほぼ全て多かれ少なかれフォトリフラクティブ効果を示すと言ってよい。また有機ポリマー複合材でもフォトリフラクティブ効果を示す材料を作ることができる。

　フォトリフラクティブ効果は，以下のような特徴を持つ。

(1) 強度分布を持つ光を照射し続けると，屈折率変化はある値で飽和する。その時の最終的な屈折率変化の大きさは干渉縞の変調度（干渉縞のAC成分とDC成分の比）に比例し，強度には比例しない。
(2) 応答速度は光の平均強度に比例する。すなわち屈折率変化の時定数は強度に反比例する。

　これらのことから，通常の非線形光学効果と大きく異なり，$1\,mW/cm^2$程度の弱い光でも十分に大きな屈折率変化が得られ，強度を上げても変わらない。また，応答速度を速くするには強度の大きい光を使用すればよいことになる。ただし一般に時定数は非常に遅く，$1\,W/cm^2$の光強度の場合，強誘電体で秒オーダー，半導体でも1 ms程度を切る程度が限度である。

　フォトリフラクティブ効果の発現の仕組みを簡単に説明する（図13）。まずフォトリフラク

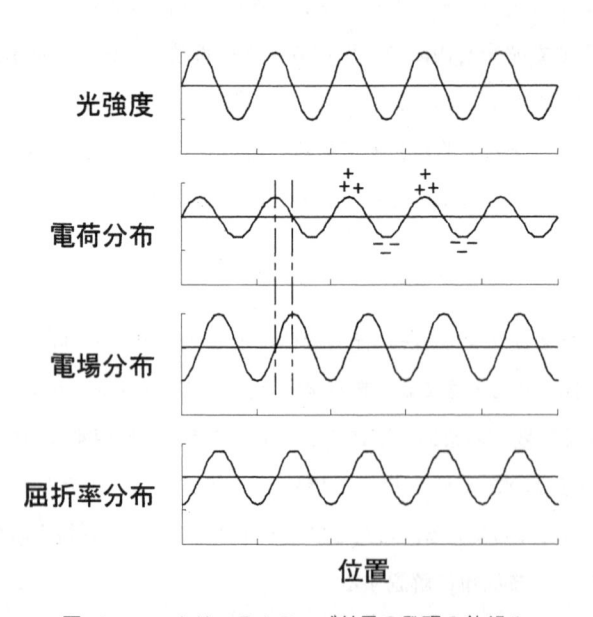

図13　フォトリフラクティブ効果の発現の仕組み

第2章 システム技術

ティブ材料は光を当てない状態では，自由キャリアの密度が十分低い絶縁体でなければならない。これに正弦波状の干渉縞をフォトリフラクティブ材料中に作ると，光キャリア（電子または正孔）の移動により，内部に光強度の分布に応じた電荷の分布が生じる。電荷分布からガウスの法則に従って電場が生じ，光強度に応じた電場分布ができる。ここで材料が電気光学効果を持てば，電場分布により屈折率分布が生じる。これがフォトリフラクティブ効果である。ここで，電場の微分が電荷密度分布となるため，干渉縞と屈折率分布には空間的な横ずれが生じる，というのがフォトリフラクティブ効果の一つの特徴である。

フォトリフラクティブ効果は，干渉縞の照射中にリアルタイムに屈折率が変化するので，一種の実時間ホログラフィーの記録材料であると言える。異なる強度分布の光が当たるとその光強度分布に応じて電荷の再移動が何度でも起こる。したがって記録の書き換えが可能ということになる。このことはフォトリフラクティブ材料の長所であると同時に短所にもなっている。というのはホログラムの読み出しを行うと，その時の参照光は空間的に一様であるから，電荷分布が一様になる，つまり記録が消えてしまうことになる。有限の露光量であれば一回の読み出しで記録が完全に消えてしまうには至らないが，繰り返し読み出せば徐々に記録は消去されていく。この現象を記録の再生劣化と呼ばれることがある。

この問題を解決する画期的な方法として，2波長記録があるが，現状では感度と多重記録の性能が不十分で，実用化はしばらく先と思われる。詳しくは第3章5節の解説を参照されたい。

1.4.2 フォトポリマー材料

現状，実用システムに用いられるホログラム材料として，最も有望視されているのがフォトポリマー材料である。モノマーの光重合による屈折率変化，あるいは物質移動による屈折率変化を

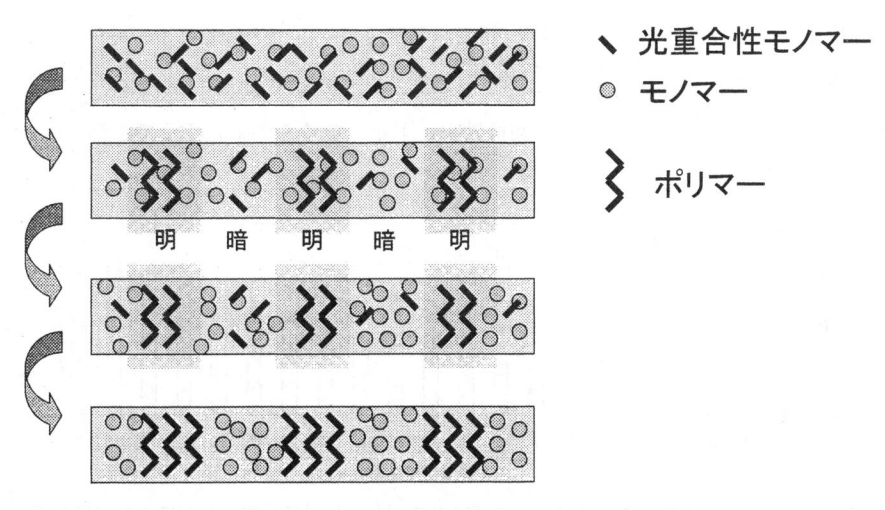

図14 フォトポリマーにおけるホログラムの書き込み過程の例

利用している。反応過程の一例を図14に示す。露光前の初期状態は，屈折率の異なる光重合性のモノマーと別のモノマーがランダムに混じりあった状態である。ここに干渉縞を当てると，明部では光重合性モノマーがポリマー化する。するともう一種類のモノマーがポリマーに押し出され，暗部へ拡散する。これにより明部と暗部で成分の偏りができ，屈折率の分布ができる。ポリマー化が可逆反応でなければ，いったん書かれた回折格子は消えることはない。最終的には全面露光して光重合性モノマーを全てポリマー化すれば，それ以上追記はできず，また消去されることもない。以上は一例であり，これ以外にも様々な反応によるホログラムの書き込み過程がありうる。

フォトポリマーでこれまで最大の問題とされてきたのは，ポリマー化に伴う体積変化で，主に収縮するものが多い。記録時に比べて体積変化があると，回折格子の周期が変化し，ブラッグ条件が変化してしまう。最近はかなり改良が進み，収縮率0.1以下の材料が容易に入手できるようになってきた。

1.4.3 記録のスケジューリング

フォトリフラクティブ材料，フォトポリマーなどの記録材料にページデータを多重書き込みしていくとき，各ページを同じ露光量で記録すると，回折効率が一様にはならない。例えばフォトリフラクティブ材料の場合に露光時間一定とした場合の各ページの理論的な回折効率を図15に示す。先に書かれたページは，後から書き込まれるページによって徐々に消去されてしまうため，先に書かれたページほど回折効率が下がってしまう。

そこで露光のスケジューリングが必要になる。フォトリフラクティブ材料の場合のスケジューリングの基本的な考え方を図16を使って説明する。まず，第1ページ目を，回折効率が飽和するまで十分な時間露光する。続いて第2ページの露光を行うが，その時，第2ページの書き込みの最中に第1ページのデータは徐々に回折効率が下がってくる。そして第1ページと第2ページの回折効率が同じになったところで第2ページの露光をやめる。続いて，第3ページ目の露光を行うが，第1・2ページは同じ時定数で回折効率が下がってくるので，ここでも第3ページの回

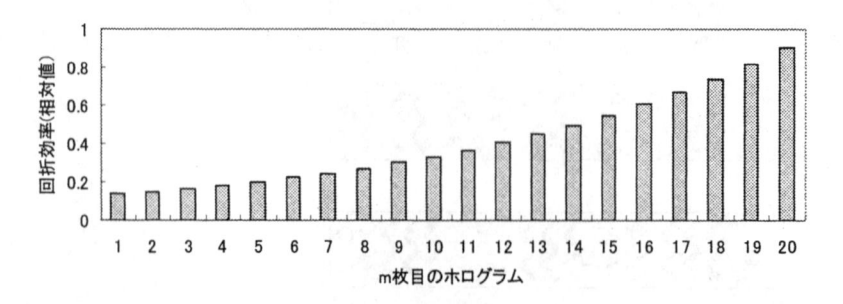

図15 フォトリフラクティブ材料に同じ露光量でページを重ね書きした場合の回折効率

第2章 システム技術

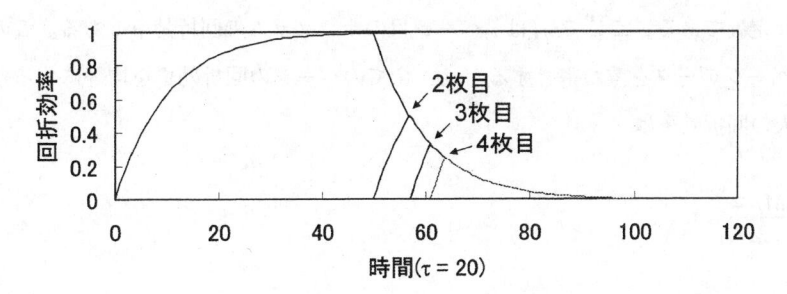

図16 フォトリフラクティブ材料でのページ書き込みのスケジューリング

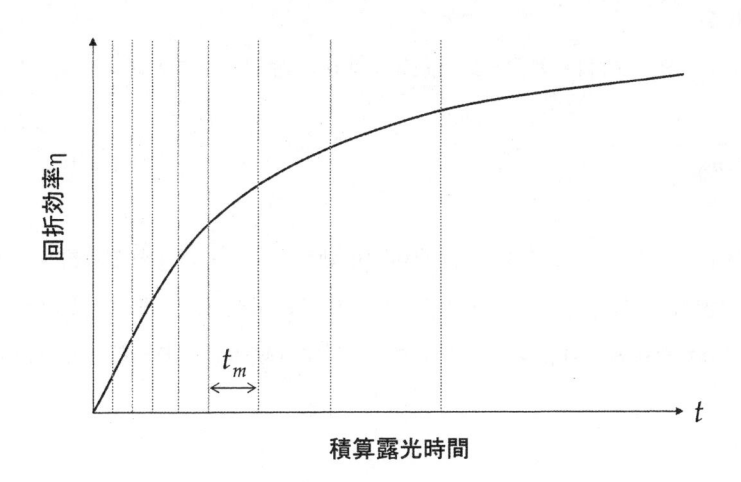

図17 フォトポリマーの場合のスケジューリング

折効率と等しくなったところで露光を終了する。これで第1から第3ページまで全て回折効率が等しくなる。以下第4ページから次々と露光を行えば，何ページ書き込んでも回折効率は同じになる。一般にフォトリフラクティブ材料は書き込みと消去の時定数は異なるが，上記の手順によるスケジューリングを行えば問題ない。

フォトポリマーの場合はより単純である。露光時間に対して回折効率が線形に変化しない場合には，その関数形をあらかじめ調べておいて，ページごとの回折効率が一定になるよう露光時間を調節すればよい（図17）。

1.4.4　ダイナミックレンジ：$M/\#$

ホログラフィックメモリー用記録メディアの性能を表す数値として，$M/\#$（「エムナンバー」と読む）がしばしば使われる[11]。これは記録メディアのダイナミックレンジを表す量で，

$$M/\# = \sum_i \eta_i^{1/2} \tag{5}$$

27

が基本的な定義である。ここで η_i は i ページ目のホログラムの回折効率である。このメディアに M 枚のページデータを重ね書きするとき，全てのページの回折効率を均等にするという条件下での最大の回折効率は，

$$\eta = \left(\frac{M/\#}{M}\right)^2 \tag{6}$$

で求められる。$M/\#$ はメディアの厚さに依存する量であり，材料固有の量ではないことに注意する必要がある。

フォトリフラクティブ材料の場合は，前節の図16で説明したスケジューリングを行うと，

$$M/\# = \sqrt{\eta_\infty} \frac{\tau_e}{\tau_w} \tag{7}$$

となることが知られている。ここで η_∞ は飽和回折効率，τ_w，τ_e はそれぞれ書き込み，消去の時定数である。歴史的にはフォトリフラクティブ材料で式(6)と(7)の関係式が成立することから $M/\#$ が提案された経緯があり，フォトポリマーに対する $M/\#$ はより一般化された形で定義されている。

1.5 ホログラフィックメモリーの歴史と今後の課題

1.5.1 誕生と第1次ブーム

ホログラフィックメモリーは，技術的には非常に古く，1948年にD. Gabor がホログラフィーを発明して[12]から程なく，ホログラフィーが3次元データメモリーとして使えることが示唆されている。1960年のレーザー発明後，間もない1963年に P. J. van Heerden によってホログラフィックメモリーが提案された[13]。現在のホログラフィックメモリーの基本的コンセプトは既にこの時点で出来上がっていたと言える。

その後，まずホログラフィックメモリーは計算機の内部メモリーとして，ついで外部メモリーとして盛んに研究された。当初は内部メモリーとして半導体メモリーなどと同等に論じられていたというから，今から考えると隔世の感がある。外部メモリーとしては1970年代まで盛んに研究され，第1次ブームとも言うべき様相を呈した。しかし磁気記録についで平面ビット記録型光メモリーの登場とほぼ期を一にして，デジタルメモリーとしてのホログラフィックメモリーの研究開発は下火になった。

1.5.2 第2次ブーム

1980年代ごろには，ホログラフィックメモリーの実用化は到底無理，という観測が業界の常

第 2 章　システム技術

識となりつつあったが，1990年代になると，アメリカを中心にホログラフィックメモリー研究が再燃してきた。Photorefractive Information Storage Materials（PRISM）と Holographic Data Storage Systems（HDSS）という二つの国家レベルのプロジェクトが立ち上がり，大学では L. Hesselink（Stanford大学）と D. Psaltis（California工科大）の二人が中心的な存在となり，ベンチャー企業も起こした。企業では，IBM，Rockwell，Lucent等がこれらのプロジェクトに加わり，第 2 次ホログラフィックメモリーブームとでも言うべき様相を呈した。

　第 1 次ブームの時点でシステムが実用レベルに達しなかった主な原因は，要素デバイスおよび技術の未成熟にあったと考えられる。特に，レーザー光源，空間光変調器，2 次元光検出器アレイ，制御用コンピュータ，記録媒体，サーボ技術，符号化技術等が鍵であり，これらが1970年代当時どの程度の水準にあったかを考えれば，当時ホログラフィックメモリーが実用化できなかったのも無理はない。第 1 次ブームの時期に比べ，第 2 次ブームの時点ではこれらは著しく進歩しており，そのことがブーム再燃の一つのきっかけになったと思われる。

　しかし世紀の境目をまたぐころになって第 2 次ブームにも一気にかげりが見えるようになってきた。問題は記録媒体としてのフォトリフラクティブ材料にあったと考えられる。重要な問題点は，

(a)　データの読み出し中に記録が消えていく，再生劣化の問題
(b)　感度の低さによる長い書き込み時間の問題

の 2 点である。

　(a)の再生劣化に関しては，決定的な解決方法は未だにない。2 波長書き込みの方法[14]は画期的な原理ではあるが，現状では感度とダイナミックレンジ（$M/\#$）が小さすぎ，実用には至っていない。この点が未解決であったことが一つの大きな問題だったと考えられる。

　(b)の感度に関しては，フォトリフラクティブ効果では吸収した光子 1 個に対して，発生するキャリアが最大 1 個である，ということが大きな制約になっている。フォトポリマーでは，吸収された光子がトリガーとなって重合反応がなだれ的に起こる。1 個の光子あたり 1 個以上のモノマーがポリマー化でき，その数も材料設計により変化させることができる。銀塩感光剤も 1 個の光子あたり対して，反応するハロゲン化銀分子の数はかなりの多数であり，いわば増幅作用を持っている。この点はフォトリフラクティブ材料はかなり不利と言うことができるだろう。

1.5.3　フォトポリマーを記録材料としたシステムの登場と現在の状況

　フォトリフラクティブ材料を記録に用いたシステムにかげりが出てきたころに，今度はフォトポリマーを記録材料に使うシステムが現れ始めた。これは上記のフォトリフラクティブ材料の欠点を原理的に解決したものであり，一気に材料はフォトポリマーに移行した。また，これとほぼ同時期に積層導波路型システム[15]とコリニア型システム[9]という 2 つの方式が，今度は日本発

の技術として提案され，徐々にホログラフィックメモリーに対する関心が高まってきた。第2次ブームの中心はアメリカであり，その時期の日本でのホログラフィックメモリーに対する関心はきわめて低い，あるいは冷ややかなものであったが，21世紀に入ったころから日本での関心も高まってきた。これに加えて第1章で解説した平面型ビット記録光メモリーの限界が見えはじめ，しかもその次の方式の候補に目されていたものがどれも決め手を欠く状況になりつつある中で，ホログラフィックメモリーに対する注目度は，急激に高まってきている。

多重方式としては，角度多重とコリニア方式が現状最も有望視されている。どちらが有利かは現在のところ決着していない。記録メディアとしてはフォトポリマー材料が着実に進歩しているが，ダイナミックレンジが十分ではなく，システムの能力をフルには発揮できていないように見受けられる。多数の企業・研究者の参入によるブレイクスルーに期待したい。

1.5.4 今後の課題

最後にいくつか今後解決すべきと思われる問題点を思いつくままに挙げてみる。

(1) メディアの互換性の問題

ホログラフィックメモリーは，CDやDVDと同様に取り外し可能なメディアを使用するシステムであり，特に，書き込みを行った装置からメディアを取り出して，別の装置で再生することが要求される。ホログラフィックメモリーは基本的に干渉と回折を利用した記録再生であり，高い光学系の精度が要求される。システムの工夫により公差を大きくする，という方向も含めて，地道な検討が必要であろう。

(2) IOボトルネック

ホログラフィックメモリーはページ単位の読み書きができることから，データ転送レートは潜在的に非常に大きい。1,000×1,000の画素を持ち1kHzで動作するSLMと撮像素子が存在したとすると，1Gbpsでの読み書きが可能となる。ということは，表示素子へのデータの送り込みと，撮像素子からのデータの取り出しも1Gbps以上のレートが必要になり，周辺回路の高速化なしにはホログラフィックメモリーの能力は発揮できないことになる。データ転送の並列化等も含めた周辺回路技術の進歩も必要だ。

(3) メディアのM/#の無駄消費

角度多重・コリニア方式のいずれの場合も，メディアに無駄な記録の部分ができてしまうことが避けられない。角度多重の場合は参照光と物体光が交差せずに片方だけ存在する領域が無視できない。またコリニア方式の場合には，物体光どうし，参照光どうしによって作られる干渉縞も記録されるが，これらはデータ記録に寄与していない。

(4) メディアの複製の難しさ

積層型を除く3次元メモリーに共通なことだが，ROMを考えた時，CDやDVDと違って射出

第2章 システム技術

成形によるメディアの複製が不可能である。基本的にはROM作成時もページ単位で逐次データを書き込む必要がある。コリニア方式では，一括複製の方式が提案されているが，製品レベルに到達するにはまだ時間がかかるだろう。

1.6 まとめ

　以上ホログラフィックメモリーの概略について説明した。今まさに実用化に向かって開発が進みつつある技術であり，実用化までにはあと一つ，二つ，越えなければならない山もあると思われる。ただ，30年前の初期のホログラフィックメモリーとは，周辺技術の状況は圧倒的に進歩しており，昔のホログラフィックメモリーがうまく行かなかったからといって今回も難しい，と考えるのは短絡的すぎるだろう。光メモリーの技術に関してはこれまでは日本が圧倒的な優位に立っていた。このアドバンテージをホログラフィックメモリーをはじめとするpost青色光メモリーでも保ち続けることは，必須ではないかと思う。より多くの研究者，技術者がこの分野に参入することを切に願う。

文　　献

1) M. Born and E. Wolf, Principles of Optics, Cambridge University Press, Cambridge (1999)
2) http://www.tij.co.jp/jrd/dlp/docs/index.htm.
3) H. J. Coufal, D. Psaltis and G. T. Sincerbox, eds., Holographic Data Storage Springer, Berlin (2000)
4) Kogelnik, *Bell Sys. Tech. J.*, **48**, 2909 (1969)
5) F. H. Mok, *Opt. Lett.*, **18**, 915 (1993)
6) G. Barbastathis, M. Levene and D. Psaltis, *Appl. Opt.*, **35**, 2403 (1996)
7) C. Denz, G. Pauliat, G. Roosen and T. Tschudi, *Appl. Opt.*, **31**, 5700 (1992)
8) Y. H. Kang, K. H. Kim and B. Lee, *Opt. Lett.*, **22**, 739 (1997)
9) H. Horimai, X. D. Tan and J. Li, *Appl. Opt.*, **44**, 2575 (2005)
10) L. Solymar, D. J. Webb and A. Grunnet-Jepsen, The physics and applications of photorefractive materials, Clarendon Press, Oxford (1996)
11) F. H. Mok, G. W. Burr and D. Psaltis, *Opt. Lett.*, **21**, 896 (1996)
12) D. Gabor, *Nature*, **161**, 777 (1948)
13) P. J. van Heerden, *Appl. Opt.*, **2**, 393-400 (1963)
14) Buse, K., Adibi, A., Psaltis, D., *Nature*, **393**, 665 (1998)
15) T. Imai, T. Kurihara, S. Yagi, Y. Kurokawa, M. Endo and T. Tanabe, *Appl. Opt.*, **42**, 7085 (2003)

2 コリニア方式ホログラフィック光ディスクメモリー：HVD™

堀米秀嘉*

2.1 はじめに

ホログラフィック光メモリーは，超高速転送レートと超大容量を両立する究極の光メモリーとして，再び，世界中で研究開発が活発化してきている。

コリニア方式ホログラフィック光ディスクメモリー：HVD™ (Holographic Versatile Disc) は，データを干渉縞による体積ホログラムとして記録するための「参照光」と「情報光」を同軸状に配置し，一つの対物レンズでメディア上に照射する，いわゆるコリニア方式を用いたシステムである。これにより，従来複雑で大型であったホログラム記録の光学系の簡素・小型化に成功。さらに，独自のサーボ系システムなどにより，ピックアップの小型化，除振装置の不要化，既存のDVDやCDとの上位互換性，低コスト化といった実用化への課題を克服している[1]。

その結果，2004年7月に，世界で初めて，回転する反射型ホログラフィック光ディスクへ動画をダイナミックに記録再生するデモンストレーションに成功した。このデモにより，通常の光ディスクと同等のランダムアクセスとリムーバビリティーを兼ね備えた超高速転送レートで大容量の実現可能性を示した。また，既存の符号化・復号化技術や光ディスクのサーボ技術がホログラフィック記録再生技術に極めて有効であることも実証した（写真1）[2]。

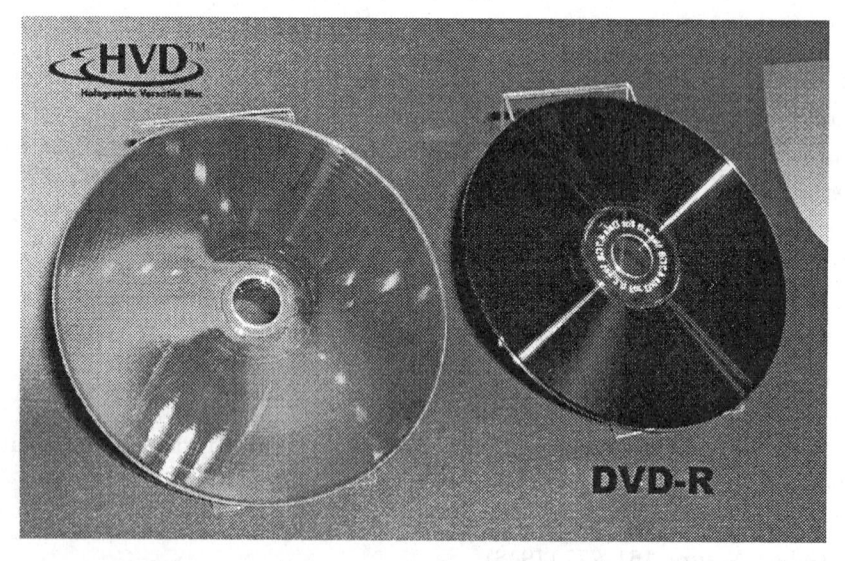

写真1　反射型構造のホログラフィック光ディスクHVD™（左）と現行のDVD（右）
HVD™は直径12cmで，右側に置かれたDVDと同サイズ。

---

*　Hideyoshi Horimai　㈱オプトウエア　取締役；CTO

第2章 システム技術

本稿では，早期実用化を可能にしたコリニア方式の原理と周辺技術，および多重化方法について説明する。次に，回転する光ディスクにダイナミックにホログラムを記録再生する実験システムについて解説する。最後に，本格的な普及に向けた今後の技術開発課題を明らかにする。

2.2 コリニア方式ホログラフィー技術

従来のホログラフィック光メモリーにおいては，参照光と情報光が所定の角度を持って入射される二光束干渉法が主に用いられてきた[3]。これに対しコリニア方式は，ホログラフィーの原理が発明された時と同じように参照光と情報光が一つの同じ光軸上に配置されて記録再生が行われる。図1にホログラフィック光ディスクメモリーとしての両方式の光学系構成の違いを模式的に示す。

二光束干渉法は，図1(a)に示したようにレーザー光が二つに分けられ，片方が情報光として，もう一方が参照光として用いられる。情報光は空間光変調器（SLM：Spatial Light Modulator）によって二次元的に変調されページデータ情報となる。この情報光は対物レンズで記録媒体中へ集光される。もう一方の参照光は，ガルバノミラーなどによって所定の角度を持って記録媒体へ入射される。その結果，情報光と参照光が記録媒体中で混ぜ合わされ，光の干渉縞ができあがり，これがホログラムとなる。情報の再生は，記録されたホログラム(干渉縞)に記録した時に使用した参照光を同じ角度から照射することにより，記録媒体の反対側にページデータ情報が現れる。これをCMOSセンサーなどで二次元的に検出することでページデータ情報が一括で再生される。

しかし，実用化の観点から見ると，これまで用いられてきた記録媒体は同図(a)に示すような透明基板と記録材料だけで構成された原始的な構造であり，光ディスクに求められる幾つかの重

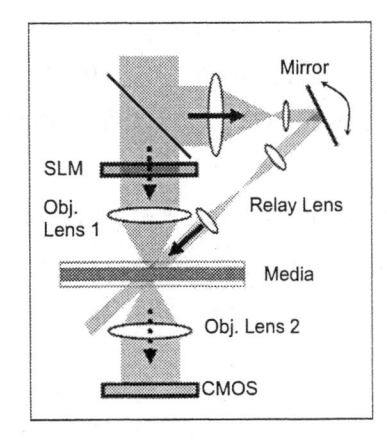

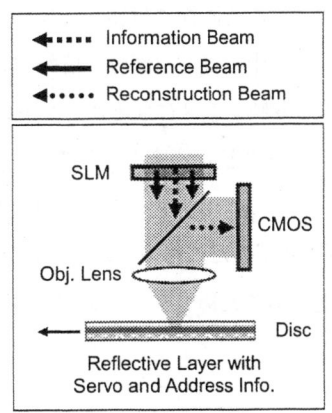

(a) 二光束干渉法の光学系構成　　(b) コリニア方式の光学系構成

図1　ホログラフィック光ディスクメモリーとしての光学系構成の比較

要な要件を満たしていなかった。

　これに対して，コリニア方式ホログラフィー技術は，図1(b)に示すように，情報光と参照光が同軸状の1ビーム構成でホログラフィック記録再生が可能であるため，従来の二光束干渉法に比較して光学系を大幅に簡素化できる[1,3,4]。また，ホログラムの記録をたった一つの対物レンズを用いて行うことができるため，CDやDVDで利用されている光サーボ技術をホログラム技術と融合させることにも成功した[5]。記録媒体にはプリフォーマットが施されており，アドレスを基準としたランダムアクセスが可能であり，一般の光ディスクと同じような取り扱いが可能である。また，プリフォーマットに起因して発生する散乱ノイズを抑止して，高品質なホログラムを形成する方法も導入されている。そのため，従来のホログラム記録再生では必要不可欠であった除振台を不要にしたばかりでなく，回転する光ディスクの偏心や面振れにも追従して任意のアドレスに高精度に干渉縞を形成することを可能にした。

2.3　コリニア方式における記録再生原理

　コリニア方式における記録再生原理を図2に模式的に示す。同図(a)は記録の課程を，同図(b)は再生の課程をそれぞれ示している。

　記録時には，同図(a)のように中心部分に情報光パターンを，周辺部に記録用参照光パターンを配置した記録用パターンが空間光変調器に表示される。このパターンにレーザー光を照射すると，情報光と参照光は同軸状の一本の光ビームとなって進み，対物レンズで集光される。その結果，情報光と参照光は記録媒体上で自動的に混ぜ合わされ，ホログラム(干渉縞)が形成される。

　再生時には，同図(b)のように参照光パターンのみを空間光変調器に表示して再生パターンとする。通常は，再生用パターンは記録時の参照光パターンと同じパターンを用いる。再生用参照光パターンの光ビームを同様に対物レンズで集光して記録されたホログラムに照射すると，再生用参照光パターンの中心の空白部分に情報パターンが再生される。記録媒体に付けられた反射膜により，再生像は対物レンズに戻され，ビームスプリッタで反射された後，CMOSセンサーにより二次元ページデータとして検出される。

　以上のように，コリニア方式においては従来の二光束干渉法のような光軸の異なる(Off-Axisの)光線を必要とせず，たった一つの対物レンズを用いて同軸状の光学系の構成でホログラムの記録再生が可能であるため，システム全体を大幅に簡素化できるという特徴を有する。

第2章 システム技術

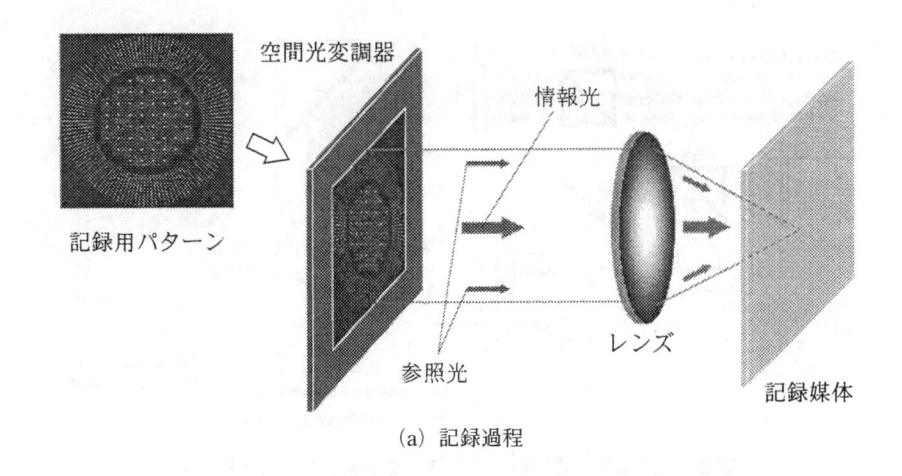

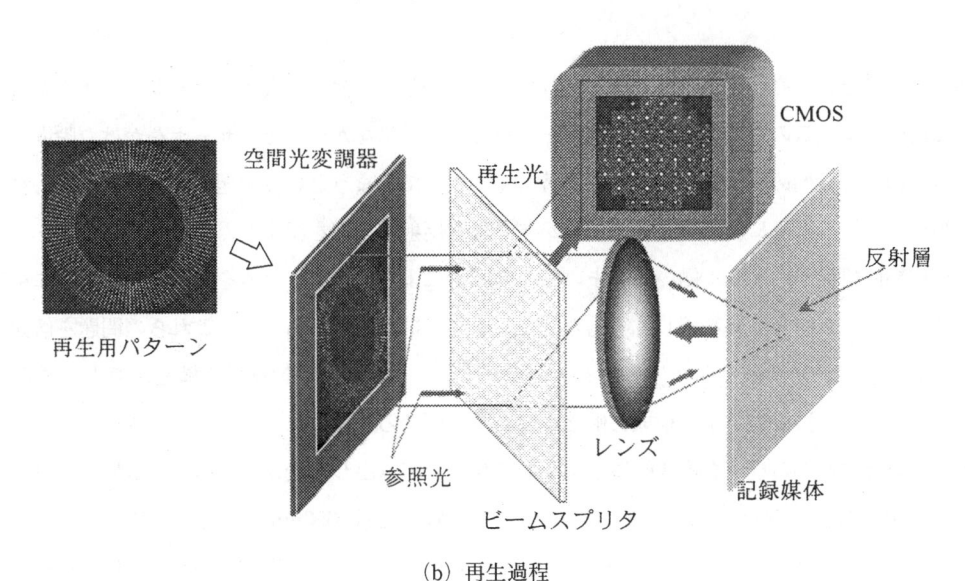

(a) 記録過程

(b) 再生過程

図2 コリニア方式ホログラフィックメモリーの記録再生原理図

2.4 二波長光学系の構成と波長選択反射膜付き光ディスク構造

コリニア方式では，たった一つの対物レンズを用いてホログラムの記録再生を行えるため，光ディスクで広く使われている光サーボを導入して，回転する光ディスクの偏心や面振れにも追従して任意のアドレスにナノオーダーの高い位置精度で干渉縞を形成することが可能である。しかし，この特徴を実用的なレベルで実現させるには，幾つかの問題点を解決する必要があった。その問題点と解決策を示す。

各種のホログラム記録材料が研究開発されているが，その中でもアーカイブストレージ用途ではフォトポリマー材料が有力候補として期待されている。フォトポリマーは記録再生レーザー波

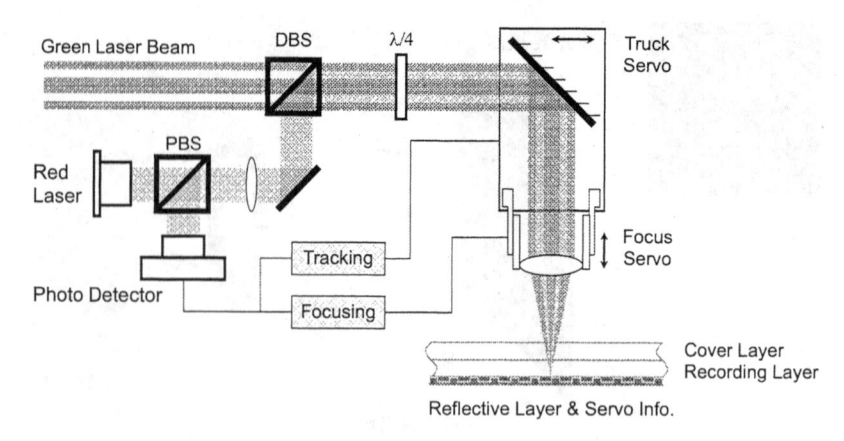

図3 コリニア方式における二波長光学系と主要部の模式図

長において記録感度が高まるよう設計されており，光強度に対して閾値を持たないフォトンモードで反応する。このため，記録再生用レーザーで光サーボをかけると，サーボをかけた瞬間から積分的に感光し始めてしまい記録特性が著しく劣化してしまうという問題があった。また，従来の光ディスクのようにプリフォーマットが施された反射膜構造を採用した場合，プリフォーマットが位相回折格子のように働いてしまい，この回折によってホログラムを記録再生する際に散乱ノイズが発生し信号品質を著しく劣化させてしまうという問題があった。これらの問題を解決したのが，二波長光学系とホログラフィック光ディスクへの波長選択反射膜構造の導入である。

はじめに，二波長光学系の構成と働きについて説明する。図3に，コリニア方式における二波長光学系と主要部の構成を模式的に示す。アドレスの読み出しと光サーボエラーの検出にはホログラム記録材料に感光性の無い波長のレーザー，例えば波長650nmの赤色レーザーを用い，この赤色レーザーで任意のアドレスを検出した後にフォトポリマーに感光性の有る波長のレーザー，例えば波長532nmの緑色レーザーでコリニア方式のホログラム記録を行う。これら二つの波長のレーザー光束は，やはり同軸に配置され同一の対物レンズを通して記録媒体中へ集光される。そのため，光サーボ用の赤色レーザーで対物レンズと記録媒体の位置をナノオーダーでコントロールしておけば，ダイナミックに変動する記録媒体へも緑色レーザーを正確に照射でき再現性の良い高精度な干渉縞の記録再生が可能となる。

次に，波長選択反射膜付きホログラフィック光ディスクの構造と働きを説明する。図4に，商品化されるホログラフィック光ディスクHVD™ (Holographic Versatile Disc)の断面構造を模式的に示す。波長選択反射膜 (Dichroic Mirror Layer) は，記録媒体層とアドレスなどが刻まれたプリフォーマット層の間に配置されており，赤色レーザーは透過し緑色レーザーは反射するように光学的に設計されている。そのため，緑色レーザーはプリフォーマット層から光学的に分離さ

第2章 システム技術

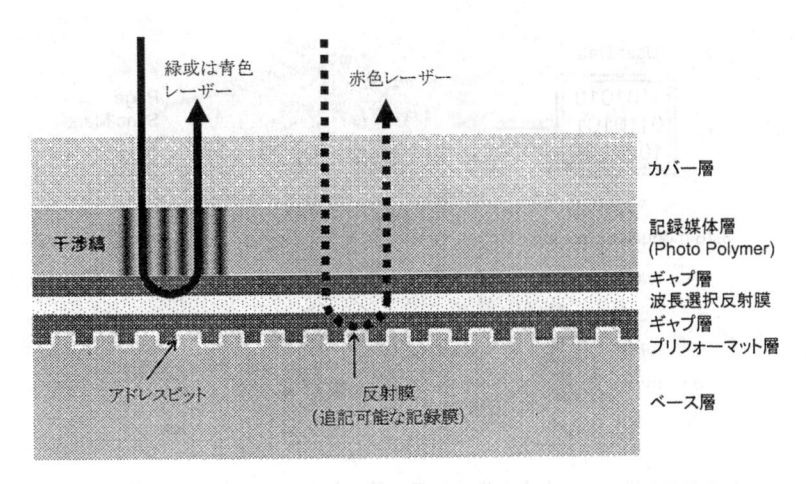

図4 波長選択反射膜付きホログラフィック光ディスクの断面構造

れており，理想的なコリニア方式ホログラフィック記録再生が可能となり，散乱の影響が無くなった。一方，赤色レーザーは波長選択反射膜を透過してプリフォーマット層まで到達し，プリフォーマット層に付けられている各種情報を持って反射されて，もとの光学経路を戻り，最終的にフォトディテクターで検出される。前述の通り，この赤色レーザーは記録材料を感光させないため，記録媒体層を劣化させる心配はない。

以上のように，感光性と非感光性の同軸型二波長の光学系を構成し，ホログラム記録層とプリフォーマット層を波長で分離する光ディスク構造を組み合わせることで，アドレスのサーチなどの動作中に記録媒体を積分的に感光劣化させる問題を解決すると共にプリフォーマット層からの散乱ノイズの問題も解決し，ランダムアクセスが可能でかつ高品質なホログラム記録再生が可能なシステム構成を実現した。

なお，プリフォーマット層とホログラム記録層との機能は完全に分離されているため，プリフォーマット層の反射膜としては追記型DVDに用いられているような有機色素などの材料をコーティングすることも計画されている。このようなプリフォーマット層をメタデータ層と呼んでいる。このメタデータ層には，高出力の赤色半導体レーザーを用いれば従来の光ディスクのように追記が可能であるため，ディレクトリ情報や各種システムコントロール情報などをホログラム記録と連携して追記することができ，ストレージシステムとしての使い勝手が飛躍的に向上すると期待されている。

2.5 データページフォーマット

図2を用いて既に説明したように，二次元ページデータは参照光パターンと情報光パターンから構成されており，記録時にはSLM上にこれらが同時に表示される。コリニア方式によるホロ

ホログラフィックメモリーのシステムと材料

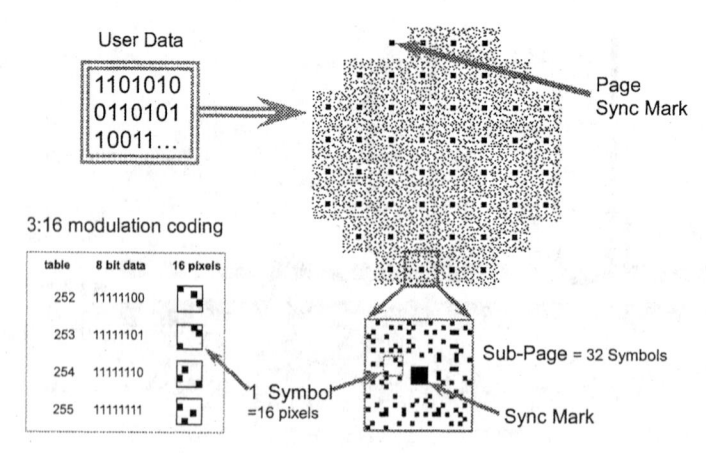

図5 ユーザーデータを2次元にコーディングしたデータページフォーマットの一例

グラム記録再生を高品質に実現する鍵は，このパターンの生成の仕方にかかっていると言っても過言ではない。ここでは情報光パターン，すなわちデータページフォーマットについて説明する。

デジタル化されたユーザーデータは，必要に応じてエラー訂正符号の付加やランダム配列化などの前処理を施した後，所定のルールに従って8ビット単位でコーディングされ，順次，2次元ページ上に配置されてデータページフォーマットとなる。図5に，データページフォーマットとコーディングの一例を示す。

データページは，左上にある一つのページシンクマーク（Page Sync Mark）と51個のサブページ（Sub-Page）で構成され，各サブページには真ん中にシンクマークがあり，一つのサブページあたり32個のシンボル（Symbol）を含んでいる。シンボルは16ピクセル（画素）で構成されており，1Symbolで1Byte（＝8bit）の情報を表現している。全てのシンボルパターンは3：16 Modulation Codingと呼ばれるコーディングルールによって表示される。このコーディングは，必ず3ピクセルのみ表示（on）され，残りのピクセルは表示されないようなルールとなっている（off）。このようなルールから，256通りのシンボルパターンが作られ，8ビット＝256と1対1に対応したルックアップテーブル（LUT：Look Up Table）が作成されており，ユーザーデータの符号化と復号化はこのLUTに基づいて行われる。このデータページあたりの情報量は，51シンボル×32シンボル×1バイト＝1.632kByteである。しかし，ここに示したデータページ当たりの情報量は一例であり，実際のドライブでは種々のパラメータの最適化によって，この値よりもかなり多くの情報を表示できるようにすることが可能である。

3：16 Modulation Codingは，常に16ピクセルのうち3ピクセルしか表示しないので記録時のデータページ当たりの光量を一定に保つことができ，また，再生時にはシンボルパターンの中で

第2章 システム技術

明るい順番に3つのピクセルを同定すればデコードできるため,再生データページの輝度ムラにも強いという特徴がある。

これまでの実験から,エラーはピクセル単位でランダムに発生する傾向にあることが分かっている。すなわち,エラーの数が低い状況では,1シンボルエラーはほぼ1ビットエラーであった。記録材料の性能を見極めるための指標として,ビットエラーで100個,シンボルエラーでも同様の100個程度のエラーを上限として評価を行ってきた[1]。商品化においては,ページ当たりの許容エラー量は付加されるエラー訂正符号の処理能力により決定される。

2.6 コリニアシフト多重方式

ホログラフィックメモリーの大容量・高密度記録化は,一般的に多重記録によって達成される。多重記録の方法としては,角度多重[6],シフト多重[7],波長多重[8],位相多重[9],スペックル多重[10]などの方式が提案されており,これらを応用した方式としてペリストロフィック方式,ポリトピック方式なども考案されている[11,12]。

コリニア方式では,光ディスクの回転移動に合わせて記録位置を変えて多重を行うシフト多重方式が概念的には適している。また,参照光を変調しているため,スペックル多重方式にも似たところがある。しかし,本多重方式は従来のシフト多重方式ともスペックル多重方式とも異なるため,便宜上,コリニアシフト多重方式と呼ぶことにする。

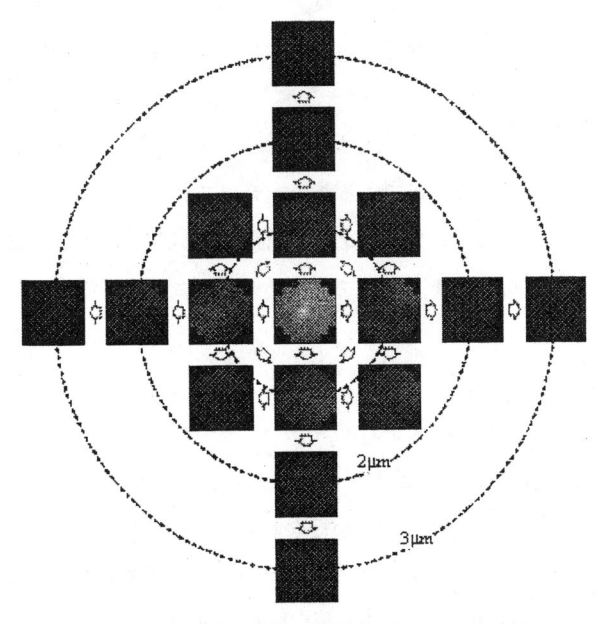

図6 コリニア方式ホログラフィックメモリーにおける位置選択性の測定

コリニア方式における再生信号の位置依存性を調べるため，コリニアホログラムを記録し，その記録位置からx方向とy方向へ±1μmずつ位置をずらしながら再生像を撮影する実験を行った。実験結果を図6に示す。実験結果から，±1μmずれた時点ですでに再生像は急激に減少し，±2μmまでは再生像がまだ残されているが，±3μmになるとほぼ完全に消えてしまうことが分かる。また，x方向およびy方向へも等方的である。すなわち，隣接するホログラムの記録ピッチがx方向およびy方向へも3μm以上あれば，クロストークの影響は無視しうる程度に小さくなり，新たなホログラムを多重記録することが可能である。このパラメータはシフトセレクティビティー（シフト位置選択性）と呼ばれており，記憶容量の理論的な限界を決める極めて重要なパラメータである。

実際に3μmピッチでコリニアシフト多重記録再生を行い，上記の結果を確認した[1]。データページ当たりの情報量×隣接ホログラム記録ピッチで単位面積あたりの記録密度は決まるため，シフト量は小さければ小さいほど記録密度を上げられる。しかし，一方ではシフト量が小さいと多重数は増えることになり，回折効率は記録多重数の2乗に反比例するため，今のところ，3μmピッチでディスク全面を記録すると回折効率の低下の問題が生じてくることがわかっている。現在，記録密度を向上させるために，コリニア方式に適した記録媒体の研究開発が各方面において急ピッチで進められている[13,14]。

コリニアシフト多重方式では，記録位置から1μmずれるだけで再生信号が劣化するため，記録再生にはナノメータの位置精度が要求される。この課題に対しては，既に述べた二波長光学系と波長選択反射膜付き光ディスク構造で対処されており，十分なシステムマージンも確保できることを確かめている[15]。

以上のように，コリニアシフト多重方式は，単一のレンズを用いて回転する光ディスクの周方向と半径方向へ多重記録を行うことができるため光ディスクとの親和性が高く，光ディスクのプリフォーマットアドレスを基準としてホログラム記録位置が規定されているためランダムアクセス性にも優れている方式である。また，シフトピッチを選ぶだけで光ディスクの記憶容量を自由に選択することも可能である[16]。

2.7　ダイナミック記録再生実験システム

2004年7月，世界ではじめて，回転するホログラフィック光ディスク上へのコリニア方式による動画の記録再生デモンストレーションが行なわれた。デモ・システムの構成を図7に模式的に示す。このデモ・システムは回転ディスクへダイナミックに記録再生する実験システムであり，ダイナミック・テスター（DTB：Dynamic Test Bed）と呼んでいる。

すでに図3および図4で説明したとおり，記録ディスクであるHVD™は波長選択反射膜付き

第2章　システム技術

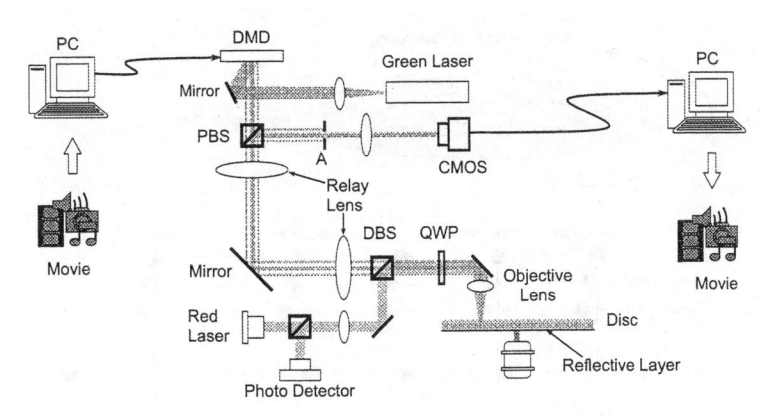

図7　回転系ホログラフィック光メモリー実験システム（DTB）構成図

　光ディスク構造を採用しており，ホログラムの記録および再生には波長532nmの緑色レーザー（Green Laser）を用い，波長650nmの赤色レーザー（Red Laser）でフォーカスおよびトラッキングサーボをかけ，さらにプリフォーマットされたアドレスピットの読み出しも行っている。この2つの波長のレーザー光は，対物レンズ（Objective Lens）の手前に配置されたダイクロイックビームスプリタ（DBS）で同じ光路となり，同一の対物レンズに入射される。対物レンズの開口数は NA＝0.55 である。赤色レーザーは，プリフォーマット面に付けられたアルミ反射膜（Reflective Layer）に焦点が合い，このプリフォーマット面の情報をもとにシーク動作や記録再生タイミングなどが制御されている。

　デジタルの動画ファイルは，データをページサイズの容量に合わせて多数のデータに分割され，それぞれが図2および図5で説明したように記録用のページデータに符号化され，空間光変調器（DMD：Digital Micro Mirror Device）に表示され記録される。記録再生のプロセスは図2を用いて既に説明したとおりである。

　使用したDMDは画素数1,024×768のもので，ページデータはその中央の一部分だけに表示されている。CMOSセンサーは画素数1,280×1,024のものを使用しており，DMDで表示されたページデータの1画素を3×3画素（ピクセル）で受光する，いわゆる3倍のオーバーサンプリングで検出している。

　ディスク上へのページデータ記録再生シーケンス（フォーマット）について説明する。図8はその概念図である。ディスクは角速度一定（CAV：Constant Angular Velocity）でコントロールされており，回転数は100rpmである。二次元ページデータはエラー訂正を含んで構成されており，1パルスのレーザー光で記録される。従ってページが記録の最小単位となる。再生も，同様に1パルスにて再生される。このページがディスクの周方向に飛び飛びに記録され，一周あたり120のページデータが記録される。この一周120ページ分のデータをまとめてセクションという

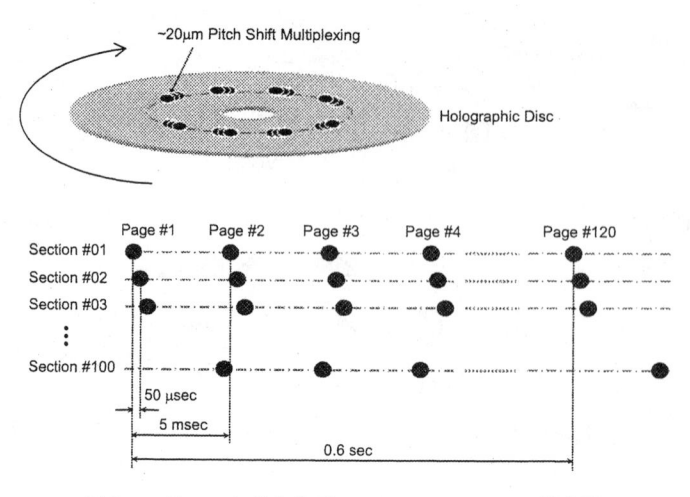

図8 コリニア方式の光ディスクのフォーマット概念図

単位にしている。次のセクションは記録位置を周方向に若干ずらして記録することで，周方向に対してシフト多重が行われる。同様にして繰り返すことにより，1トラック上に100セクションを記録した場合には12,000個のページデータをホログラム記録できるようになっている。デモンストレーションでは，多重記録のシフトピッチは約 $20\,\mu$m とした。更に，1セクションを半径方向に所定のピッチ離して形成し，幾つかのセクションをまとめてチャプターという単位にする。このチャプターを幾つかまとめてブックという単位にする。これらの各単位のサイズはアプリケーションによって，ある程度自由に決められるものである。また，1セクションあたりのページデータ数やチャプターあたりのセクション数は，記録媒体の多重記録性能を含めて最適化され，その結果としてディスクの記憶容量が決まってくる。

この時のダイナミック記録再生デモンストレーションでは，記録と再生のフレームレートは200fpsで行った。そのため，page 1とpage 2の間隔は5 msとなっている。このように，ホログラムを周方向に分散して記録すると，記録媒体に局所的な欠陥が生じた場合にも，ロバスト性を向上できる利点がある。

ディスクの半径方向への多重は，プリフォーマットされたトラックを任意に選択することで，ホログラム記録ピッチを変えることができる。プリフォーマットのトラックピッチは$1.6\,\mu$mである。ディスク全面に渡って記録する場合は，外周に行っても記録密度が変わらないようにpage間の間隔を一定に調整する手法がとられる。具体的には，外周に行くに従ってセクション数を増やすことで，ディスク全面に渡りほぼ均一な面記録密度を維持することができる。

図9に，赤色レーザーで読み出されたプリフォーマット信号の一例を示す。上述のページデータの記録位置のコントロールとレーザーパルスの発光タイミングなどのシステムの制御は，図9

第 2 章　システム技術

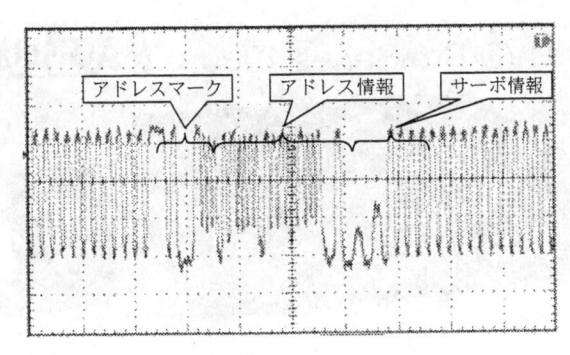

図 9　赤色レーザー（波長 650nm）により再生されたプリフォーマット信号

図 10　DTB を用いて動画が記録されたホログラフィック光ディスク

に示すようなディスクにプリフォーマットされたアドレス情報とクロックを基にコントロールされている。

図 10 は，ダイナミック・テスター（DTB）を用いて動画を記録再生した，ホログラフィック光ディスク（HVD[TM]）の拡大写真である。周方向に多重記録されたホログラムは屈折率が変化するためか，肉眼で観察することができる。記録時の緑色レーザーのパルス幅は約 20ns。実験に使用した記録媒体では，対物レンズ出射エネルギー約 7μJ/pulse で記録が行われた。

なお，ここで説明したフォーマットは，ページデータの構成およびアドレスフォーマットの形態を含め，必ずしも製品化における最終形態ではなく，あくまでデモンストレーションを主体とした暫定的なものである。

写真2 商品化が予定されているHVD™ドライブとディスクカートリッジ
（参考イメージ）

2.8 ホログラフィック光ディスクシステム：HVD™

コリニア方式を基本コンセプトとして記録媒体の構造や光学系の構成にも新しいアイデアが導入され，従来のホログラフィックメモリーの常識と既成概念を覆した新しいホログラフィック光ディスクシステムがもうじき実用化される。写真2は，商品化が予定されている業務用途のHVD™ドライブとディスクカートリッジである。直径120mmのホログラフィック光ディスクが遮光性のカートリッジの中に納められており，最初の商品ではディスク1枚あたりの記憶容量は200GBである。ドライブは19インチラックマウントタイプである。ホログラム記録ではページデータの一括記録再生を行うため，転送レートはディスクの回転数には依存しない。そのため，ディスクの回転数は約300rpmと1倍速CD並みの低速回転でありながら，転送レートは20MB/秒（160Mbps）以上を実現する。記録材料には高感度のフォトポリマーを用いているが，記録が完了して感光性が無くなった後には追記が不可能になるためデータの改ざん防止に優れているため，大容量・高転送レートでランダムアクセス性を有したアーカイブ・ストレージ市場への導入を計画している。

2.9 今後の課題

ホログラフィック光ディスクメモリーが本格的に普及するかは，性能と価格に対する市場の要求をどこまで満たせるかにかかっている。そのためには，解決しなければならない技術開発課題が幾つか残されている。主な課題を以下に示す。

(1) レーザー光源の開発

記録再生用レーザー光源として，小型で安価なQスイッチ付き高出力パルスレーザーの新規開発が必要である。求められる性能は，光ディスクから読み出されるアドレスやクロックなどの外部トリガーに同期して，繰り返しパルス周波数が10kHz以上で，かつ，パルスエネルギー変動が

第2章 システム技術

数%以下，発光タイミングジッターは数十ナノ秒以下が望ましい。

(2) カスタムデバイスの開発

　CMOSセンサーや空間光変調器には，高速フレームレート動作が要求される。具体的には，レーザーの繰り返し周波数と同じ1秒間に10kfps以上のフレームレートで動作することが必要である。そのための方策としては，ピクセルサイズを対物レンズの口径で決まる必要最小限とし，CMOSセンサーの検出階調も必要最小限にするなど，カスタム化した新規デバイスの開発が必要である。また，CMOSセンサーは微弱な再生信号を検出するために，より一層の高感度化が望まれる。

(3) 高速な高効率検出アルゴリズムの開発

　ホログラムを高密度に多重記録するためには，微弱な回折効率でコントラストが低くノイズに埋もれたページデータを再生して高速にデコードする高効率検出アルゴリズムの開発が必要である。

(4) 記録材料の特性向上の開発

　記録密度と転送レートを向上させるためには記録材料の更なる特性向上の開発が必要である。記録材料の性能は記録方式に大きく依存するため，コリニア方式を用いた記録再生評価を行い記録材料の特性改善を図ることが重要である。特に，多重記録を繰り返しても散乱ノイズを発生せず，高感度でありながら記録感度が終始一定な記録材料が望ましい。最終的には，これらの記録材料を光ディスク化して，十分な信頼性が確保できることを示さなければならない。

(5) 光ディスクの量産化技術の確立

　試作ディスクに使われている波長選択反射膜は，誘電体多層膜によって作成されている。そのため，高コストの要因になることが懸念されており，今後の量産性とコストダウンを両立した代替技術の確立が望まれている。特に，誘電体多層膜は入射角度によって波長分離性能が変化するため，対物レンズのNAによって決まる入射角範囲で十分な特性を得る設計が必要である。

2.10　まとめ

　たった一つの対物レンズを通してホログラムを記録再生するコリニア方式ホログラフィックメモリーのコンセプトは，光ディスクと非常に親和性が高く，光ディスク技術とホログラム技術を融合させることに成功した。特に，光ディスクへ刻まれた反射膜付きプリフォーマットを基準として光サーボをかけ，回転するディスクの面振れと偏心にも追従してナノオーダーの干渉縞をダイナミックに記録再生するアイデアは，同軸な光学配置のコリニア方式でなければ実現できない芸当である。

ホログラフィックメモリーのシステムと材料

　ホログラフィックメモリーは，過去40年以上に渡り研究されつつも，実用化は夢であろうと言われてきただけに，コリニア方式ホログラフィック光ディスクメモリー：HVD™システムが世界で初めて実用化される意義は非常に大きい．

文　　献

1) Hideyoshi Horimai and Xiaodi Tan, "Advanced Collinear Holography", *Optical Review*, **12** (2), 90–92 (2005)
2) 堀米 秀嘉, 譚 小地, 北崎 信幸, 金子 和, 李 駿, "離陸間近のホログラフィック媒体—2006年に200Gバイトを実現", 日経エレクトロニクス, Guest Paper, 2005年1月17日号, 105–114 (2005)
3) Coufal H. J., Psaltis D. and Sincerbox G. T., eds., Holographic Data Storage, Springer 8 (2000)
4) Hideyoshi Horimai, Xiaodi Tan and Jun Li, "Collinear holography", *Applied Optics*, **44** (13), 2575–2579 (2005)
5) 譚 小地, 堀米 秀嘉, "ホログラフィックメモリー／HVDを支える計測・ナノ制御技術", 光による極限長さ測定：ナノからサブナノへの光センシング技術, 応用物理学会・光波センシング技術研究会, 75–82 (東京理科大学, 2005)
6) Fai H. Mok, "Angle-Multiplexed Storage of 5000 Holograms in Lithium Niobate", *Optics Letters*, **18**, 915–917 (1993)
7) Psaltis D., Levene M., Pu A., Barbastathis G. and Curtis K., "Holographic Storage using Shift Multiplexing", *Optics Letters*, **20**, 782–784 (1995)
8) Lande D., Heanue F. J., Bashaw C. M. and Hesselink L., "Digital Wavelength-Multiplexed Holographic Data Storage System", *Optics Letters*, **21**, 1780–1782 (1996)
9) Denz C., Pauliat G., Roosen G. and Tschudi T., "Volume Hologram Multiplexing using a Deterministic Phase Encoding Method", *Optical Communications*, **85**, 171–176 (1991)
10) Yong Hoon Kang, Ki Hyun Kim and Byoungho Lee, "Volume hologram scheme using optical fiber for spatial multiplexing," *Optics Letters*, **22**, 739–741 (1997)
11) Curtis K., Pu A. and Psaltis D., "Method for Holographic Storage using Peristrophic Multiplexing", *Optics Letters*, **19**, 993–994 (1994)
12) Anderson K., "Polytopic Multiplexing", in Technical Digest of Optical Data Storage Topical Meeting 2004, 255–257 (Monterey Marriott Hotel, Monterey, California, U. S. A., 2004)
13) Satou A., Teranishi T., Kawabata M. and Hisajima E., "Photo-Polymer Media Design for Collinear Holographic Data Storage", in Optical Data Storage 2004, B. V. K. Vijaya Kumar and Hiromichi Kobori, eds., Proceedings of SPIE 5380, 576–583 (2004)
14) Satoh S., Hattori S. and Sasaki H., "Evaluation of Multiplex Hologram by Variable

Pitch Spiral Method", in Technical Digest of International Symposium on Optical Memory (ISOM2004), 184–185 (Lotte Hotel Jeju, Jeju Island, Korean, 2004)
15) Hideyoshi Horimai and Xiaodi Tan, "Holographic Versatile Disc System", in SPIE Symposium on Optics & Photonics 2005, Organic Holographic Materials and Applications III (San Diego, California, USA, 2005), Klaus Meerholz eds., Proceedings of SPIE 5939, 1–9 (2005)
16) Hideyoshi Horimai and Yoshio Aoki, "Holographic Versatile Disc (HVD)", in Technical Digest of International Symposium on Optical Memory & Optical Data Storage — ISOM/ODS'05 (Honolulu, Hawaii, USA, 2005) ThE6

3 コリニア方式HVD–ROM大量複製技術

譚　小地*

3.1 はじめに

　CDやDVDが世界中で速やかに普及した理由は，大量複製が容易であったためと言われている。CDやDVDは，原盤であるスタンパー（マスター）に形成された凹凸ピットをプラスチック射出成型技術（インジェクションモールディング）によって転写することで製作される。しかし，一方ではCDやDVDの複製が転写によって簡単にできるため，違法コピー（海賊版）の大量複製の原因にも繋がっている。

　ホログラフィックメモリーは，大容量・高転送レートを実現する未来のストレージとして，過去40年間，その実用化に向けて世界中で研究開発が続けられてきた。しかし，情報が3次元的な屈折率分布で記録されるため，複製が極めて難しく，パッケージメディアとして普及できるかどうかは疑問視されていた。

　前節に述べたコリニア方式は，世界で初めて光ディスクと互換性を持った大容量・高転送レートを実現するホログラフィック光ディスクとして注目されている。このコリニア方式ホログラフィック光ディスクでは，CDやDVDのようにROMの大量複製が可能であり，しかも，複製された光ディスクからの再コピーは極めて難しいというユニークな特徴を持つ。すなわち，マスターからの複製は容易であるにもかかわらず，複製された光ディスクからの違法コピーは極めて難しい。そのため，違法コピー（海賊版の大量複製）を強力に防止することができる。更に，ホログラフィックな複製は光学的に非接触で行われるため，原理的に半導体プロセスのように行うことができ，極めて高品質・高精度で劣化の少ない転写が行えるというメリットもある。

　本節では，コリニア方式HVD–ROM大量複製方式のコンセプトを解説するとともに，後半では本方式が切り開く技術的・マーケット的なポテンシャルと今後の展望も述べる。

3.2 従来のホログラフィックROM複製技術の問題点

　これまでも幾つかのホログラフィックROM大量複製技術の研究がなされてきた。代表的なものとしては，カリフォルニア工科大学のPsaltis教授らによって行われた研究成果がある[1]。また，光ディスク形状に適した方法としては，ソニーにおいて提案されたコニカル参照光照射によるホログラフィックROMの複製方式の研究が注目を集めた[2]。しかしながら，これら現在までに提案されたホログラフィックROM大量複製技術においては，違法コピーに対する防止機能まで十分に検討されているとは言い難い。そのため，将来，一括照射による違法コピーの温床を作る危

＊　Xiaodi Tan　㈱オプトウエア　技術開発グループ　シニアエンジニア

第2章 システム技術

険性をはらんでいる。その主な原因を以下で説明する。

　上記に示したような従来のホログラフィックROM複製方式では，透過型のマスターホログラムディスクを作成した後，このマスターホログラムディスクと透過型のスレーブディスク（未記録ディスク）を重ね合わせ，二光束干渉法で用いた参照光をこの2つに同時に照射することで複製が行われる。この参照光の働きは2つあり，1つはマスターホログラムディスクに対して再生用参照光になり情報光を再生させること，もう1つはスレーブホログラムに対して記録用参照光として働き，マスターから再生された情報光と混ざり合ってスレーブディスクにホログラムの転写を行うことである。すなわち，従来のホログラフィックROM複製技術の基本コンセプトは，「再生と複製の参照光を共有する」と言う点にあった[3]。しかしながら，このことは転写されたスレーブホログラムディスクも，転写を経て品質は若干劣化するかもしれないが同様にマスターホログラムディスクとして利用できることを意味し，違法コピー防止の弱点として問題となっていた。

3.3　コリニア方式によるホログラムの複製方式

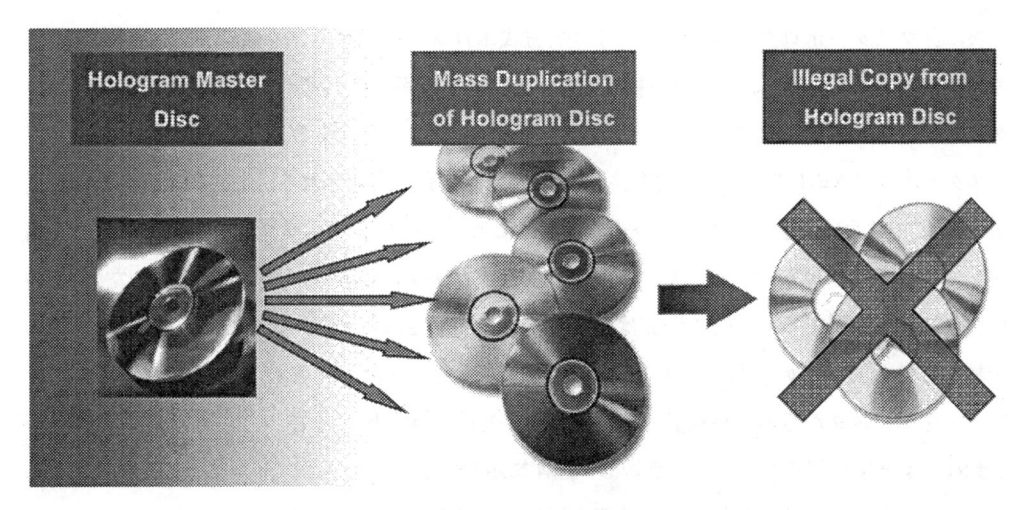

　コリニア方式ホログラフィックROM複製方式のコンセプトを図1に示す。

　本方式も，従来のホログラフィックROM複製方式と同様に，マスターホログラムディスクを作成する第一段階とマスターホログラムディスクから光学的に複製を行う第二段階とで構成されるが，このプロセスを経て複製されたROMディスクからは極めて違法コピーの製造が難しい点が大きく異なる。また，複製されたホログラフィックROMはコリニア方式に対応しており，コリニア方式の記録再生ドライブにおいて完全に再生互換性を保つ事が可能である。

図1　コリニア方式ホログラフィックROM複製コンセプト説明図

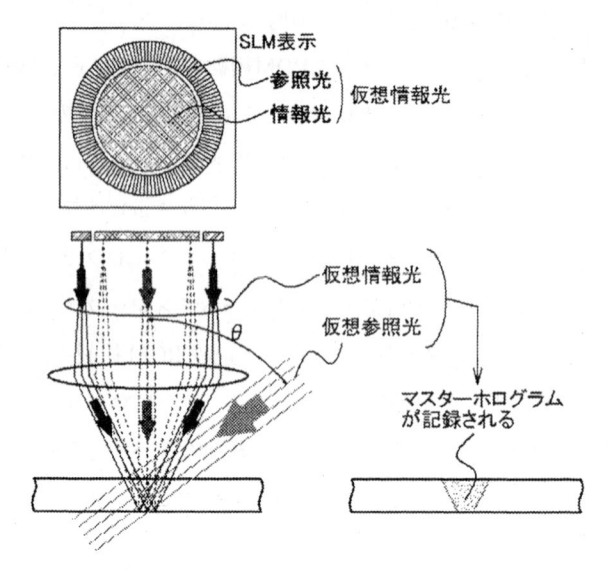

ホログラフィックメモリーのシステムと材料

図2　マスターホログラムの作成

　図2を用いて，マスターホログラムの作成方法を説明する。

　コリニア方式における参照光と情報光は見かけ上一本の光のように取り扱えるので，コリニア方式の情報光と参照光を表示したページパターンを「仮想情報光」と定義し，これを対物レンズで集光して記録媒体に照射する（図2）。この仮想情報光に対して，角度θの方向から従来の二光束干渉法のように平面波を照射し，マスターホログラムが記録される。この平面波を「仮想参照光」と呼ぶ（図2右）。ここで，マスターホログラム用の記録媒体は，反射膜構造のない平坦性の良いフラットな記録媒体を用いる。

　次に，マスターホログラムからのコリニア方式ホログラム転写方法を説明する。

　図3に光学系の配置と転写方法を模式的に示す。4f光学系のそれぞれの入射瞳面の位置にマスターとスレーブ（アドレス＆反射膜付きブランクディスク）を配置する。この光学構成において，マスターホログラムに仮想参照光を照射すると仮想情報光が再生される。この再生された仮想情報光は4f光学系に配置された二つの対物レンズによってスレーブへ集光され，仮想情報光を構成しているコリニア方式の参照光と情報光によりホログラムが転写形成される（図3左）。この時，マスターを照射した仮想参照光は角度を持って照射される（Off-Axis）ので，対物レンズの光軸から外れる。このため，スレーブへは仮想情報光のみが集光され，複製されたホログラフィックディスクからの一括複製（違法コピー）を防止する働きを持つ。

　転写によって複製されたホログラムは，図4に示したように通常のコリニア方式光学系によって参照光を照射すれば，記録された情報を再生することが可能になる。

第2章 システム技術

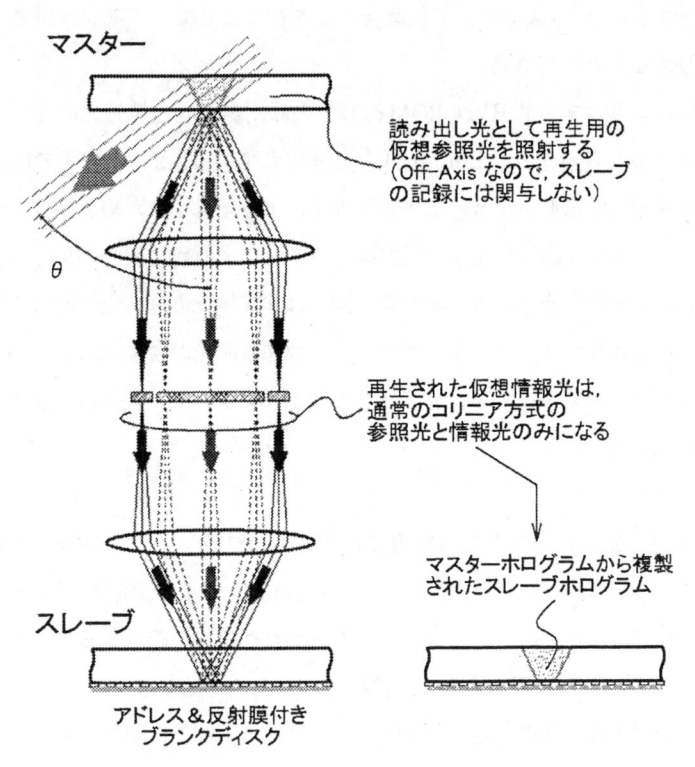

図3 仮想情報光の再生によるコリニア方式転写方法

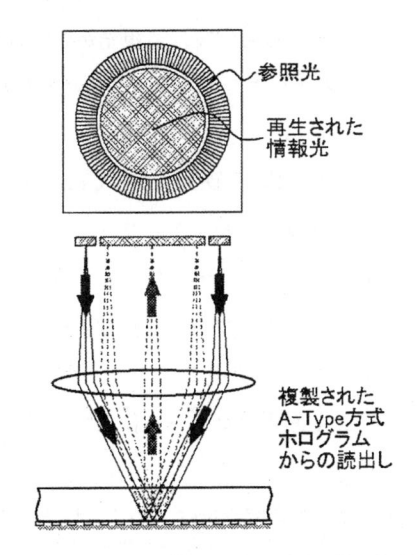

図4 複製ホログラムからのコリニア方式再生

また，スレーブをx, y, zステージで位置合わせを行うことで，アドレス付きブランクディスクに正確に転写することができる。

以上のように，コリニア方式HVD-ROM複製方式は，参照光と情報光の2つを仮想情報光に織り込んで記録するところから「2 in 1方式」と呼ばれている。2 in 1方式では，マスターホログラムを仮想情報光と仮想参照光との二光束干渉法により記録するため，同様に記録した隣接するマスターホログラムに仮想参照光を一括照射することで，仮想情報光の束を一括して再生しスレーブに転写することが可能である。記録媒体同士は非接触であり，光学的な大量複製が可能である。しかし，転写されたスレーブホログラムには仮想参照光が含まれないため，スレーブから一括して違法コピーを複製するのは容易ではなく，ホログラムディスクの違法コピー抑制効果を有するという特徴を持つ。

3.4 「面多重記録方式」および位相共役再生によるホログラフィックROMの複製

HVDでは，ホログラム同士が重なり合って記録されるシフト多重記録フォーマットが採用されている。このフォーマットに従ったコリニア方式ホログラムを転写する際には，隣接するホログラム間のクロストークの問題を考慮した複製を行わなくてはならない。

クロストークの問題をもう少し詳しく説明する。隣接ホログラム同士がシフト多重記録のように重なって形成されていると，仮想参照光によって一括露光してスレーブに転写する際に，隣接するコリニア方式ホログラムの参照光と情報光が相互干渉してしまい，本来は無いはずの干渉縞が形成されてしまう。このようになると，一つのコリニア方式ホログラムを再生しようとして照射した参照光で重なり合うホログラムからも同時に情報光が再生されるという現象が発生する。すなわち，複製されたコリニア方式のホログラムを再生しようとしたときにクロストーク特性が著しく劣化してしまうという恐れがある。

そのため，実際のホログラフィックROM複製プロセスでは，「面多重記録方式」と呼ぶステップを踏む必要がある。以下で，そのプロセスをステップごとに説明する。

3.4.1 マスターホログラムディスクのカッティング

図5にマスターホログラムディスクの作成プロセスを模式的に示す。

ある角度（$\theta 1$）の仮想参照光に対して，隣接ホログラムがお互いに重なり合わない位置のホログラム群をカッティングしていき，面ホログラムを作成する（図5左）。これを$\theta 1$面ホログラムとする。

次に，記録媒体の厚みによって決まる角度選択性分かそれ以上に仮想参照光の角度を変化させ（$\theta 2$），その角度（$\theta 2$）の仮想参照光に対して，隣接ホログラムがお互いに重なり合わない位置のホログラム群を記録していき，面ホログラムを作成する（図5右）。これを$\theta 2$面ホログラ

第2章　システム技術

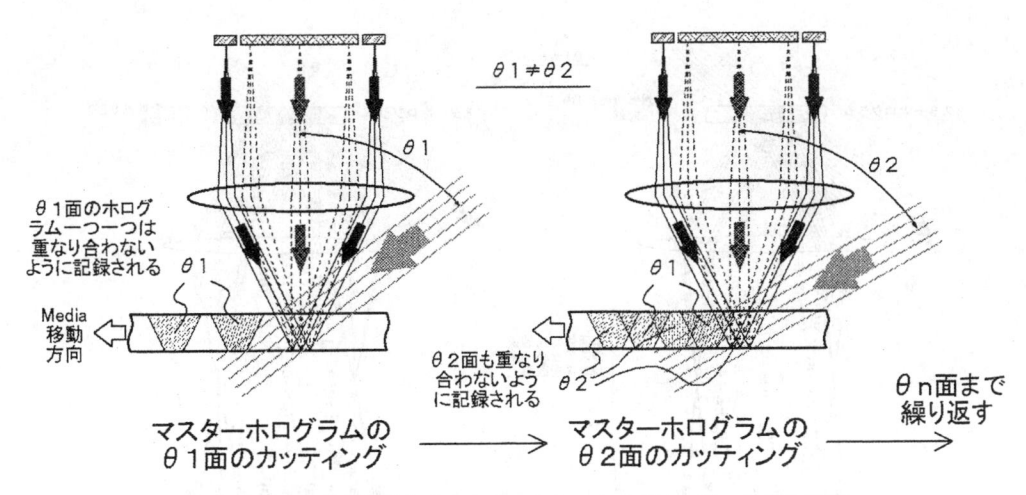

図5　面記録角度多重方式によるマスターホログラムディスクの作成

ムとする。

以下，同様に仮想参照光の角度を変えてθi面ホログラムを角度多重記録していき，マスターホログラムディスクの作成が完了する。すなわち，マスターホログラムは仮想参照光の入射角度を変化させながら面ホログラムが角度多重記録された状態になっている。

3.4.2　面ホログラムの位相共役再生による一括コピーと面多重記録方式

マスターホログラムからの面ホログラムを一括コピーする面多重複製記録方式を図6に模式的に示す。

面記録角度多重方式によってカッティングされたマスターホログラムに，角度θ1の仮想参照光をディスク全面に渡って一括照射すると，その仮想参照光の角度θ1に対応した仮想情報光の群，すなわちθ1の面ホログラムが一斉に再生される。この際，マスターホログラムを裏返し，仮想参照光と同じ光路で進行方向を逆にした再生用仮想参照光を照射すると，位相共役による仮想情報光の再生を行うことができる。この位相共役再生のメリットは，対物レンズや記録媒体の厚みなどに起因して記録時に発生して織り込まれた収差を，再生時に自動的に補正することが可能で，理想的な波面の仮想情報光が再生される点にある。

一斉に再生された面ホログラムは，図6に示した大口径のレンズペアによって，既に図3で説明したのと同様のプロセスで，スレーブに面ホログラムが一斉にコピーされる（図6左）。

同様に，マスターホログラムに対し再生用仮想参照光の角度をθ1～θnまで変化させて一括照射することで，それぞれの角度に対応した面ホログラムが選択的に再生され，スレーブ上では面ホログラム単位でシフト多重記録が行われる（図6右）。

面のホログラムのなかの個々のホログラム（1ページ分ごとのホログラム）は，シフト多重の

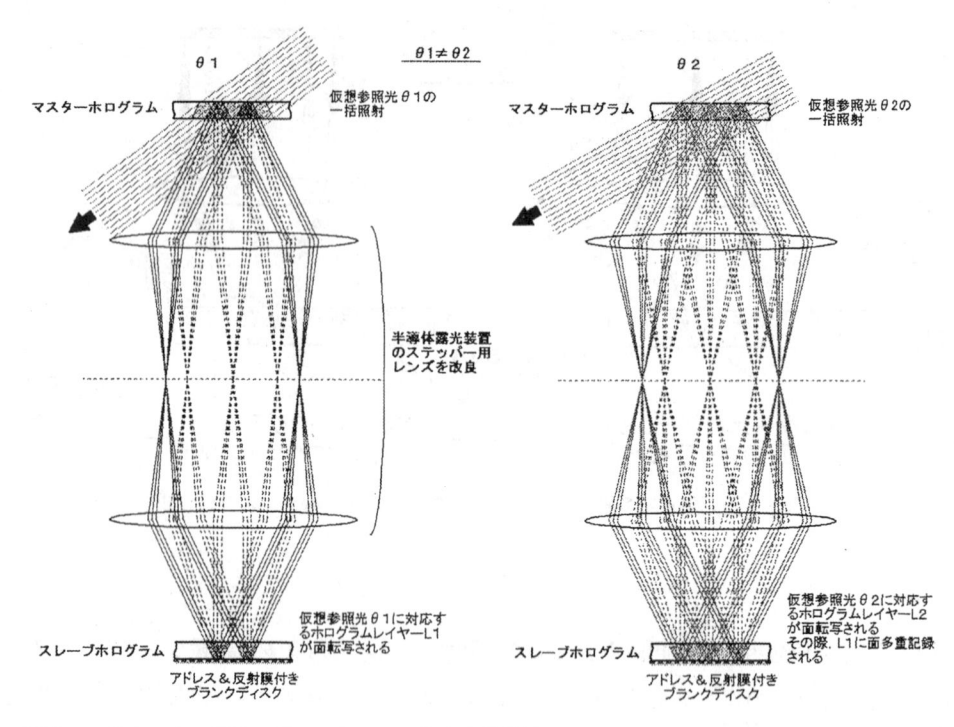

図6 マスターホログラムディスクからの角度多重位相共役再生による面ホログラムの一括コピー

条件を満たして独立した記録となっているため，面で降り積もるように多重記録されてもこの個々のホログラムからはクロストーク無くコリニア再生が可能である。また，このようにして複製されたスレーブ（ROM）には仮想参照光が含まれていないため，前述の通りROMからの違法コピーは極めて難しいという特徴を持つ。

本方式におけるROM複製を産業的に実用化させるには，記録媒体のサイズに対応した大型で高性能な光学系の新規開発が必要である。

基本仕様としては，4f光学系であり，CDサイズを一括複製するに十分な口径を有し，また光学系の解像度と画角特性が非常に大きく高解像度のものが必要である。想定される光学系のイメージは，半導体露光装置（5インチ以上）の一括露光光学系で，マスターとスレーブの位置合わせは，ステッパーの技術を応用できると考えている。

3.5 原理実証実験装置と実験結果

「2 in 1方式」の原理実証のため，図7に示したような光学装置を組み立て，確認実験を行った。コリメーションした532nmのレーザービームはPBSで二本に分けられて，一本は仮想参照光として利用され，もう一本はDMDに照射させて，仮想情報光として使われる。DMDパター

第2章　システム技術

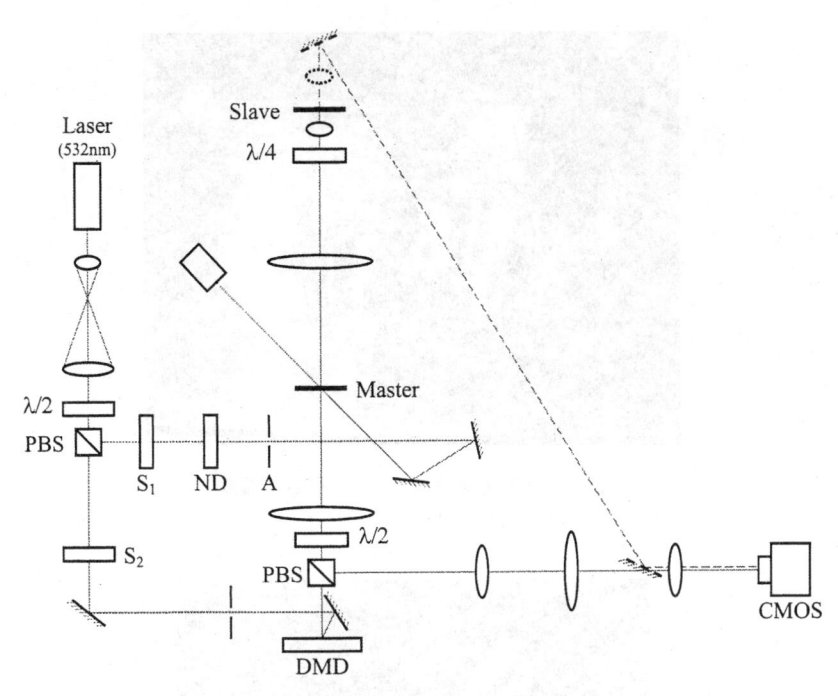

図7　ROM複製ホログラム実験装置

ンのフーリエ像は記録メディアMasterに投影され，仮想参照光と干渉させてOff-Axisホログラム的に記録される．記録が終わった後にシャッターS_2を閉じて，再生用としての仮想参照光のみをMasterに照射すると，MasterからDMDパターンが再生され二枚のレンズを通してフーリエ像となってメディアSlave上にもう一度形成される．Slaveに形成される像は，あらかじめ点線で描いたようにCMOSで観察できるようになっている．Masterから再生されるDMDパターンはA-typeコリニア方式の参照光と情報光となっている[4]．これで，Masterに記録されているホログラムがA-typeコリニア方式の情報光と参照光としてSlaveへ完全に複製される．再生のときは，シャッターS_1を閉じて，Masterも外して，DMDに参照光のパターンを表示させてSlaveに照明すると，A-typeコリニア方式により，複製されたホログラムから再生像が得られ，CMOSで観察される．実際の実験装置の概観写真を図8に示す．

　図9に示したのは実際に記録されたMasterからの再生像を同様の光路で観察した拡大像である．この再生像をSlaveへ複製し，そのSlaveホログラムからコリニア方式で再生した再生像を図10に示す．この再生像から分かるように，DMDパターンがきれいに転写されコリニア方式によって再生が可能であることが分かる．

ホログラフィックメモリーのシステムと材料

図8 ROM複製ホログラム実験装置写真

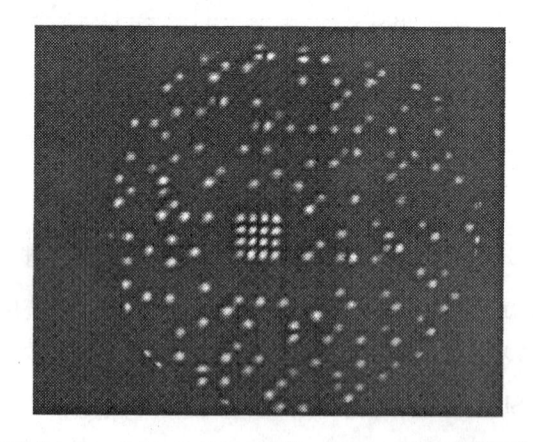

図9 記録されたマスターからの再生像：拡大して観察した画像（一部）

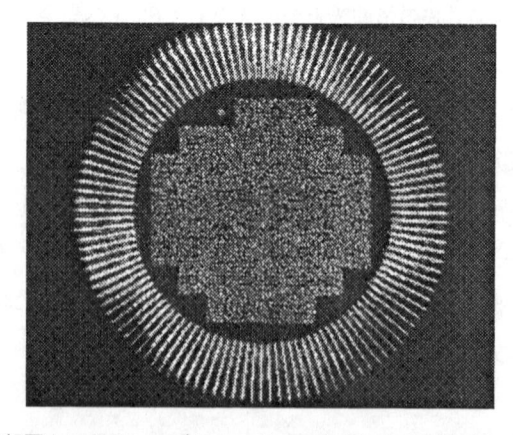

図10 転写されたスレーブからコリニア方式により再生された再生像

第2章　システム技術

3.6　まとめ

　現在，CDやDVDは1枚当たり1～2秒程度で複製（成型）することが可能になっている。情報の複製速度を「コピーレート」と呼ぶが，DVDにおいては容量4.7GBを1秒で複製すると，約4.7GB/秒が達成されていることになる。これは，データストレージ分野における情報コピーの速度としては世界一のレベルと言える。このことが，配布用パッケージメディアの普及を可能ならしめた大きな成功要因である。

　ホログラフィック光ディスクにおいても，CDやDVDのような普及を果たすためにはROMの大量複製技術の実現が必須である。

　これまでもホログラフィックROM複製方法は，幾つか提案されてきてはいるが，違法コピー対策が考慮されておらず，かつ，高密度化に対する対応が十分検討されているとは言い難く，実用までには解決すべき課題も多く残されていた。

　これに対し，オプトウエアで発明された「2 in 1方式」によるコリニア方式ホログラフィックROM大量複製方式は，これまで不可能とされていたホログラフィックデータストレージの課題に対して大きなブレークスルーをもたらすものとして注目されている。

　本方式およびコンセプトは，高密度記録に対応した非接触ホログラフィックROM大量複製技術であり，かつ，マスターからは容易に大量複製が可能であるにもかかわらず複製された光ディスクからは極めて違法コピーが難しいという特徴を有する画期的なホログラフィックROM大量複製方式である。

　本節では，世界で初めて実験によって本方式の原理実証を行った実験結果も示した。

文　　献

1) e.g., H. J. Coufal, D. Psaltis and G. T. Sincerbox, eds., Holographic Data Storage, Springer (2000)
2) Ernest Chuang, Hisayuki Yamatsu and Kimihiro Saito, "Holographic ROM system for high-speed replication," ISOM/ODS 2002, technical digest, paper TuB.3 (2002)
3) 辻内順平，ホログラフィー，裳華房，pp.181-183 (1997)
4) Hideyoshi Horimai and Xiaodi Tan, "Advanced Collinear Holography," *Optical Review*, **12**, No.2, 90-92 (2005)

4 青色ECLD光源とランダム位相マスクを用いたコアキシャルホログラムシステム

石岡宏治*

4.1 はじめに

コアキシャルホログラム記録再生システムは，同一光路を通過する信号光と参照光を単一の記録レンズで集光し，両者を干渉させることにより，ホログラムを生成することを特徴としている。この方式は，信号光と参照光を独立な光束とし，個別の記録レンズにより集光し，干渉させる2光束ホログラム記録再生方式と比較して，光学系の構成を簡略化することができ，従来の光ディスクドライブで採用されてきたピックアップなどの既存技術を転用しやすい，などの利点があるといわれている。その反面，信号光と参照光の干渉効率を上げにくい，信号光と参照光の干渉角度が一定値ではない，などの点に留意する必要がある。筆者のグループでは，コアキシャルホログラム記録再生システムにおいて，信号光と参照光の干渉効率を向上させ，記録メディアの利用効率を高めることを目的とし，ランダム位相マスクを使用したコアキシャルホログラム記録再生装置を開発した[1]。ここではその装置の構成と，記録密度検証実験の結果を説明する。

4.2 光学系の構成

光学系の構成を図1に示す。光源は，筆者のグループで開発した青色ECLD (External Cavity Laser Diode) 光源を搭載している[2]。この光源の波長は410nmであり，ホログラム記録再生のためのシングルモードを実現している。光学系の他の構成要素は，メカニカルシャッター，ビームエクスパンダー(空間フィルター。倍率3.94)，空間光変調器としてDMD (Digital Micro-mirror Device)，ランダム位相マスク，対物レンズ (N.A.＝0.55，焦点距離4 mm)，CMOSセンサーである。リレーレンズ系と倍率変換レンズにより，DMDに対するCMOSセンサーのオーバーサンプリング倍率は4倍としてある。なお，この装置は，㈱オプトウエアで開発されたホログラフィックメディア評価システムS-VRDをベースとしている[3]。

次に，ランダム位相マスクを図2に示す。左側がパターンの拡大写真，右が位相マスク全体のパターンを示している。このランダム位相マスクは深さがλと0の2値のパターンがDMDと等しいピクセルピッチで構成されている。DMDで生成される強度変調パターンが，リレーレンズ系により結像された共役像面に設置されたランダム位相マスクにおいて位相変調される。ランダム位相マスクのスペクトラム拡散効果[4]により，焦点面(フーリエ面)でのスペクトラムが拡散

---

* Koji Ishioka　ソニー㈱　コアコンポーネント事業グループ　コアテクノロジー開発本部　テラバイトメモリー開発部

第2章 システム技術

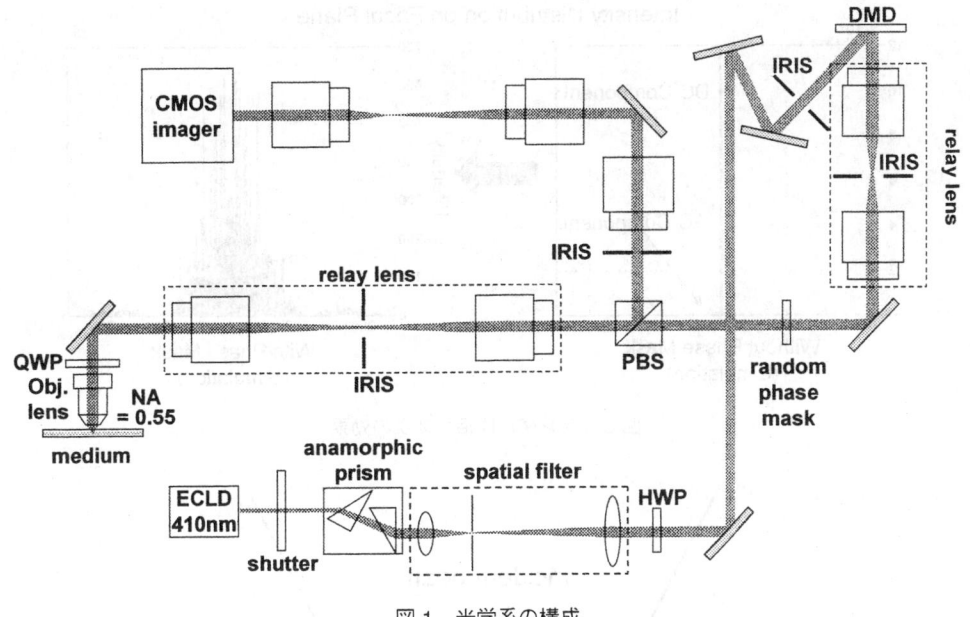

図1 光学系の構成

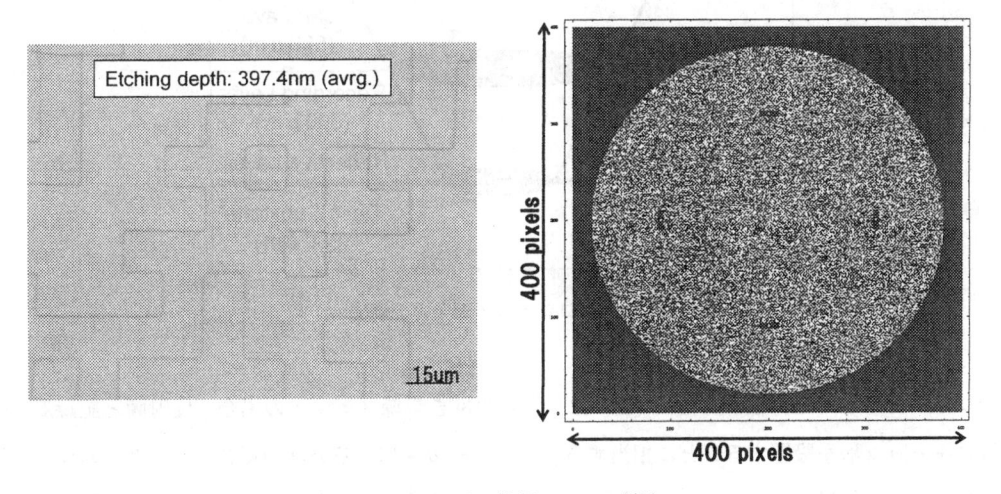

図2 ランダム位相マスクの構造

する。この効果を数値計算により検証した結果が図3である。左がランダム位相マスクを用いない場合，右が用いた場合の焦点面での光量分布を示している。この計算結果により，光量分布が拡大し，光軸中心の光量が減少していることがわかる。この効果により，ホログラム中心のメディアが局所的に消費される傾向が緩和される。同時に，ホログラムを構成する信号光と参照光の干渉領域が拡大することにより，ホログラムの記録再生効率が向上する。ホログラム中心の光量集中を緩和する方法には，ランダム位相マスクを使用しない別の方法として，記録メディアを

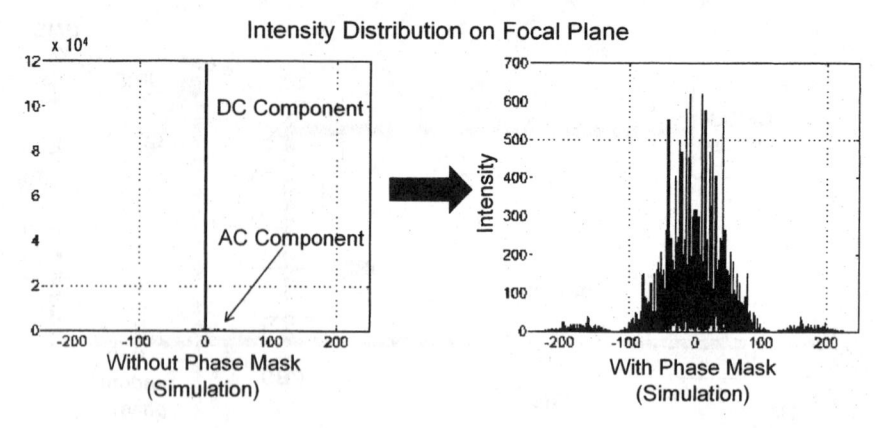

図3 ランダム位相マスクの効果

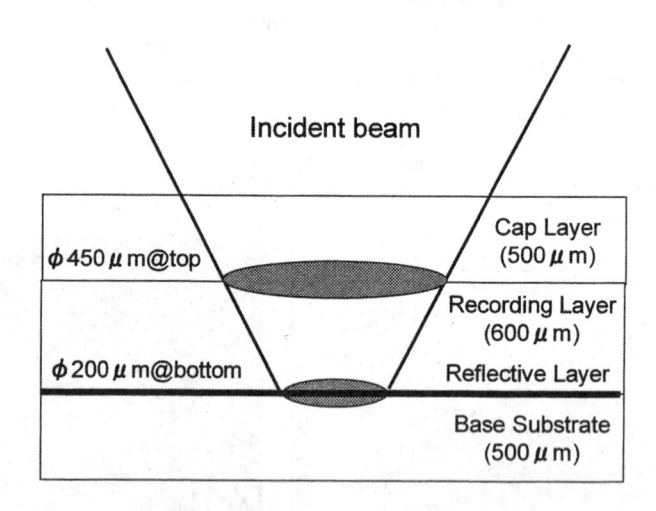

図4 ホログラムメディアの構造

デフォーカスさせる方法がある[4]。これは，反射膜付き記録メディアの場合，反射膜と記録層の間にギャップ層を設置することに相当する。デフォーカスによる方法の場合，ホログラムサイズが増加する，信号光と参照光の交差領域が相対的に減少する，などの問題点がある。本稿で採用した，ランダム位相マスクを用いる方法では，これらの点に関してデフォーカスによる方法よりも優位性があるといえる。

図4にホログラムメディアの構造を示す。このメディアは表面に反射膜が構成された厚み500 μmの基板上に厚み600 μmの記録層があり，記録層の上に厚み500 μmのキャップ層が設置されている。記録層は波長410nmに対して感度を持つフォトポリマーである。また，反射膜付き基板，及びキャップ層の材質はSiO$_2$である。本稿の光学系の構成では，メディア反射面を焦点面としたときのビームサイズは，メディア下面（反射面）及び上面で各々 ϕ200 μm，ϕ450 μm

第2章　システム技術

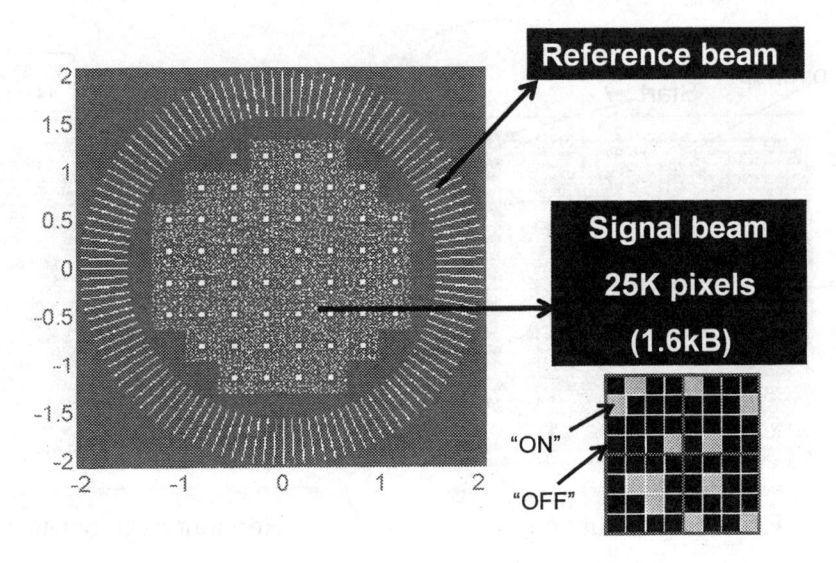

図5　データパターン

である。なお，本稿では，記録密度の評価の基準となるホログラムサイズとして，メディア下面でのサイズ$\phi 200\mu$mを想定している。

4.3　データパターン

　本システムで使用したデータパターンを図5に示す。1ページの信号パターンは52個の正方形状のサブページから構成される。各々のサブページはさらに36のシンボルにより構成され，1つのシンボルは16のピクセルから構成される。図中の例に示すように，1シンボル中の16のピクセルのうち，同時に3つのピクセルがONとなるように変調されている。各サブページの中心の4つのシンボルはサブページの同期信号である。また，ページ左上に配置されるサブページは同期信号のみを含み，ページ全体の位置検出を行うために使用される。以上のように構成されるページ全体のシンボル数は1,632である。この信号パターンの外周に配置される参照光パターンは，放射線状の線分で構成される。信号光パターンと参照光パターンの光量比は1：1〜1：3程度としてある。

4.4　実験

　記録密度を検証するために，以下に示す方法でシフト多重記録実験を行った。ここでは，スパイラル多重方式と呼ぶ以下のような多重方式を採用した。このスパイラル多重方式のページ配置と記録順序，および再生ページ位置を図6に示す。実線で示す小さな円が各々記録位置（ホログラム中心位置）を示しており，点線で示す2つの大きな円が最初と最後（多重領域中心）の記録

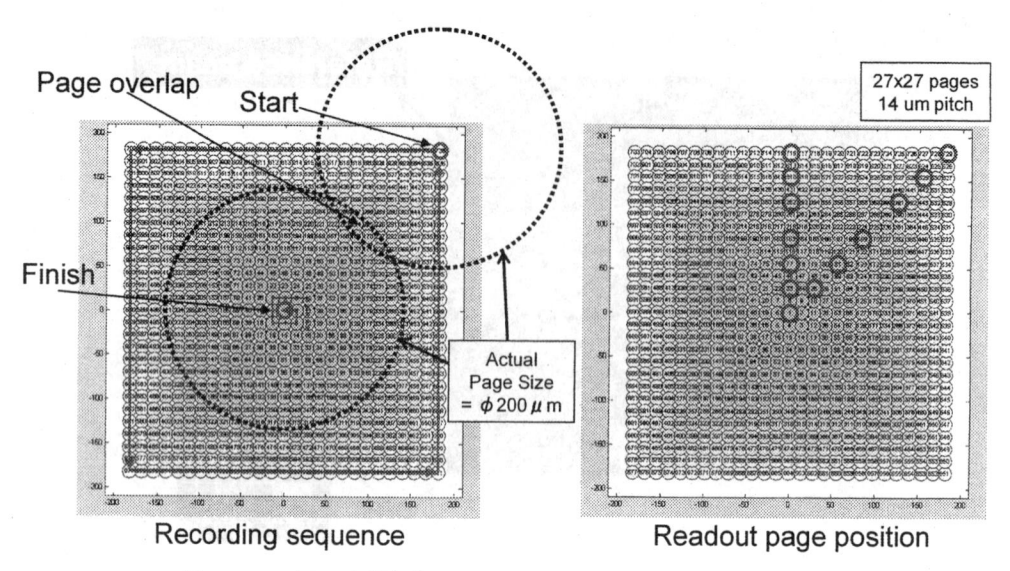

図6 スパイラル多重方式におけるページ配置，記録順序と再生位置

位置におけるホログラムの実サイズ（$\phi 200\mu m$）を示している．右上の頂点を最初の記録位置とし，中心に向かって正方形の螺旋状に等ピッチでシフト多重記録を行う．この手順に従い，多重領域中心までのすべてのページを記録した後，再生を行う．シフトピッチ，および多重数は，領域中心に記録されたページが記録密度条件を満足するよう決めている．ここでは，多重数を27×27（=729ページ），シフトピッチを$14\mu m$としてあり，これは，メディア下面におけるホログラムサイズ$\phi 200\mu m$を1ページ分のデータのサイズとした場合に，100Gbits/inch^{2}の記録密度に相当する多重条件である．

上で説明したスパイラル多重記録方式では，外周から中心に記録を行うにしたがい，ページ重なり数の増加に伴うクロストークノイズの増加と，記録ダイナミックレンジの減少，という2つの記録再生特性の劣化要因が顕在化する．スパイラル多重方式においては，記録密度条件を満たす，多重領域の中心位置でこれらの信号劣化要因が最も顕著となる．この点において，スパイラル多重方式はシフト多重記録における密度評価の方法として最も厳密な方法の一つといえる．このことが，われわれが記録密度の評価方法としてスパイラル多重方式を採用した理由である．

4.5 結果

図7に，100Gbits/inch^{2}の記録密度に相当する，27×27（=729ページ）の多重記録において，記録エネルギーのスケジューリング最適化を行ったときの多重領域中心でのホログラムの再生像を示す．多重領域中心における再生像のSNRは2.40，エラー数は202であり，また，多重領域全体での平均値は，SNRが2.49，エラー数が162であった．但し，ここでは，再生イメージ

第2章　システム技術

SNR＝2.40, エラー数＝202

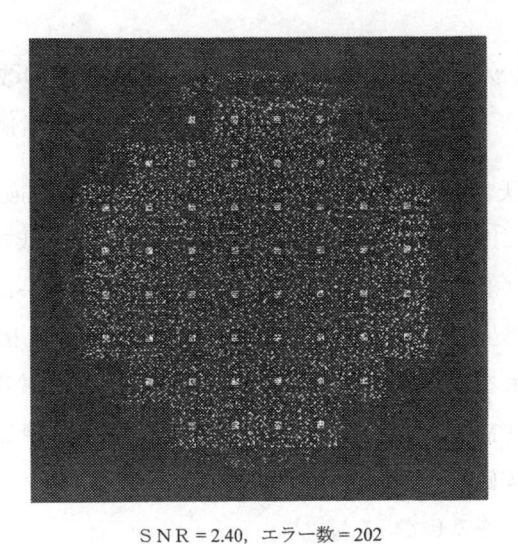

図7　100Gbits/inch^{2}の記録密度での再生像

のヒストグラムにおけるON/OFF信号の標準偏差と分散をおのおの μ_{ON}, δ_{ON}, μ_{OFF}, δ_{OFF} の場合に, SNR＝$(\mu_{ON}-\mu_{OFF})/(\delta_{ON}^2+\delta_{OFF}^2)^{1/2}$ としてある。

4.6　まとめ

　本稿では，筆者のグループで開発した青色ECLD光源と，ランダム位相変調マスクを導入することにより，信号光と参照光の干渉効率を高め，メディア利用効率を向上させた，コアキシャルホログラム記録再生装置を開発した。また，この装置において記録密度100Gbits/inch^{2}に相当するシフト多重の記録再生の実証実験を行った。

文　　献

1) K. Ishioka *et al.*, Tech. Digest, ISOM/ODS 2005, ThE3
2) T. Tanaka *et al.*, Tech. Digest, ODS 2004, pp.311-313
3) H. Horimai *et al.*, "Collinear Holography", the 5th Pacific Rim Conference on Lasers and Electro-Optics, Proceedings **1**, Taiwan, 2003
4) D. Coufal *et al.*, "Holographic Data Storage" (Springer, 2000), pp.259-264

5 ホログラフィックメモリーの温度トレランスとその改善法

外石　満[*1]，田中富士[*2]

5.1　はじめに

　近年の光ディスクの大容量化，高速化の中でCD，DVD，Blu-ray discと続いてきた短波長化による流れが理論限界に達しようとしている。その中で3次元記録による大容量化，また2次元ページデータ一括再生による高速化が可能なホログラフィックメモリーは，次世代光ストレージとして注目を集めている[1,2]。これまで様々な研究開発が行われたにも関わらず現在まで実用化に至らなかった経緯があるが，近年のデジタルコンシューマー製品の普及により，液晶素子などの空間変調器，CCDやCMOSセンサなどの2次元撮像素子，また光源として410nm付近の波長のレーザダイオードが安価に手に入るようになったことから[3]，ホログラフィックメモリーの開発はますます盛り上がりをみせている[4]。

　またホログラフィックメモリー実用化のためのキーパーツと言える記録メディアに関してはフォトポリマが現在最有力とされており，高感度，長寿命，高いダイナミックレンジ，非破壊再生などを持ち合わせており，波長域も405nm付近の青紫色に対応したものも開発されている[5]。しかしフォトポリマメディアの欠点として，光励起により高分子化することによる体積収縮や，温度変化によって記録材料が膨張・収縮することが挙げられる[6]。記録材料の線膨張係数が非常に大きいことから，特に温度に対しては非常に敏感で記録と再生時に数℃温度が変化すると再生像が出力されないといった報告もある[7]。ホログラフィックメモリーが次世代光ディスクとしてコンシューマー用に実用化されるためには，温度による信頼性を確保することは必須の条件である。

　本稿ではホログラフィックメモリーの温度トレランスを示すと共に，温度トレランスを広げるための方法としていくつかの方式を挙げ，それらの比較を行う。温度トレランス改善法を実現するために我々で独自に開発した波長可変レーザを用い，実際にメディアの温度を上昇させて，本補償方式を実験により検証する。また一般的なモデルを用いたシミュレーションにより実験結果の正当性を確認すると共に，より実際のホログラム記録再生ドライブに近いNAやメディア厚みによる温度トレランスを見積もる。本解析で用いた手法はより一般的な方式であり，他の多重方式などにも応用可能であるため様々なホログラム記録再生ドライブでの温度トレランスの見積もりが可能と考えられる。

[*1]　Mitsuru Toishi　ソニー㈱　コアコンポーネント事業グループ　コアテクノロジー開発本部　テラバイトメモリー開発部　1課

[*2]　Tomiji Tanaka　ソニー㈱　コアコンポーネント事業グループ　コアテクノロジー開発本部　テラバイトメモリー開発部　1課

第2章　システム技術

5.2　ホログラフィックメモリーの温度変化の影響
5.2.1　メディアの膨張・収縮と屈折率変化

　周囲の温度が変化した場合のホログラム記録再生ドライブに与える影響として，レーザの波長やパワーの変化，対物レンズ周りのメカ変化などいろいろと考えられる。本稿では温度変化の影響が一番大きいと思われるフォトポリマへの影響について述べる。一般的なフォトポリマ材料は線膨張係数が高いために，メディア温度が変化した場合には，記録された材料の膨張・収縮が生じ，更に屈折率も変化する。温度変化によるメディアのディメンション変化は，記録時に記録された回折格子の角度変化と格子間隔の変化を引き起こす。

　図1に解析に用いたメディアの温度変化の影響の概念図を示す。本解析では上記に述べたようにメディアの温度変化の影響は熱膨張・収縮と屈折率の変化のみが起こると仮定した。信号光，参照光の入射角を各々 θ_S, θ_R，温度変化前と後の回折格子の角度を φ, $\varphi+\Delta\varphi$，波長を λ，温度変化前後の回折格子の間隔を各々 Λ_0, Λ_1 とする。またメディア水平方向，厚み方向の線膨張率をそれぞれ $\Delta\delta_x$, $\Delta\delta_z$，温度変化前後の屈折率を n_0, n_1 とすると，温度変化による回折格子の傾き $\Delta\varphi$ と温度変化後の回折格子間隔 Λ_1 は以下の式で表される。

$$\Delta\phi = \mathrm{Arctan}\left[\frac{1+\Delta\delta_x}{1+\Delta\delta_x}\tan\phi\right] - \phi \tag{1}$$

$$\Lambda_1 = \Lambda_0 \left[\frac{\cos\left\{\mathrm{Arctan}\left[\frac{1+\Delta\delta_x}{1+\Delta\delta_z}\tan\phi\right]\right\}}{\cos\phi}\right](1+\Delta\delta_x) \tag{2}$$

　これらの回折格子形状変化，およびメディア屈折率の変化はブラッグの条件からの乖離を促し，記録時と同じ入射条件の参照光では十分な回折効率を得ることが出来なくなる。以下に上記の変化後の新しいブラッグ条件を満たす入射角を示す。

$$\theta_{\mathrm{Bragg}} = \arcsin\left[\frac{\lambda}{2n_1\Lambda_1}\right] + \phi + \Delta\phi \tag{3}$$

再生時に上記の変化した回折格子形状や屈折率でのブラッグの条件に適合するように参照光の角度または波長を変化させることによって回折効率の減衰なくホログラムを再生することが可能となる。

5.2.2　温度変化が出力画像に与える影響

　図2に温度変化が再生像に与える影響を示した概念図を示す。信号光の2次元入力画像を与えるSLMの各位置を点光源と想定すると，対物レンズを通った後は角度の異なる平行光としてメディアに入射する。下記に示したグラフはSLMの各ポイントから出射した光のブラッグの条件

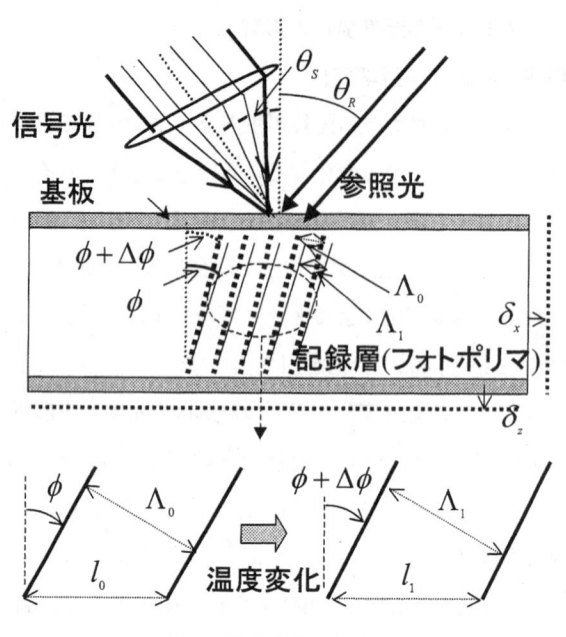

ホログラフィックメモリーのシステムと材料

図1 温度変化の概念図

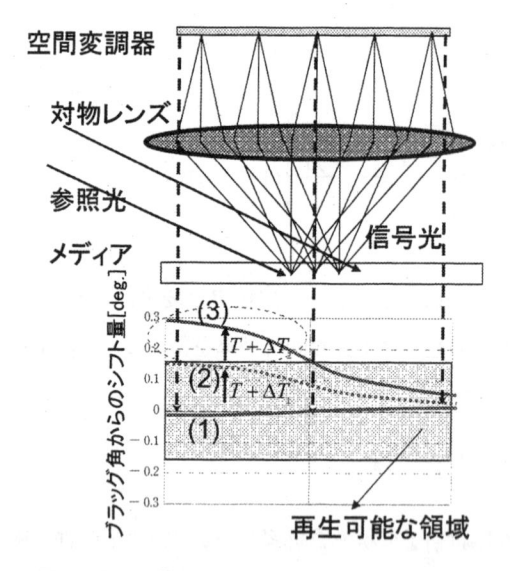

図2 出力画像に対する温度変化効果の概念図

からの角度ずれを示しており，ブラッグの条件の角度選択性からこれが0degから離れるにしたがって回折効率は減少していく。ここでグラフ中の網掛けの部分を通常に再生できる角度ずれ量と想定して説明を行う。温度変化が生じないときにはメディアの硬化収縮の影響のみによる角度ずれが発生するが，この効果が大きくないメディアにおいては十分に角度ずれのトレランス内な

第2章　システム技術

ので問題なく再生できる(図中の(1)の状態)。ここで温度が上昇すると，回折格子の間隔が変化することと屈折率が変化することによって上記ブラッグ角からのずれが大きくなり，像内の分布が急峻になる。また回折格子の角度が変化することによって像全体的に0degからシフトする。これは各々のSLMの位置から出射した光で書かれた回折格子の間隔，角度が異なり，温度変化によって生じる影響も各々異なるためである。ΔT_1の温度変化（図中の(2)の状態）ではまだ角度選択性の中に入っているので，再生光の端の部分は回折効率は減少するが，一応再生は可能である。しかしΔT_2の温度変化（図中の(3)の状態）が生じると選択性の外に出た部分は再生されないため，左半分が暗くなった再生光となる。このように2次元イメージを入力した場合，イメージの空間的な位置において温度変化の影響が異なるためにこのような影響を受ける。

5.3　Littrow型外部共振器付き波長可変レーザ

本項では，我々が開発した温度補償方式のキーパーツであるLittrow型外部共振器付き波長可変レーザ[10]についての説明を行う。外部共振器付き波長可変レーザとしてはLittman型[8,9]が一般的だが，グレーティングからの1次光を用いているために，0次光を用いるLittrow型に比べてカップリング効率が悪い。ホログラム用途に用いるためには高転送レートを実現するのにハイパワーを得ることが求められるために，我々はLittrow型を独自に改良して波長可変レーザを開発した。図3に示すように，レーザチップから出た中心波長407nmの光をコリメートレンズを通し，その後グレーティングによって一次光をチップに返し，チップの後面反射膜とグレーティングの間の共振によって発振波長が選択される。ここで，グレーティングを回転させることによって発振波長を可変とすることが出来るが，グレーティングと90°の角度で取り付けられたミラーをユニットとして一緒に回転させることにより，ビーム出射方向の角度ずれを打ち消すことが可能となる。本構造での波長は可変領域6nmで，これは元々のレーザチップ単体のスペクトラムの広がりに依存している。本レーザの特性として，パワーは連続発振で55mW，±3.0nm波長を動かした時のビーム角度ずれは0.1mrad，中心波長は407nm，波長精度は0.1nm，ビームの波面精度はRMS値で0.1×λとどれをとってもホログラム記録再生用光源として非常に適したものである。このような波長可変可能なレーザはホログラム記録装置において，本稿のような温度補償での用途だけではなく，波長多重方式などにも用いることが可能と考えられる。

5.4　数値計算と実験による温度変化の解析

上記モデルを用いた数値計算と実験により温度トレランスの見積もり，更にトレランス改善方式の検証を行う。図4に上記ホログラム記録再生の光学系を示す。本光学系で用いたLittrow型外部共振器付き波長可変レーザは402.6nmから408.7nmの間で波長を調整可能である。信号光は

ホログラフィックメモリーのシステムと材料

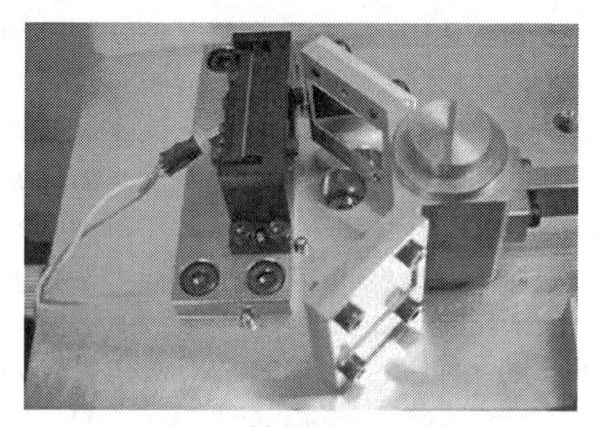

(a) Picture

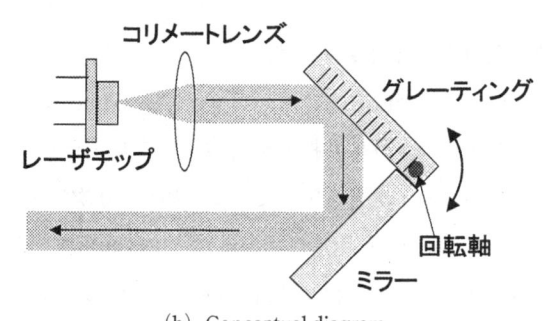

(b) Conceptual diagram

図3 Littrow型外部共振器付き波長可変レーザ

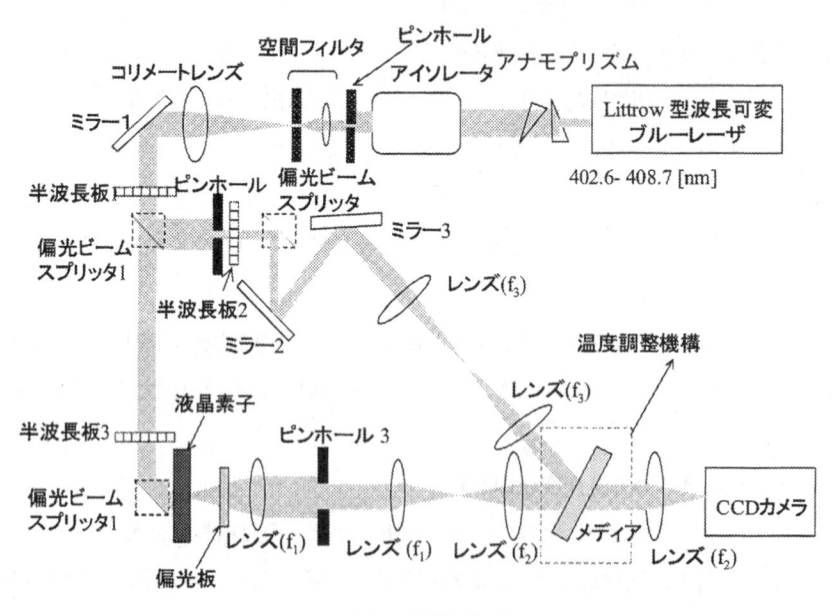

図4 実験系

第2章　システム技術

ピクセル数が1,024×772の透過型の液晶素子によって入力画像を与えられ，リレーレンズによって伝搬され，NAが0.16のレンズを通ってホログラム記録メディアに入射される。ホログラム記録メディアとしてはインフェイズテクノロジーズ社の410nm付近の波長域に感度を持ったフォトポリマメディアで，屈折率は約1.5，記録層の厚みは1mmのものを用いた。記録時の信号光と参照光の間の角度は45deg，再生光をディテクトするCCDカメラのイメージエリアは1,392×1,040，ピクセルピッチは$6.45\mu m \times 6.45 \mu m$のものを用いた。またメディアの周りを恒温ボックスで囲って，メディア周囲の空気を暖めることによってメディアの温度を変化させた。

無補償での温度トレランスを見積もるために，上記恒温層を用いて25℃，波長が407nmでホログラムを記録し，再生時にはそのままの条件の参照光を用いて再生し，再生中に徐々に温度を上昇させた。図5(a)，(b)，(c)に25℃，27℃，29℃で再生したときの再生画像を示す。5.2.2で示したようにブラッグの条件からのずれ量は像の内部で一定ではないために，再生像の片側から徐々に消えていくのが確認できる。つまりこの実験では像の左半分の方がブラッグの条件からのずれが大きいために，回折効率の減衰が大きい事を意味している。また図6に温度変化によるSNRの特性を示す。ここでSNRは以下のように定義される[2]。

$$\text{SNR} = \frac{m_2 - m_1}{(\sigma_1^2 + \sigma_2^2)^{1/2}} \qquad (4)$$

m_i，σ_i^2はそれぞれ$i=1$（OFF bit），$i=2$（ON bit）におけるピクセルの平均値，分散値を示す。このグラフから本光学系での温度トレランスは±2〜2.5℃程度と見積もれる。

次に上記特性を数値計算で検証する。SLMの各位置からの光を光源としてとらえて，光線追跡を3次元的に行う。対物レンズ出射後は平行光としてメディアに入射し，参照光との干渉によって角度，間隔の異なる回折格子を記録する。その後温度変化による格子の変化を考えて，K空間での式に当てはめ，各出力像の回折効率を計算した。またシミュレーションに用いた各パラメータ（レンズのNA，波長，メディア厚み，メディア屈折率，メディア膨張率など）は上記実験と同じものを用いた。図7(a)，(b)，(c)に記録時から温度を0℃，+2℃，+4℃上昇させて再生したときのシミュレーションでの再生画像を示す。再生できる場合が白，再生できなくなるにつれて灰色，黒で表している。再生時に温度を上昇させると片側から徐々に再生像が消えていく。図5の実験値と比較すると，回折効率の減少していく再生イメージの位置とその消去の度合いなどから，シミュレーションと実験結果がほぼ一致して

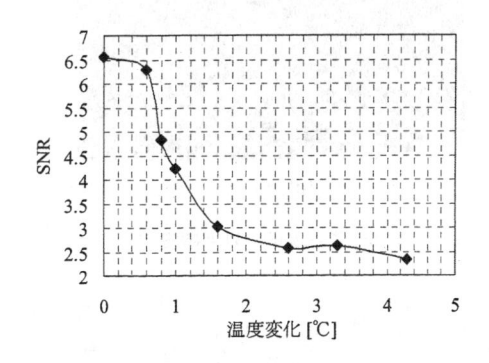

図6　温度変化に対するSNR特性

ホログラフィックメモリーのシステムと材料

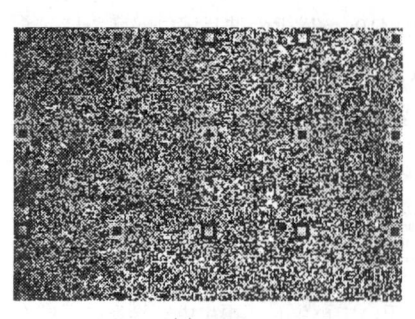

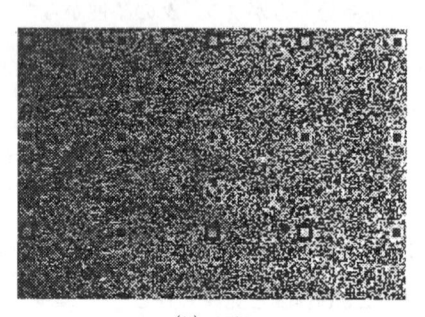

(a) 25℃

(b) 27℃

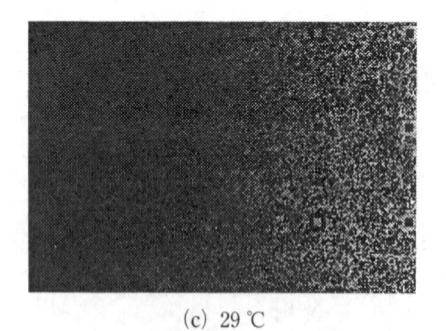

(c) 29℃

図5　各温度における再生像

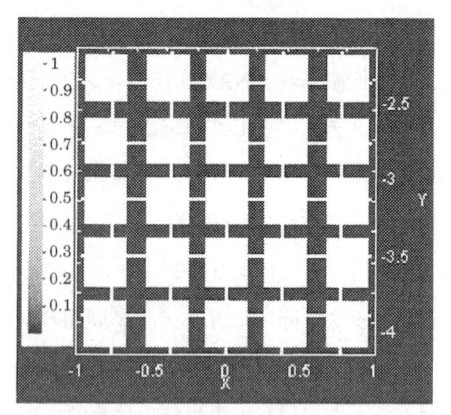

(a) ±0℃

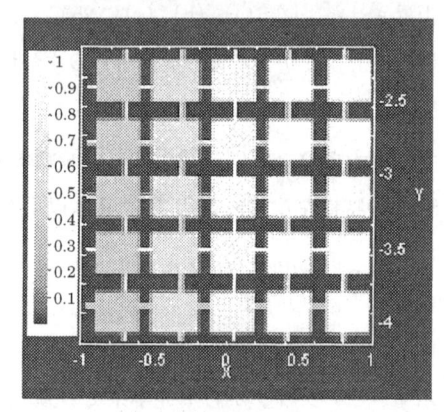

(b) +2℃

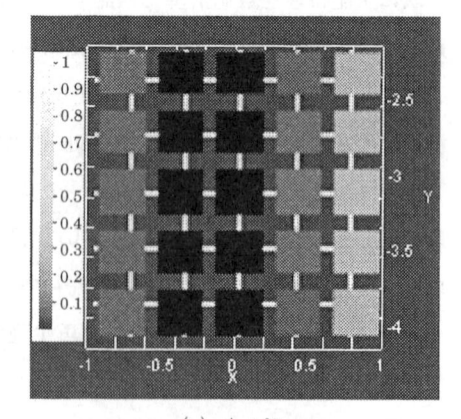

(c) +4℃

図7　回折効率分布の計算値

いることがわかる。

5.4.1 角度による補正方式

温度変化に対して生じる屈折率，メディア形状の変化分を打ち消すように再生光の入射角度条件を変えることによってある程度再生トレランスを広げられる。上記5.2で記述したパラメータを用いると最適な読み出し角度変化$\Delta\theta$は以下の式で表される。

$$\Delta\theta = \arcsin\left[n_1 \sin\left\{\phi + \Delta\phi + \arcsin\left[\frac{\lambda}{2n_1\Lambda_1}\right]\right\}\right] - \arcsin\left[n_0 \sin\left\{\phi + \arcsin\left[\frac{\lambda}{2n_0\Lambda_0}\right]\right\}\right] \quad (5)$$

この計算式で得られた最適読み出し角と，実験での温度変化に対して適切な角度変化量を比較して見積もった。図8の(a)と(b)に25℃で記録して，48℃で再生したときの再生像の実験値と計算値を示す。補正をしない状況ではこの温度まで上昇させると全く再生信号が得られない状況になるので，トレランスとしては広がっている。しかし角度による補正では図3に示された各SLMのポイントにおけるブラッグシフト特性を変えずに補正するためにブラッグ条件からのミスマッチ量の像内格差は補正されず，像の左側は再生されていない。この像を全て再生するためには，角度を振って分割して像を再生しなければならない。

図8(c)に各再生時のメディア温度に対する参照光の最適読み出し角度特性を示す。温度変化に対して線形的に角度を変化させることによって補正が可能である。点線で示された実験値と直線で示された理論値は概ね一致していることから，上記の式は正しいことが確認できる。

5.4.2 波長による補正

次に波長による温度変化の補正法を示す。5.3で示されたパラメータを用いると各温度における波長の補正量は以下の式で表される。

$$\Delta\lambda = 2n_1\Lambda_1 \sin\left[-\phi - \Delta\phi + \mathrm{Arcsin}\left[\frac{n_0}{n_1}\sin\left\{\phi + \arcsin\left[\frac{\lambda}{2n_0\Lambda_0}\right]\right\}\right]\right] - \lambda \quad (6)$$

図9の(a)と(b)に25℃のときに407nmで記録して，48℃で402nmの波長の光で再生したときの再生像の実験値と計算値を示す。前節の角度による補正のときとは異なり，ページの全エリアが再生されている。また各温度における最適な読み出し波長の実験値と式(6)を用いて計算された理論値を示す。両者はほぼ線形的に変化しており，ほぼ一致している。

波長を記録時から変化させることによって，温度変化によって乖離したブラッグの条件を満たすようにするわけだが，この方式は信号光と参照光の入射角度の条件に影響を受ける。メディア垂直面からの入射角度で比較して，信号光入射角＞参照光入射角の時にはブラッグ条件の像内格差も補正できるが，信号光入射角＜参照光入射角の時には，補正時にブラッグ条件の像内格差を助長することになる。

したがって，角度変化との比較では，前者の条件では波長を変えることにより再生光の波長を

(a) 実験結果　　　　　　　　　　　　　(a) 実験結果

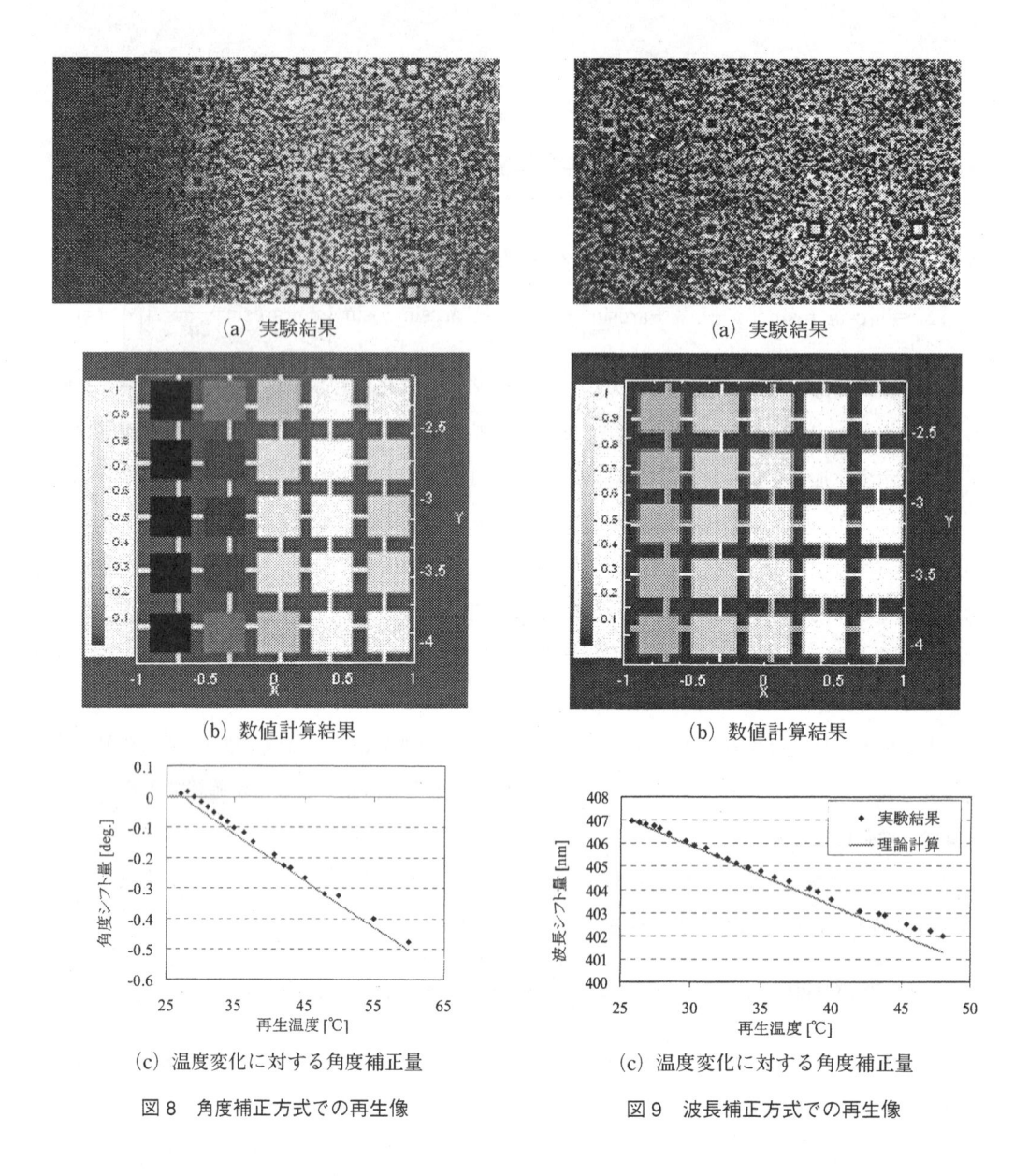

(b) 数値計算結果　　　　　　　　　　　(b) 数値計算結果

(c) 温度変化に対する角度補正量　　　　(c) 温度変化に対する角度補正量

図8　角度補正方式での再生像　　　　　図9　波長補正方式での再生像

記録時から変化させることによって，ブラッグ条件からの乖離を補正するのみでなく，同時にブラッグ条件の像内での格差も補正可能となるため角度による補正よりもトレランスを広げることが可能となる．しかし後者の入射条件では角度での補正の方が温度トレランスが広がる．

5.4.3　角度と波長を組み合わせたハイブリッド方式

上記の角度での補正方式や波長での補正方式は，主にブラッグの条件からの乖離を補正するために用いられ，像内のブラッグ条件の格差を抑える効果は限られている．角度補正ではブラッグの条件からの像内格差を補正できないし，波長での補償も入射角度の条件によってはブラッグ条

第2章 システム技術

件の格差を助長することになるので完全な方式とはいえない。特に高NAのレンズを用いた方式だと,ブラッグ条件の像内での乖離が大きくなるために完全に補正することは難しくなる。それを解決するのが角度と波長を組み合わせたハイブリッドな補償方式である。この方式では,波長シフトは上記像内でのブラッグ条件の格差を抑えることに用いられ,角度シフトはブラッグの条件からのずれを補正することに用いられる。この方式を用いることによって高NAのレンズを用いたドライブにおいても温度の影響を補正することができる。

図10に25℃で記録を行って,再生時に60℃までメディア温度を上昇させて再生した時の出力画像を示す。図10(a)は比較のために角度のみを記録時からシフトさせて再生を行った時の出力画像である。ブラッグの条件からの乖離は出力画像の一部分では補正されているが,像内の格差が大きいために一度に1つのページを出力させることが出来ない。図10(b)に角度と波長のハイブリッドで再生を行った時の出力画像を示す。波長シフトによってブラッグ条件からのミスマッチの像内格差を抑えており,その状態でブラッグの条件に合うように角度をシフトさせているので一度に1ページの再生像を出力させることが可能になる。

図11に同温度で波長と角度を様々に変えて再生した時の出力画像を示す。ブラッグの条件に合うように角度と波長をシフトさせれば再生可能な組み合わせは複数存在するが,ハイブリッド

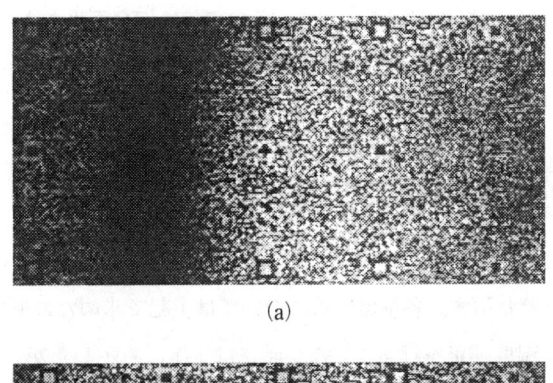

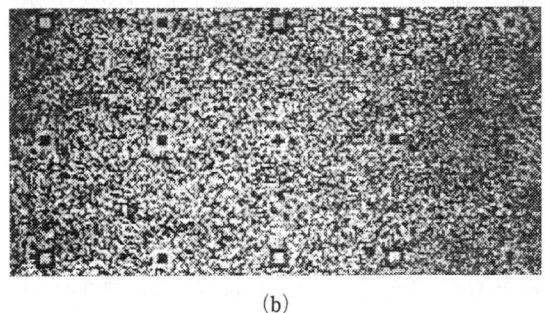

(a)

(b)

図10 (a)60℃での角度補正方式での再生像,(b)60℃でのハイブリッド方式での再生像

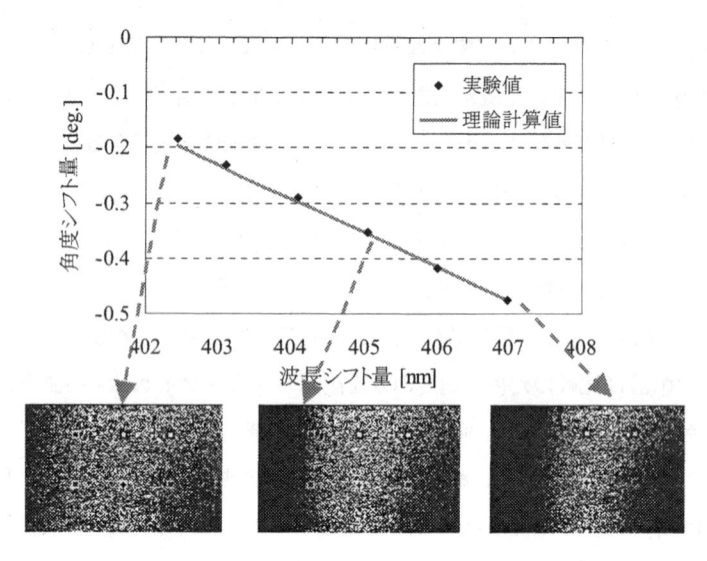

図11 最適な角度と波長シフト量特性とその時の再生像

方式の目的としては，波長をシフトさせることによってブラッグの条件からの乖離の像内格差を打ち消すことにある．407nmに波長を合わせた状態で，角度調節して得られた出力画像は，中心は再生されているが像内格差が大きいために両端は再生されていない．これに対して波長を402.5nmにしたときには像内格差が抑えられているので，ほぼ全面出力されていることがわかる．このように像内格差を打ち消すように適切に波長をシフトさせて，更に角度を変えることによって温度トレランスを飛躍的に向上させることが可能になる．

5.4.4 各方式の比較

本項では，温度トレランスを改善する方式を3方式を説明してきたが，これらの方式を再生像のSNRを用いて比較する．図12に温度補償を行わなかった場合と，3つの方式を用いた場合のSNRの温度特性をそれぞれ示す．各補償方式については上記で求めた最適な角度や波長シフト量で補償を行っている．温度補正を行っていない時には上記にも示したが，2～3℃程度の温度上昇でSNRが大幅に減衰し非常に狭いトレランスとなる．再生光の角度もしくは波長をシフトさせることによって，メディア温度変化に対するトレランスは大幅に改善される．また波長シフトでの補償は，本実験での入射条件では角度シフトに比べてブラッグ角度シフトの像内での格差も同様に補償できるために，波長トレランスの方に優位性がある．更に角度と波長の両方で補償する場合には波長シフトは像内格差を補正するのみに用いることができるために，より広いトレランスが実現できる．高NAのレンズを用いたときには波長又は角度のみによる補正では再生像の一部分をブラッグの条件にマッチさせるようにシフトさせても1ページの再生像を一度に再生することは難しいため，ハイブリッド方式によって像内格差を抑えることの優位性は計り知れない．

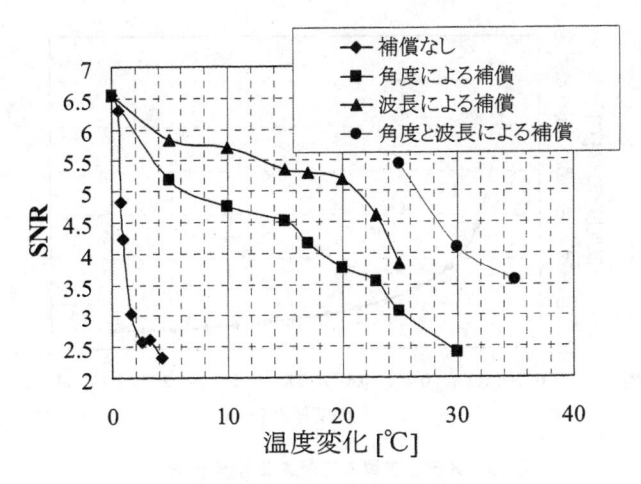

図12　補正なし，角度補正方式，波長補正方式，ハイブリッド方式でのSNR特性

またどの方式を用いるかはドライブの多重方式にも依存する。たとえば角度多重方式やポリトピック多重方式[11]を用いた場合には，角度調整機構が付随しているために，補償にはハイブリッド方式を容易に用いることができる。またコアキシャル方式[12]を用いた場合にはドライブの特性から考えて角度で補正することは難しいために，波長による補正を用いることが有効と考えられる。

5.5　光束系での温度トレランス

これまでに温度が変化したときに出力画像が再生されないことによるSNRの劣化と，その補正法について述べてきた。この項では実際にこれらの方式を用いたときに，どの程度の温度トレランスを維持できるかについて述べる。温度トレランスはメディアの厚みや対物レンズのNAに大きく依存するため，これらの値に対する温度トレランスを検証した。記録は25℃とし，温度トレランスの計算法としては，記録後に温度が上昇することを仮定し，ブラッグの条件と関係する1次元方向の出力画像を解析した。また出力画像の全エリアが最大出力値の70％以上であることを温度トレランスの閾値とした。解析において，メディアの垂直面からの信号光の入射角を30°，参照光の入射角を20°とし，ビーム間の角度を50°とした。また基板はガラスを想定し，線膨張率を6×10^{-6}［/℃］と仮定した。

図13にメディア厚みに対する温度トレランスを示す。ここでの計算ではレンズのNAを0.4とした。メディアが厚くなるほど角度や波長選択性が厳しくなるために，温度に対するトレランスもそれだけ厳しくなる。実際のドライブで用いられるような厚さ0.5mm以上のメディアにおいては＋5℃のトレランスしかない事がわかる。メディアの厚みはホログラムの記録密度と直接関

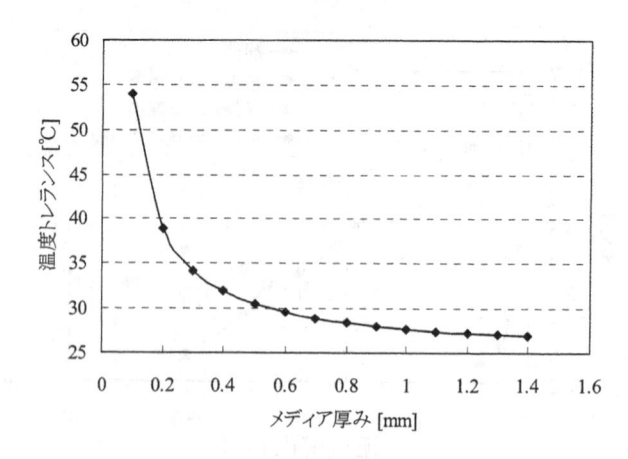

図13 メディア厚みに対する温度トレランス

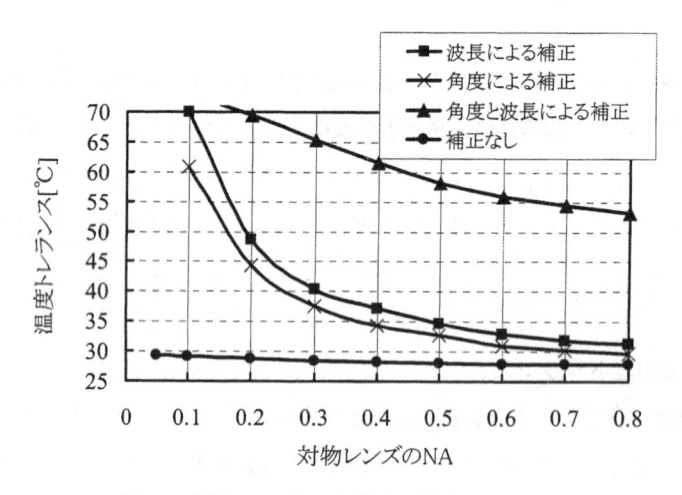

図14 対物レンズNAに対する温度トレランス

係があるために,何らかの温度補正は必須になると考えられる。

次に図14に補償を用いないときと,前節までで紹介した各補償方式を用いた時の2光束ホログラム記録再生システムの温度トレランスを示す。このときのメディア厚みは0.6mmとし,波長の振れる量は最大6nmとした。補償方式を用いないときには常に低い温度トレランスである。角度や波長による補償はNAが低いときにはある程度有用であることがわかるが,NAが0.5以上など実際の記録再生システムで用いられるようなものでは有用ではない。なぜなら再生像内でのブラッグの条件からのずれ量を補償できないからである。しかし角度と温度の両方をシフトさせ,波長シフトによって像内格差を補正してからそれを最適な角度で再生するようにすれば,角度と波長を単体で用いるときよりも遥かに高い温度トレランスを実現可能となる。

5.6 おわりに

　本稿ではホログラフィックメモリーの温度トレランスとその改善法について述べた。温度変化に対して何も補正しない時には温度変化が数度上昇又は下降しただけで再生像が出力されなくなるが，それを角度や波長又はその両方を適切にチューニングすることによって60℃での再生に成功した。これらの実験結果と合わせて，2光束方式の対物レンズのNAをパラメータとしたときの温度トレランスを示した。

　フォトポリマメディアの発達によってホログラフィックメモリーの実用性がより現実化した現在，その形状変化に弱いという点を克服することは大きな課題であったため，本稿で紹介した手法はその一役を担うという意味で意義深いと考えられる。

謝辞

　本稿を執筆するにあたりレーザ開発業務を担当していただいたソニーテラバイトメモリー開発部1課の諸氏，温度調節機能を設計担当していただいた同社生技センターの赤尾茂氏に感謝したい。

文　献

1) Sergei S. Orlov, William Phillips, Eric Bjornson, Yuzuru Takeshima, Padma Sundaram, Lambertus Hesselink, Robert Okas, Darren Kwan and Raymond Snyder: *Appl. Opt.*, **43**, No.25 (2004)
2) D. Coufal, D. Psaltis, G. T. Sincerbox, "Holographic Data Storage" (Springer, 2000)
3) Tomiji Tanaka, Kazuo Takahashi, Kenjiro Watanabe, David Samuels and Motonobu Takeya: Tech digest of Optical Data Storage 2004, 311-313 (2004)
4) Ken Anderson, Edeline Fotheringham, Adrian Hill, Bradley Sissom and Kevin Curtis: ISOM/ODS2005, Technical digest, paper ThE2 (2005)
5) P. Wang, B.Ihas, M.Schnoes, S.Quirin, D. Beal, S. Setthachayanon, T. Trentler, M. Cole, F. Askham, D. Michaels, S. Miller, A. Hill, W. Wilson and L. Dhar, *Proc. SPIE Int. Soc. Opt. Eng.* **5380**, 283 (2004)
6) L. Dhar, M. G. Schonoes, T. L. Wysocki, H. B. M. Schilling and C. Boyd: *Appl. Phys. Lett.* **73**, No.10 (1998)
7) M. Toishi, T. Tanaka, M. Sugiki and K. Watanabe, ISOM/ODS 2005 Technical Digest ThE5
8) Lars Hidebrandt, Richard Knispel, Sandra Stry, Joachim R. Sanher and Frank Schael: *Appl. Opt.* **42**, No.12 (2003)
9) L. Ricci, M. Weidenuller, T. Esslinger, A. Hemmerich, C. Zimmermann: *Opt. Commun.*

117, 541–549 (1995)
10) K. B. MacAdam, A. Steinbach, C. Wieman: *American J. of Phys*. **60**, No.12, 1098–1111 (1992)
11) K. Anderson and K. Curtis: *Opt. Lett*. **29**, No.12 (2004)
12) H. Horimai, X. T. and J. Li: *Appl. Opt*. **44**, No.13 (2005)

6 光暗号化によるセキュリティーホログラフィックメモリー

的場　修[*]

6.1 はじめに

　ホログラフィックメモリーは，ホログラフィーの原理に基づくため信号光および参照光の波面を記録し，再生することができる[1~8]。記録するデータとして信号光に2値画像データを用いる。ホログラフィックメモリーではテラバイトクラスの大容量データを記録し，1ギガビット毎秒の高速読み出しを実現することが目標であるため，暗号化技術を導入する際にもこれらの特長を失うことのない方法が望まれる。ここでは，光波を直接変調する光暗号化技術を概説し，それを用いたホログラフィックメモリーを紹介する[9~20]。ホログラフィックメモリーでのデータ保護技術の導入方法としては，データそのものを暗号化する方法[10~15, 17~20]，参照光を暗号化しデータアクセスを禁止する方法[9, 16]，データおよび参照光を暗号化する方法の3つに分類することができる。

6.2 光暗号化技術

　電子暗号で用いられるランダムパターンとのXOR演算によるバイナリー信号の暗号化方法は光学的にも行われている[21]。この場合には，局所的な画素情報のみのXOR演算により暗号化を行うため，画像である特長を活かした方法とは言えない。一方，磨りガラスやランダム位相マスクなどの拡散物体による変調により光波を簡単に暗号化することができる[22~25]。磨りガラスによる暗号化および復号の実験はH. Kogelnikにより1965年に行われている[22]。磨りガラスによる暗号化を数学的に発展させる形で，1995年にP. RefregierとB. Javidiによって，2重ランダム位相変調暗号化法が提案された[23]。はじめに2重ランダム位相変調暗号化法について説明し，それに基づく光暗号化法を説明する。

　2重ランダム位相変調暗号化法では，原画像は，入力面およびフーリエ面に置かれた2枚のランダム位相マスクにより暗号化される。典型的な光学システム（4-f光学系）を図1に示す。原画像が正の実数である場合には，復号時には，フーリエ面において暗号化時のマスクの複素共役分布を用いることで，原画像を再生することができる。ホログラフィックメモリーにおいては，暗号化された光の複素共役波を発生させることが可能なため，復号時にも暗号化時と同じランダム位相マスクにより原画像を再生することができる。以下に数式により暗号化法の概略を示す。原画像を$o(x, y)$，入力面，フーリエ面のランダム位相マスクをそれぞれ，$r_1(x, y)$，$R_2(\nu, \eta)$

---

　[*]　Osamu Matoba　神戸大学　工学部　情報知能工学科　助教授

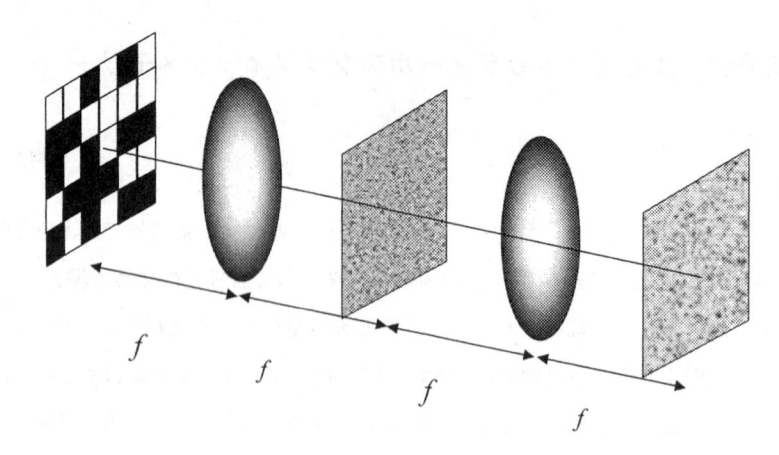

図1　2重ランダム位相変調暗号化法

とする。r_1, R_2は，[0 1]の一様乱数に従う変数である。このとき暗号化画像$e(x, y)$は，

$$e(x,y)=o(x,y)\exp\{i2\pi r_1(x,y)\} \otimes r_2(x,y) \tag{1}$$

ただし，

$$r_2(x,y)=FT(\exp\{i2\pi R_2(\nu,\eta)\}) \tag{2}$$

である。(1)式で$\otimes$はコンボリューション演算を表し，(2)式でFTはフーリエ変換を表す。ここでレンズによる結像で生じる座標軸の反転は無視している。

再生時には，フーリエ面で復号用マスク$K(\nu,\eta)$を用いる。再生信号$d(x, y)$は次式で与えられる。

$$d(x,y)=e(x,y) \otimes k(x,y) = o(x,y)\exp\{i2\pi r_1(x,y)\} \otimes r_2(x,y) \otimes k(x,y) \tag{3}$$

(3)式で，

$$k(x,y)=FT(\exp\{i2\pi K(\nu,\eta)\}) \tag{4}$$

である。ここで，復号時の位相マスクが暗号化時の位相マスクの複素共役である時には，(3)式は次式のように変形できる。

$$d(x,y)=e(x,y) \otimes r_2^*(x,y) = o(x,y)\exp\{i2\pi r_1(x,y)\} \tag{5}$$

(5)式から，強度情報を測定することで，原画像が再生されることがわかる。入力面のランダム位相マスクは，位相回復アルゴリズムによる原画像の推定を防ぐ働きをする。これは入力信号を

正の実数としているためである。

原画像を再生するには，暗号化信号の複素共役光を発生させる方法も利用できる。この時，フーリエ面に暗号化時と同じランダム位相マスクを用いる時，再生信号は，

$$d(x,y)=e^*(x,y)\otimes r_2(x,y)=o^*(x,y)\exp\{-i2\pi r_1(x,y)\} \quad (6)$$

となる。(6)式から，強度情報を測定することで，原画像が再生されることがわかる。このように位相共役再生を用いると暗号化時と復号時に同じランダム位相マスクを用いることができるため，任意の位置での位相変調を自動的に補償することができる。したがって，2重ランダム位相マスクの位置を入力面，フーリエ面以外に用いるフレネル領域2重ランダム位相変調暗号化法[12]やFractional Fourier変換を用いる暗号化法[25]が提案されている。これらは，2重ランダム位相暗号化法に比べて暗号化に用いることのできる鍵情報が増えるため，安全性が増す。

ホログラフィックメモリーでのデータ保護技術の導入方法としては，データそのものを暗号化する方法，参照光を暗号化しデータアクセスを禁止する方法，データおよび参照光を暗号化する方法の3つに分類することができる。第1の方法では，データのみを暗号化し，データ読み出しは可能であるため，システムとして位置ずれや温度変化などの環境変化に強い構成が可能になると考えられる。第2の方法は，データアクセスを禁止するため，強固な保護機能をもつメモリーに有効であると考えられる。第3の方法は，1,2の利点を組み合わせたメモリー構成である。以下では，第1,2の方法について，それぞれバルク型メモリー，ディスク型メモリーシステムでの結果を示す。

6.3 信号光暗号化バルク型ホログラフィックメモリー

図2に信号光暗号化による多次元鍵に基づくセキュリティーホログラフィックメモリーシステ

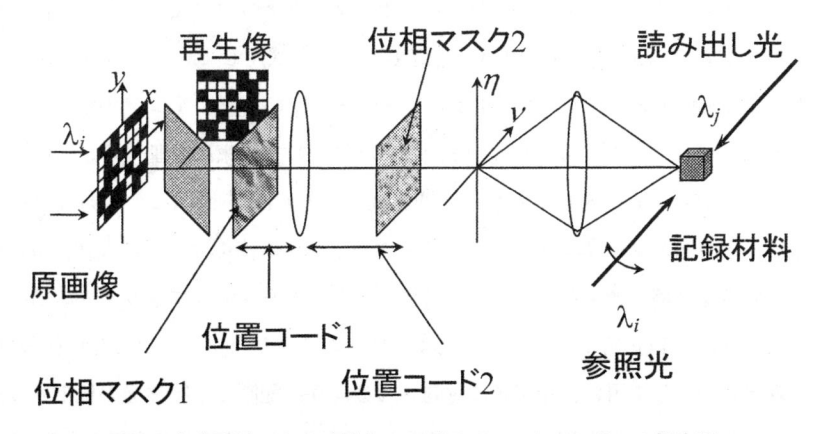

図2 多次元鍵による暗号化ホログラフィックメモリーの概念図

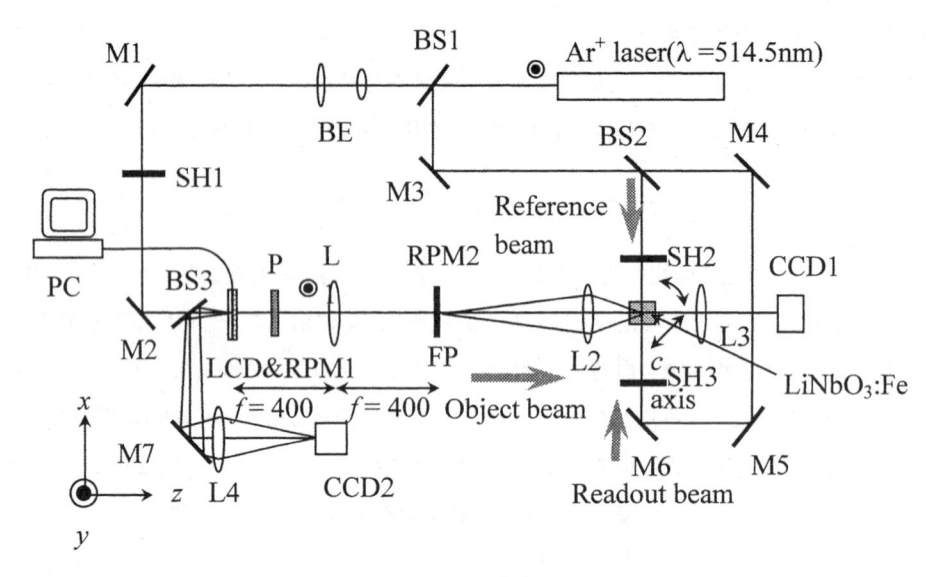

図3 光学系
M's，鏡；BS's，ビームスプリッタ；BE，ビーム拡大系；P，偏光板；LCD，液晶ディスプレイ；
L's，レンズ；RPM's，ランダム位相マスク

ムの概念図を示す．暗号化鍵として，2つのランダム位相マスクとその3次元位置，波長，偏光情報を用いることができる．複数の情報を組み合わせることで鍵の総数が増し，鍵の情報を持たないユーザーが解読するための時間的安全性を保証するものである．ホログラフィックメモリーでは，光電場の複素振幅分布を記録・再生できる他，偏光状態を記録する材料も報告されている．また，高密度かつ大容量データを記録するために，体積ホログラムを用いることから，記録時の波長に対する選択性を有する．

　ここでは，入力面とフーリエ面にランダム位相マスクを用いる信号光暗号型のセキュリティーホログラフィックメモリーシステムを紹介する．ホログラフィックメモリーとしては，物体光と参照光が90度で交差する90度配置を用い，角度多重記録を採用している．実験システムを図3に示す．光源に波長514.5nmのアルゴンイオンレーザーを用いる．アルゴンイオンレーザーから射出された光は，ビームスプリッタにより物体光・参照光の2光束に分割する．物体光は，ビームエキスパンダーでビーム径を拡げた後，空間光変調器(LCD)を照明し，入力画像を重畳させる．物体光は，入力面とフーリエ面に置かれた2枚のランダム位相マスクにより，暗号化された後，フーリエ変換像は縮小光学系により記録材料である鉄ドープニオブ酸リチウム結晶に入射する．結晶の大きさは，1cm角である．参照光は，ビームスプリッタにより2光束に分けられる．一方は，読み出し光として用い，参照光に対向させるように配置し，物体光の位相共役波を発生させる．角度多重記録は，結晶を回転ステージによって回転させることで実行される．暗号化像，

第2章 システム技術

図4 実験結果
(a)原画像，(b)暗号化像，(c)正しいマスクによる再生像，(d)正しくないマスクによる再生像

再生像は，それぞれCCDイメージセンサー（CCD1，CCD2）で観測される。物体光，参照光の光強度は，それぞれ78mW/cm^2，1.4W/cm^{2}であり，記録時間は60sである。

図4に実験結果を示す。図4(a)は原画像，(b)は暗号化画像，(c)は正しいマスクによる再生像，(d)は正しくないマスクによる再生像である。図4(c)から暗号化時と同じランダム位相マスクを用いた場合には，位相共役再生により，位相変調が完全に補償されるため原画像が正しく再生されていることがわかる。図4(d)はランダム位相マスクを分解能以上に移動させた場合の再生結果である。暗号化像と同じく白色雑音化された再生像となり，データの安全性が保たれていることがわかる。

ランダム位相マスクによる変調技術を用いると，ホログラフィックメモリーの記録容量を向上させることができる。C. C. Sun らは参照光にランダム位相マスクを挿入することで，シフト多重記録におけるシフト選択性が向上し，記録間隔を短くできることを実験および計算により示している[16]。スペックルパターンの無相関性を利用して画像を多重記録するスペックル多重記録も提案されている。ここでは，信号光側に2重ランダム位相変調暗号化法を用いることで多重記録

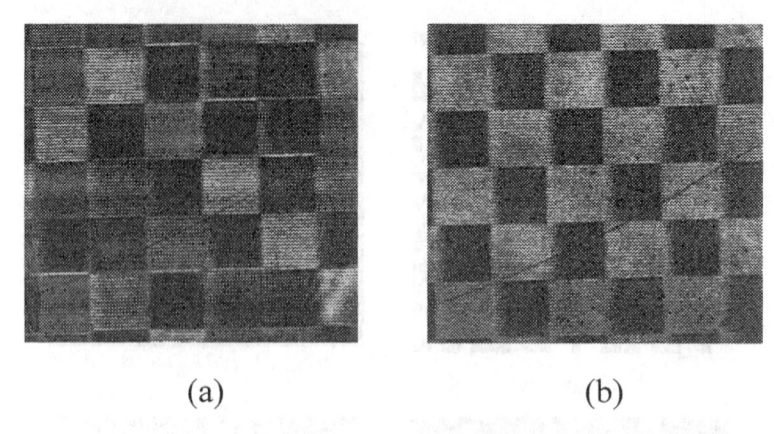

図5　ランダム位相変調が無い場合の3枚の画像記録における再生結果
(a) 0.005°，(b) 0.25°

におけるクロストークの影響を小さくできる方法について説明する。ランダム位相マスクによる暗号化により，信号の性質を変化させ，記録画像間のクロストークを小さくすることにより記録密度を向上させる。ただし，ここで述べる方法は，ホログラフィックメモリーの記録容量の理論的限界（V/λ^3，Vは記録材料の体積，λは波長）を超えるものではないことに注意する必要がある。つまり，ここで述べる提案方法は，原画像のもつ帯域が記録材料を含めた光学系のもつ帯域よりも小さい場合に有効である。

　角度多重記録では，体積型ホログラムの角度選択性を利用して，参照光の角度を変えて同じ場所に異なる画像を記録する。参照光の角度の刻み幅は，平面波同士の解析であるKogelnikの結合波理論から算出される[26]。体積型ホログラムでは，記録時の参照光の角度から読み出し時に角度を変えると，体積ホログラム中の回折光の間に位相ずれが生じ，干渉によって回折光強度が小さくなる。角度変化によって回折光強度がはじめに極小値となる角度をブラッグ選択角と呼ぶ。多重記録では，ブラッグ選択角ごとに異なる信号光を記録する。これにより再生時に記録画像間のクロストークを小さくすることができる。ランダム位相マスクによる暗号化を用いた場合には，記録画像が，白色雑音化されるため，クロストークによる像が加算された場合でも，しきい値処理によって元のバイナリデータを回復できる可能性がある。

　図5にクロストークが有る場合，無い場合の再生結果を示す。物体光と参照光のなす角は90°であり，計算によるブラッグ選択角は0.05°である。図5(a)，(b)はそれぞれ角度刻み幅を0.005°，0.25°とした場合の再生像である。図から(a)では隣接記録画像からの再生光との干渉により，白黒が反転した場所が生じ，ビットエラーが生じていることがわかる。2重ランダム位相暗号化を用いた場合には，角度刻み幅を0.005°とした場合にも図6のように再生される。このとき，隣接記録画像の再生像によりスペックルノイズが重畳されているが，しきい値処理により

第 2 章　システム技術

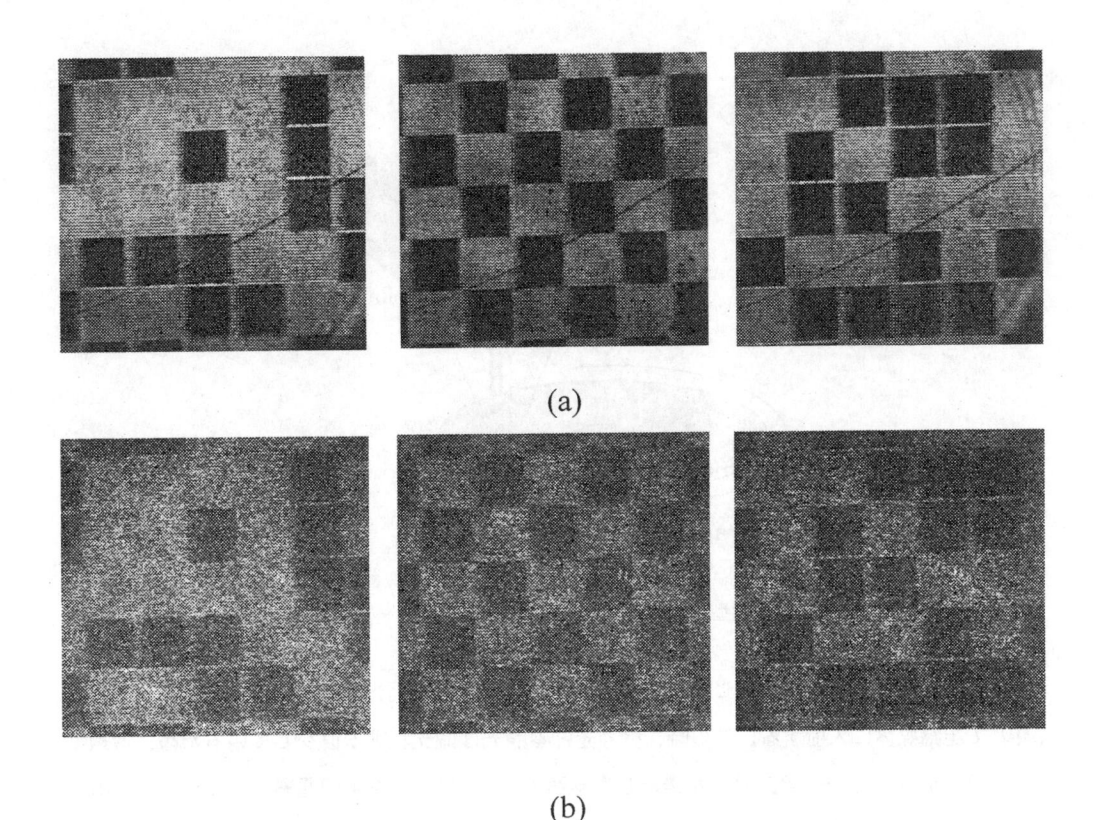

図 6　3 枚の記録による再生結果
(a) ランダム位相変調なし，角度刻み 0.25°，(b) ランダム位相変調あり，角度刻み 0.005°

ビットエラーなしに再生できる。以上の結果より，2 重ランダム位相暗号化を用いることで，記録密度を向上させることができる。

6.4　参照光暗号化ディスク型ホログラフィックメモリー

近年，ホログラフィックメモリーの実用化に向けて精力的に開発が進められているのがディスク型の記録材料を用いるホログラフィックメモリーである。ディスク型メモリーシステムにおいても，入力面および参照光側にランダム位相変調を導入し，データ保護を行うことができる。また，6.3 のバルク型メモリーにおけるようにランダム位相変調による記録容量の向上にもつながる。

ここでは，われわれが提案した反射型ディスクメモリーシステムにおける暗号化技術について説明する。システムの概念図を図 7 に示す。ディスクタイプの記録媒体を用いることによって，DVD などの成熟した光ディスク技術を導入することができる。この系の特徴は，ホログラム記録が信号光と参照光が対向する形で行われる反射型ホログラムを用いることである。偏光状態が

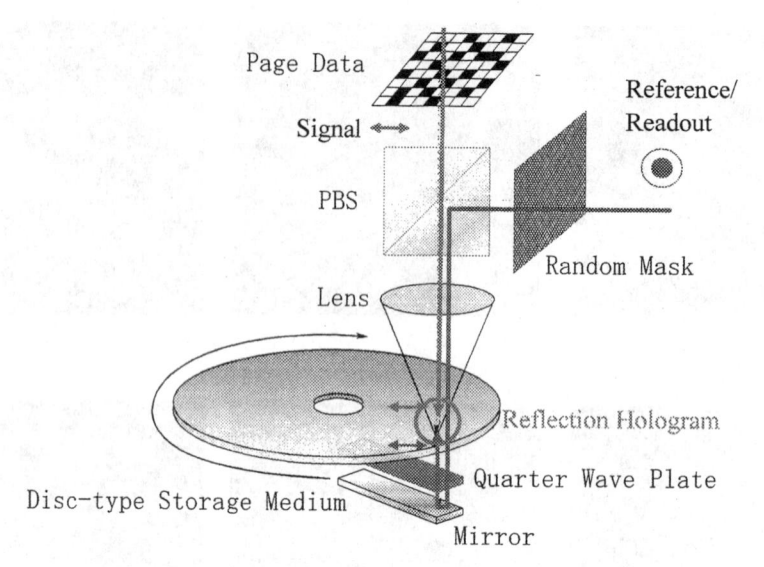

図7 反射型ホログラフィックディスクメモリーシステム

　直交する信号光と参照光が偏光ビームスプリッタで重ねられ，両光は同軸に伝播し，レンズで集光されて記録媒体に入射する。この時，信号光と参照光は偏光状態が直交しているため，透過型の干渉縞を形成しない。記録媒体を透過した参照光は，$1/4\lambda$板を1回通過し，ミラーで反射して，再び$1/4\lambda$板を通過する。$1/4\lambda$板を2回通過することで，参照光の偏光が90度回転し，信号光と参照光の偏光面がそろい，両光が対向する形で反射型ホログラムを記録する。多重記録を行う方法としては，参照波にランダム位相変調を用いるスペックルシフト多重記録を用いる。参照光におけるランダム位相マスクは，再生時のアクセスキーとして働くだけでなく，多重記録の記録容量向上に役立つ。空間シフト多重化法は信号光を空間的にずらして記録することで，参照球面波スペックル分布も同様によるブラッグ選択性を利用する多重化法である。読み出し時は，参照光のスポットの位置をわずかに変化させることによって，シフト選択性が一致するデータのみが強い回折光となり，独立な読み出しを行うことができる。

　参照光にランダム位相マスクを用い，データ再生時に暗号化されていることを実証するために，実験を行った。光学系を図8に示す。光源として波長514.5nmのアルゴンイオンレーザーを用い，偏光ビームスプリッタによって，信号光と参照光に分割する。信号光は空間光変調器を通過することによって，ビットデータの信号を載せ，レンズで集光され記録媒体に入射する。また参照光はランダム位相マスクを通過することによって暗号化され，対物レンズを通って，信号光と対向する方向から入射し，反射型ホログラムを記録する。記録媒体として，厚さ0.5mmの鉄イオンをドープしたニオブ酸リチウムを用いた。再生時には，ランダム位相マスクのキーが記録時と同じ時に限り，参照光によって信号が再生され，再生画像がCCDイメージセンサーに取り

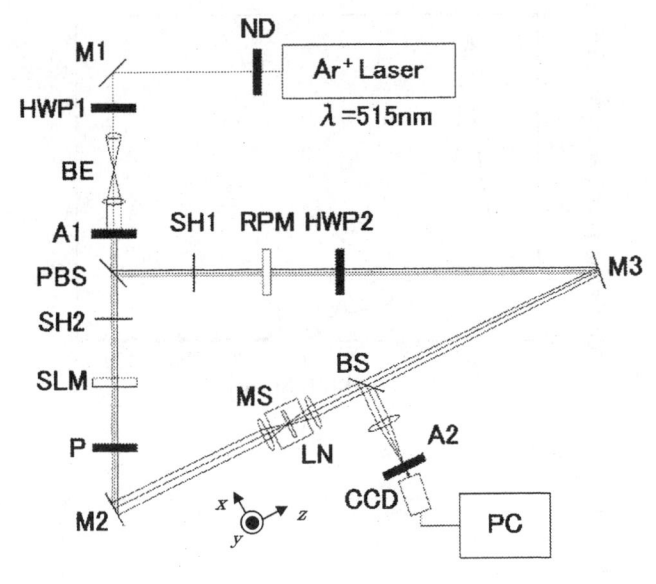

第 2 章　システム技術

図 8　光学系
M's，鏡；HWP's，1/2 波長板；PBS，偏光ビームスプリッタ；BE，ビーム拡大系；P，偏光板；SLM，空間光変調器；RPM，ランダム位相マスク

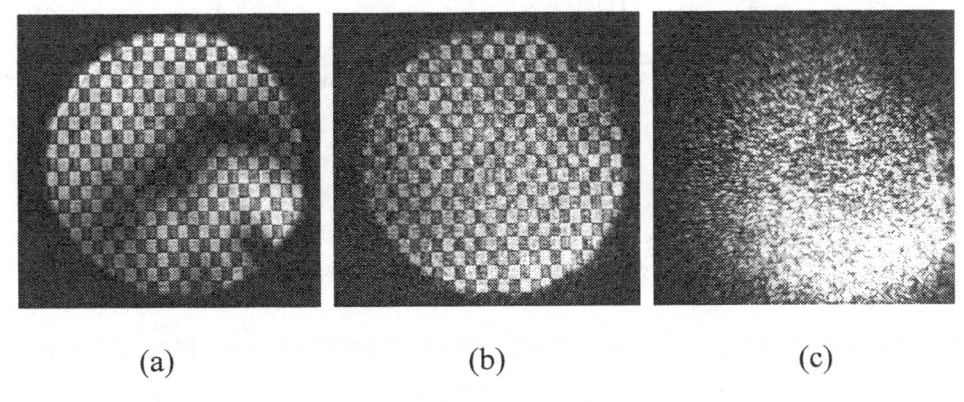

図 9　暗号化実験の結果
(a)原画像，(b)正しいマスクによる再生像，(c)正しくないマスクによる再生像

込まれる．

　実験結果を図 9 に示す．図 9(a)，(b)，(c)はそれぞれ原画像，正しい鍵による再生像，正しくない鍵による再生像である．図より，ランダム位相マスクのキーが正しいときには，記録した信号画像が正しく再生されているのがわかる．それに対してキーが異なるときでは，記録した信号画像とは大きく異なる雑音画像が再生されている．次にランダム位相変調による記録容量の向上

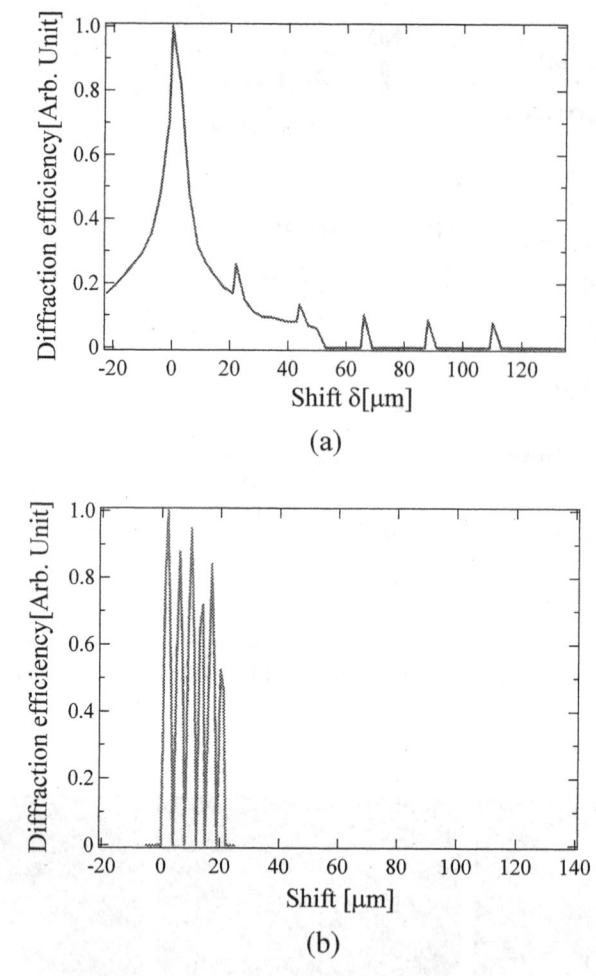

図10　多重記録時の再生結果
(a)ランダムマスクの無い場合の回折効率, (b)ランダムマスクを用いた場合の回折効率

についての結果を図10に示す．実験では6個の信号の多重記録を行った．図10(a)に示すように，ランダム位相変調を用いない時は，22μm間隔で6つの独立した回折効率のピーク信号を見ることができた．ランダム位相変調を用いた時には，図10(b)から4μm間隔で独立したピーク信号を見ることができる．したがってランダム位相マスクにより22μm間隔から4μm間隔に記録間隔を短くすることができ，記録容量を向上させることができる．

6.5　まとめ

ランダム位相変調に基づく光暗号化技術を紹介し，それを利用したデータセキュリティー機能を有するホログラフィックメモリーシステムについて説明した．特に入力面・フーリエ面に2枚

第2章 システム技術

のランダム位相マスクを用いる2重ランダム位相変調暗号化法を紹介し，それに基づくホログラフィックメモリーシステムを示した。ホログラフィックメモリーでは位相共役再生を利用することが可能であるため，暗号化時と同じ位相マスクにより復号することができる。また，ランダム位相変調技術を用いるとデータの保護を行うだけでなく，記録容量の向上にも役立つことを示した。

文　　献

1) H. Coufal, D. Psaltis and G. Sincerbox, Holographic Data Storage, Springer-Verlag (2000)
2) L. Hesselink, S. Orlov and M. Bashaw, "Holographic data storage systems," *Proc. of the IEEE*, **92**, pp.1231-1280 (2004)
3) 特集「今度こそほんものか？　ホログラフィック光メモリー」, O plus E, **25** (4), pp.385-427 (2003)
4) J. F. Heanue, M. C. Bashaw and L. Hesselink, "Volume holographic storage and retrieval of digital data," *Science*, **265**, pp.749-752 (1994)
5) L. d'Auria, J. P. Huignard and E. Spitz, "Holographic read-write memory and capacity enhancement by 3-D storage," *IEEE Trans. Magn.*, **9**, pp.83-94 (1973)
6) G. A. Rakuljic, V. Leyva and A. Yariv, "Optical data storage by using orthogonal wavelength-multiplexed volume holograms," *Opt. Lett.* **17**, pp.1471-1473 (1992)
7) C. Denz, G. Pauliat, G. Roosen and T. Tschudi, "Volume hologram multiplexing using a deterministic phase encoding method," *Opt. Commun.* **85**, pp.171-176 (1991)
8) D. Psaltis, M. Levene, A. Pu, G. Barbastathis and K. Curtis, "Holographic storage using shift multiplexing," *Opt. Lett.* **20**, pp. 782-784 (1995)
9) H. Heanue, M. Bashaw and L. Hesselink, "Encrypted holographic data storage based on orthogonal-phase-code multiplexing," *Appl. Opt.* **34**, pp.6012-6015 (1995)
10) B. Javidi, G. Zhang and J. Li, "Encrypted optical memory using double-random phase encoding," *Appl. Opt.* **36**, pp.1054-1058 (1997)
11) G. Unnikrishnan, J. Joseph and K. Singh, "Optical encryption system that uses phase conjugation in a photorefractive crystal," *Appl. Opt.* **37**, pp.8181-8186 (1998)
12) O. Matoba and B. Javidi, "Encrypted optical memory system using three-dimensional keys in the Fresnel domain," *Opt. Lett.* **24**, pp.762-764 (1999)
13) O. Matoba and B. Javidi, "Encrypted optical storage with angular multiplexing," *Appl. Opt.* **38**, pp.7288-7293 (1999)
14) O. Matoba and B. Javidi, "Encrypted optical storage with wavelength-key and random phase codes," *Appl. Opt.* **38**, pp.6785-6790 (1999)

15) X. Tan, O. Matoba, T. Shimura, K. Kuroda and B. Javidi, "Secure optical storage that uses fully phase encryption," *Appl. Opt.* **39**, pp.6689–6694 (2000)
16) C. C. Sun and W. C. Su, "Three-dimensional shift selectivity of random phase encoding in volume holograms," *Appl. Opt.* **40**, pp.1253–1260 (2001)
17) X. Tan, O. Matoba, Y. Okada-Shudo, M. Ide, T. Shimura and K. Kuroda, "Secure optical memory system with polarization encryption," *Appl. Opt.* **40**, pp.2310–2315 (2001)
18) X. Tan, O. Matoba, T. Shimura and K. Kuroda, "Improvement in holographic storage capacity by use of double random phase encryption," *Appl. Opt.* **40**, pp.4721–4727 (2001)
19) O. Matoba and B. Javidi, "Secure holographic memory by double random polarization encryption," *Appl. Opt.* **43**, pp.2915–2919 (2004)
20) O. Matoba, Y. Yokohama, M. Miura, K. Nitta and T. Yoshimura, "Refelection-type holographic disk memory with random phase shift multiplexing," *Appl. Opt.*, in print.
21) S. Fukushima, T. Kurokawa and Y. Sakai, "Image encipherment based on optical parallel processing using spatial light modulator," *IEEE Trans. Photonics Technol. Lett.* **3**, pp.1133–1135 (1991)
22) H. Kogelnik, "Holographic image projection through inhomogenenous media," *Bell Syst. Tech. J.* **44**, pp.2451–2455 (1965)
23) P. Refregier and B. Javidi, "Optical image encryption based in input plane and Fourier plane random encoding," *Opt. Lett.* **20**, pp.767–769 (1995)
24) N. Towghi, B. Javidi and Z. Lio, "Fully phase encrypted image processor," *J. Opt. Soc. Am. A* **16**, pp.1915–1927 (1999)
25) N. Nischchal, J. Joseph and K. Singh, "Fully phase encryption using fractional Fourier transform," *Opt. Eng.* **42**, pp.1583–1586 (2003)
26) H. Kogelnik, "Coupled wave theory for thick hologram gratings," *Bell Syst. Tech. J.* **48**, pp.2909–2947 (1969)

7 光学的リフレッシュ法によるリライタブル記録再生システム

岡本　淳*

7.1 はじめに

　本節では，データの記録・再生だけではなく，消去・再記録も可能なリライタブル・ホログラフィックメモリーについて，非破壊再生を実現するための光学的リフレッシュ手法と，多重化された特定のホログラムのみを消去する選択的消去技術，および，これらに適合する新たな多重記録再生技術の研究を紹介する。特に，これまで種々提案されてきた参照光を操作する多重化手法の改良技術ではなく，物体光によるアドレス制御に基礎をおいた空間スペクトル拡散多重方式によって，記録容量とリライタブル性能の両立を可能とし，データの非破壊再生・更新を行えるホログラフィック・ランダムアクセス・メモリーシステム（以下では，ホログラフィックRAMと呼ぶ）の構成法について記述する。

7.2 フォトリフラクティブ媒質の記録・消去特性

　リライタブルなホログラフィックメモリーの記録媒質としては，フォトリフラクティブ媒質が有力である[1~4]。フォトリフラクティブ媒質では照射光強度パターンに応じ媒質内の電荷が移動し，これによって形成される空間電界が電気光学効果によって媒質の屈折率を変化させる。2次元データを有する物体光と参照光を同時に媒質に入射することでこの干渉縞が位相ホログラムとして媒質内に記録され，その後，参照光のみを入射することによりホログラムからの回折光として物体光を再生することができる。これまでに様々な材料においてフォトリフラクティブ効果が観測されているが，$LiNbO_3$結晶，$LiTaO_3$結晶，BSO結晶，$BaTiO_3$結晶などの無機フォトリフラクティブ結晶がよく用いられる。また，最近では無機材料だけではなく，有機フォトリフラクティブ材料の研究開発が盛んに行われている［詳しくは，第3章 記録メディア技術 4 フォトリフラクティブポリマーを参照］。フォトリフラクティブ媒質へのホログラムの記録再生は比較的小さな光強度で行うことができ，また，一旦記録したホログラムを光照射や熱処理により消去しさらに再記録できるという優れた特徴を有する。

　フォトリフラクティブ結晶中でホログラムの多重記録を行う場合，後からの記録に用いられる書込み光は，以前に記録されているホログラムに対し消去光として作用する。また，ホログラムの再生時に用いる参照光も同様の消去作用を示す。透過型ホログラムを考える場合，フォトリフラクティブ結晶におけるホログラムの記録・消去過程を示す結合波動方程式は式(1)～(3)で表さ

---

*　Atsushi Okamoto　北海道大学　大学院情報科学研究科　情報エレクトロニクス専攻　助教授

れる。

$$\partial A_1(z,t)/\partial z = -Q(z,t)A_2(z,t) \quad (1)$$

$$\partial A_2(z,t)/\partial z = Q^*(z,t)A_1(z,t) \quad (2)$$

$$\tau \partial Q(z,t)/\partial t + Q(z,t) = \gamma A_1(z,t)A_2^*(z,t)/I_0 \quad (3)$$

ここで$A_1(z,t)$と$A_2(z,t)$は物体光および参照光の複素電界振幅，$I_0=|A_1|^2+|A_2|^2$は光波の総入射強度である。また，γとτはそれぞれフォトリフラクティブ効果の結合係数と時定数を表し，$Q(z,t)$はフォトリフラクティブ結晶中に形成される屈折率格子振幅に比例した関数である[5]。屈折率格子振幅が小さな場合には，$Q(z,t)$をホログラムの深さ方向zで積分した値が回折効率とほぼ一致する。

式(1)～(3)を用いて得られた，ホログラムの記録・消去時における回折効率の時間応答特性の計算例を図1(a)に示す。ここで，I_1，I_2は，物体光と参照光の強度，γLはフォトリフラクティブ効果の結合強度である。また，パラメータrは記録時の光強度I_wに対する消去・再生時の光強度I_eの比I_e/I_wを表す。結晶中に記録されたホログラムがその後の光照射により徐々に消去されてしまうことがわかる。この特性は，再生時においてホログラムが劣化（再生劣化）するだけでなく，多重記録・消去時にも記録済ホログラムが劣化することを示すもので，ホログラフィックRAMを実現する上での大きな障害となっている。

リライタブルなホログラフィックメモリーでは，新たなホログラムを記録する際に生ずる記録済ホログラムの劣化により，多重記録完了後の各ホログラムは一般的に異なる回折効率となってしまうが，露光計画法によってこれを回避することができる[6,7]。露光計画法とは，複数のホログラムを同一空間に記録する際に，最初に記録したホログラムは，後で記録されるホログラムの

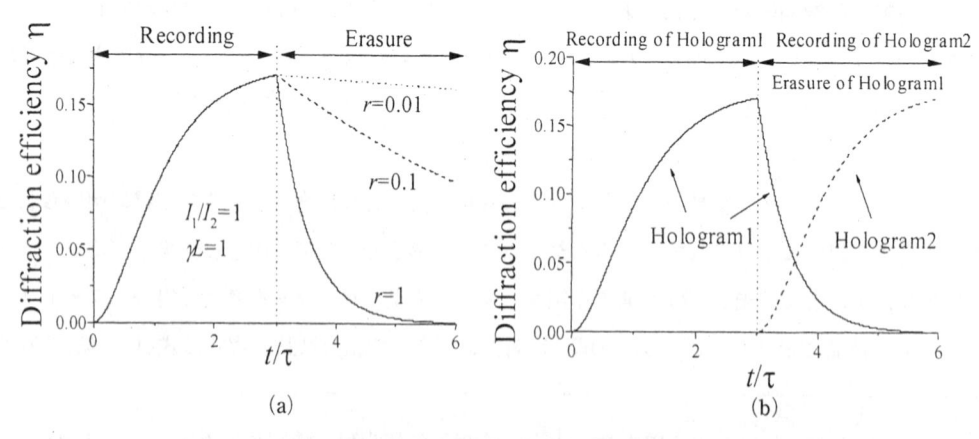

図1　ホログラムの記録・消去特性の計算例
(a)ホログラムの記録と光照射による劣化，(b)多重記録による記録済ホログラムの劣化

第2章 システム技術

記録光によって多くの消去を受けるため，あらかじめ記録順序や時間を調整することにより，多重化されるすべてのホログラムが同一の回折格子振幅を有するように露光する方法である。図1(b)は1枚のホログラム（Hologram 1）を記録した後にもう1枚のホログラム（Hologram 2）を多重記録した場合の，それぞれのホログラムにおける回折効率の時間特性を表している。この例では，$t/\tau \approx 3.6$の時点でHologram 2の露光を終了することでHologram 1とHologram 2の回折効率を同一にすることができる。リライタブル形式のホログラフィックメモリーでも，最初に記録する一連のデータに対しては，露光計画法を用いることができる。しかし，その後のデータの消去・更新においてはこの方法を用いることができない。そのため，記録媒質のダイナミックレンジを最大限に利用するためには（多重化ホログラムの回折効率を最大にするには），一旦，すべてのデータを消去して新たな計画記録を行う必要があるが，小規模なデータの更新のために全データの消去と再記録を行うことは極めて効率が悪い。そこで，後述する光学的リフレッシュ手法など，部分的な消去と再記録によって劣化したホログラムを，記録されたデータを保持したまま修復する技術が必要になっている。

リライタブルな多重ホログラフィックメモリーでは，劣化防止技術の他にも，特定のホログラムのみを選択的に消去する技術も必要になる。フォトリフラクティブ結晶中の多重ホログラムにおいて，記録時に対し空間的にπの位相差をもつ干渉縞で上書きすることにより，特定のホログラムのみを選択的に消去することが可能である[8]。これまでに液晶位相変調器やピエゾミラーを用いて位相差を生成する方式が提案されたが，これらのデバイスは非常に高価かつ大型であり，実用化を妨げる大きな原因になっている。最近，図2(a)に示すように，ビームスプリッタ（BS）とミラー（Mirror）のみにより構成される2重マッハツェンダ干渉光学系を用いて選択的消去を実現する方法が示されている。この光学系は簡易かつ小型であり，また，位相変位に一切の電子デバイスや機械的動作を必要としないため，電圧誤差やバックラッシュ等の影響を受けず精度の高い選択的消去が可能となる[9]。図2(b)にホログラムの記録後に位相差を有する干渉縞を上書きした場合の回折効率を示す。記録時と消去時の干渉縞の位相差がπの場合に，時刻$t/\tau \approx 3.6$でホログラムが完全に消去され回折効率が0になっている。選択消去光は他の多重ホログラムに対しインコヒーレント消去光として働くが，インコヒーレント消去光によるホログラムの劣化は，選択的消去に比べればゆっくりと進むため，多重ホログラムの選択的消去が可能になる。また，選択的消去とインコヒーレント消去の速度差は，記録ホログラムの屈折率格子振幅が小さい場合により大きくなるという性質があるため，多重度の大きなホログラムに対してこの方法が特に有効になる[10]。

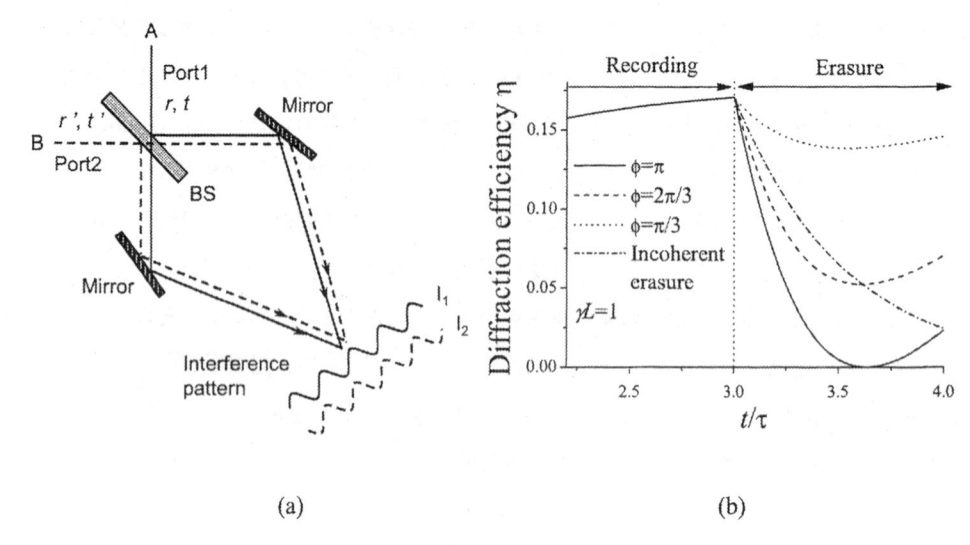

図2　選択的消去技術の説明
(a) 2重マッハツェンダ干渉光学系　Port1から入射した光波およびPort2から入射した光波が，BSにより分波され同一光路を伝搬した後，交差領域に形成する干渉パターンは，実線のI_1と破線のI_2のようになり，Stokesの関係式を考慮すると互いに空間的にπの位相差がある。
(b) 記録ホログラムに対し位相差を有する干渉縞を上書きした場合の回折効率　ϕは記録時と消去時の干渉縞の位相差を表している（単位はラジアン）。

7.3　光学的リフレッシュ技術

　ホログラムの再生劣化の問題を解決する手法として，熱や電界を用いたホログラムの定着技術が提案されているが，定着に数秒から数分程度の時間を必要とするなど再生専用メモリーとしての適用が有力である[11~15]。最近では，記録・書換え時にホログラムの記録・再生を行う光に加えて，電子を励起するためのゲート光を照射する2色記録法を用いたフォトリフラクティブメモリーが，記録されたホログラムの全光学的非破壊再生を実現し，再生劣化に対する新たな解決手法として注目されている［詳しくは第3章　記録メディア技術5　2色書き込み不揮発性フォトリフラクティブ結晶を参照］。2色記録法は，$LiNbO_3$結晶や$LiTaO_3$結晶など，電子の中間励起準位が存在する特定の無機フォトリフラクティブ材料を記録媒質として用いる場合に非常に有効な手法である。本研究では，再生劣化だけではなく，多重記録・更新時のホログラムの劣化防止をも視野に入れ，再生時の回折光を利用して再生と同時にホログラムを上書きすることにより，ホログラムの劣化を純光学的に抑制・修復する光学的リフレッシュ技術について検討する。この手法は，有機フォトリフラクティブ材料など幅広い記録材料に適用可能なホログラム維持・転写・復元手法として有力である。

　再生時に読出し光の回折光をフィードバックさせて記録用のフォトリフラクティブ媒質に元のデータを転写し続けることによって，記録されたホログラムを維持する手法についてはすでに

第2章　システム技術

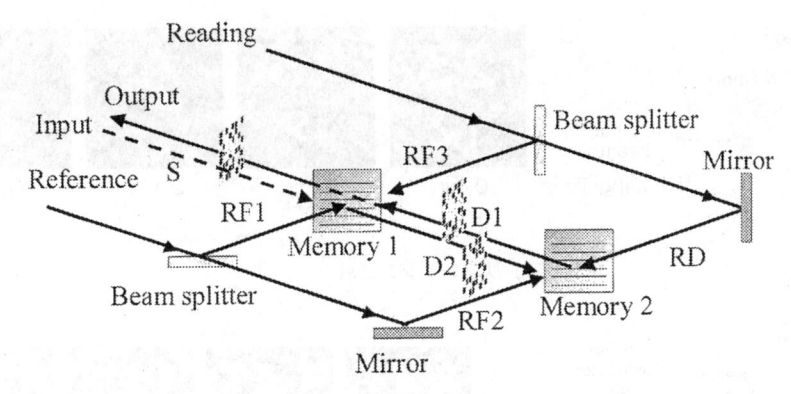

図3　ホログラムの劣化防止機能や修復機能を有するメモリーシステムの基本構成

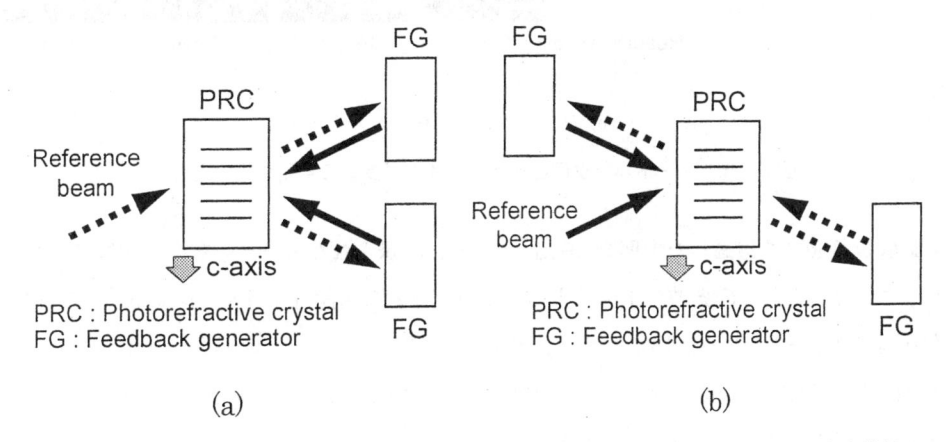

図4　1つのフォトリフラクティブ結晶と2つの光フィードバック回路で構成される全光学的ホログラム維持手法

様々な光学系が提案されている[16〜18]。データの再生劣化やドロップアウトを自動的に修復する機能およびメモリー間でデータを転写する機能を伴ったホログラフィックメモリーシステムの基本構成を図3に示す[19]。本メモリーシステムにおいては、光によって書換え可能な2つのホログラフィックメモリー（Memory 1とMemory 2）を用いるが、単に再生劣化の防止が目的の場合には、Memory 2を位相共役器に置き換えることができる。これら2つのホログラフィックメモリーに対するデータの書込みは、書込み光Sと参照光RF1，RF2によって行われ、また、データの読出しと自動修復は読出し光RDと参照光RF1，RF2，RF3によって行われる。位相共役波の性質を用いることによって、ホログラフィックメモリー間で2次元画像データを劣化無く転写したり、劣化したホログラムを自動的にリフレッシュすることができる。

QiaoらとDellwigらは、1つのフォトリフラクティブ結晶と2つの光フィードバック回路で構成される全光学的ホログラム維持手法を提案している[16,17]。図4(a)では、フォトリフラクティ

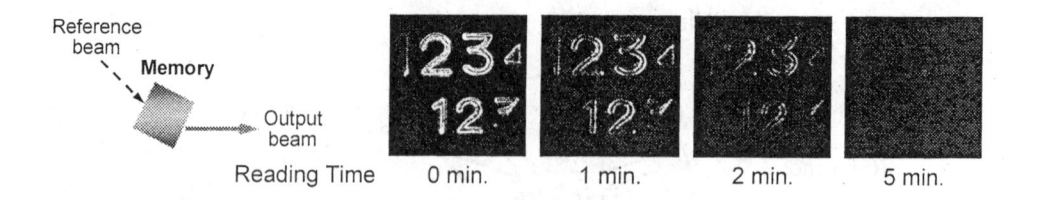

図5 光フィードバック回路を用いたホログラムの劣化防止の実験例

(a) リフレッシング無

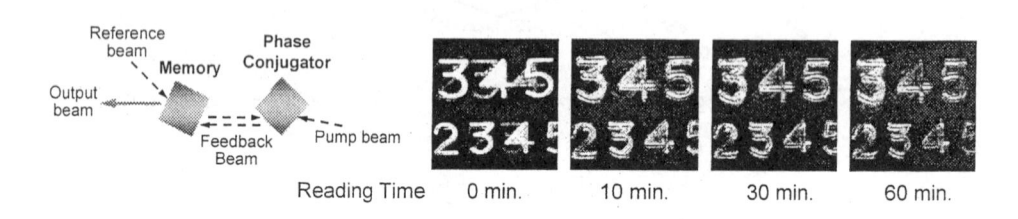

(b) リフレッシング有

ブ記録媒質(PRC)を透過した参照光(読出し光)と，記録されたデータを有する回折光をフィードバックさせ，これらの光波の干渉によってホログラムの再記録を行う。図4(b)では，PRCの左右両側にフィードバック回路を配置し，参照光の入射によって生ずる回折光を2つのフィードバック回路間で共振させる。ホログラムの再記録は，参照光と図の左側のフィードバック回路から生ずる光波との干渉によって行われる。

　最近の研究により，1つのメモリーと1つの位相共役器で構成される簡単な光学系によって，非破壊再生が困難であった$BaTiO_3$などのフォトリフラティブ媒質においても光学的リフレッシュが実現できることが明らかになっている。ホログラムの位相整合条件を満たす入射光とその回折光によって生じる再記録効果を利用して，ホログラム劣化を抑制できる[20,21]。図5は参照光のみの入射による通常の再生法（図5(a)）と，1つの位相共役器を用いた再生法（図5(b)）による画像再生実験例である[22]。これらの実験では，比較のため等しい光強度の参照光を用いて再生を行っている。また，メモリーおよび位相共役器として共に$BaTiO_3$結晶を用いており，位相共役器には励起光（Pump beam）の強度によって反射率を調節可能な相互励起型位相共役器を採用している。図5(a)では，参照光の入射に伴うインコヒーレント消去のために，5分程度の連続再生で記録されたデータは完全に消失してしまう。一方，図5(b)では，参照光とフィードバック光の入射によって生じる再記録効果がインコヒーレント消去を上回るため，60分以上の連続再生を行ってもデータが保持されている。

7.4 空間スペクトル拡散多重記録と多重ホログラムの一括リフレッシュ方式

多重記録されたホログラムの劣化対策として，前述の光学的リフレッシュ技術を用いる場合には，記録された全てのホログラムに対してリフレッシュ操作を行う必要がある。これまでに提案されている主なホログラム多重方式（角度多重方式[23]，位相コード多重方式[24]，球面参照光シフト多重方式[25]など）は，体積ホログラムにおけるブラッグ回折の選択性によってホログラムのアドレス指定を行うため，読出し光のブラッグ条件に対応する1つのホログラムデータだけが再生される。これらの方式で多重化したホログラムに対して光学的リフレッシュを行う場合，リフレッシュの対象となるホログラムは1つのみに限定されるため，全てのホログラムをリフレッシュによって保持し続けるためには，計画的に（例えば周期的に）リフレッシュ操作を繰り返す必要がある[26]。また，多重度Mが増加すると，1つのホログラムに対するリフレッシュ光が他のホログラムに対して消去作用を持つことや，メモリーから再生されるホログラムの回折効率自体が$1/M^2$に比例して減少することから[27]，リフレッシュの効果も弱くなる。これらの理由から，RAM型のホログラフィックメモリーでは，アクセス速度，多重数の両面で大きく制限を受けており，多重化による大容量化という要求とリライタブル性能の向上とを両立することは困難であった。しかし，最近，物体光自身の空間位相変調と位相共役再生による復調によってホログラムを多重化する空間スペクトル拡散多重方式が提案されるなど，このような問題も解決される方向にある[28]。

図6に空間スペクトル拡散多重記録における記録・再生過程を示す。物体光$A_j^*(r)$はそのフーリエ面にあるランダム・ディフューザで$\exp\{-i\phi_j(r)\}$の空間位相が加えられ，拡散光として伝搬する。その後，この拡散物体光を再度集光し，記録媒質内で参照光と干渉させてホログラムを記録する。ホログラムを多重化するには，参照光の位相は変化させず，ランダム・ディフューザをわずかにシフトして異なる空間位相を用いて物体光を変調すれば良い。M回多重記録されたホログラムの振幅は

$$R \propto A_r \sum_{j=1}^{M} A_j^*(r) \tag{4}$$

となる。ここで，A_rは参照光の複素振幅を表している。

ホログラムの再生は，記録時における参照光に対向する読出し光A_r^*を用いて行う（位相共役再生）。このとき，記録媒質からは多重記録されたすべてのホログラムからの回折光が同時に再生されるが，この多重回折光をランダムディフューザで逆拡散することにより，選択的にホログラムを再生することができる。

$$S \propto |A_r|^2 A_k^*(r) + |A_r|^2 \sum_{j \neq k}^{M} A_j^*(r) \exp\{-i(\phi_k(r) - \phi_j(r))\} \tag{5}$$

(a) 記録過程

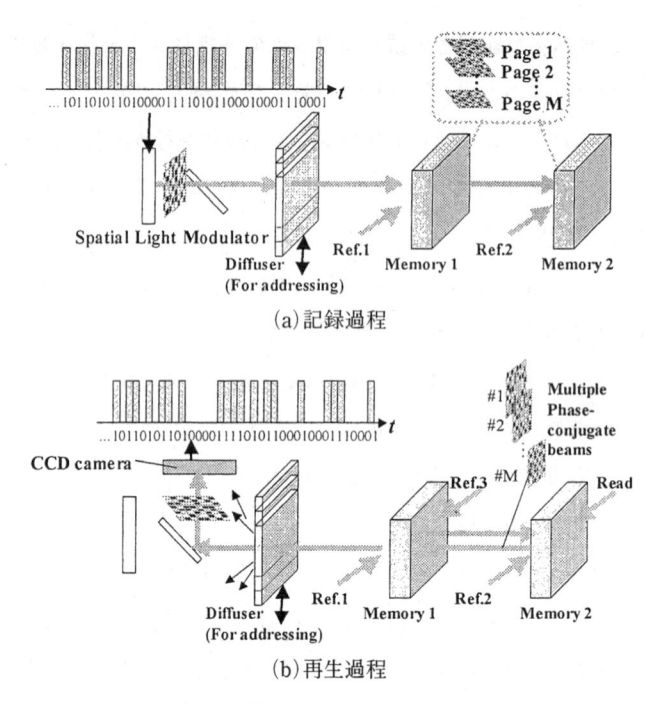

(b) 再生過程

図6　空間スペクトル拡散多重方式を用いたホログラムの一括リフレッシュ

具体的には，ディフューザの位置がホログラム記録時の位置と一致する時，つまり，物体光が記録時に受けた位相変調と同じ位相情報を用いて復調することによって，多重化された位相共役光のうち一つのホログラムからの出力光を選択再生できる。式(5)では，右辺第1項に示される記録時と同じ空間位相情報を持つk番目のホログラムだけが再生され，それ以外のホログラム成分は右辺第2項に示すノイズ成分となる。物体光にランダム位相を変調するホログラム記録は，これまで主として光学的暗号記録に用いられてきた手法であり［詳しくは第2章　システム技術 6 光暗号化によるセキュリティーホログラフィックメモリーを参照］，本方式も一種の位相相関多重記録と考えることができる。物体光側の位相情報を変調して多重記録を行うと，再生時に不要なページ（多重ホログラムを構成する1枚のホログラム）からの信号成分がランダムノイズ光として直接検出面に重なるため，十分なSN比を確保できないという問題が生ずる。しかし，拡散物体光の空間スペクトルに対して適切な光学的フィルタリング等を行うことで，ページ間のクロストークを大きく軽減することが可能である[29]。

この空間スペクトル拡散多重方式をRAM型のホログラフィックメモリーに用いることで，多重化されたホログラムのリフレッシュをより効率的に行うことができる。多重化の際に参照光の位相は変化させないので，再生時の回折光は多くの信号光が重なり合ったものとなる。そのため，メモリーから同時に再生される多重信号光をコヒーレントに（多重ホログラムがあたかも一枚の

第 2 章　システム技術

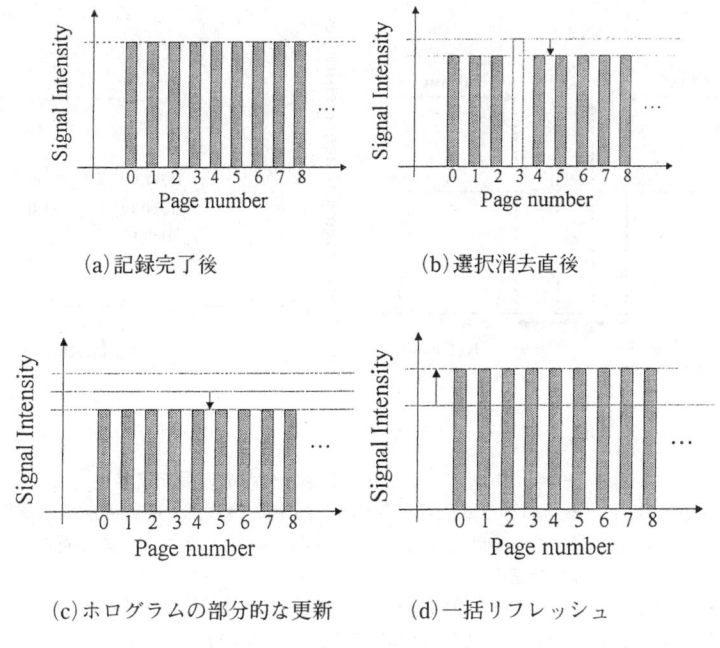

図 7　一括リフレッシュ法による劣化したホログラムの回復
(a) 複数のデータが記録された多重ホログラムの振幅
(b) 特定のデータを選択的に消去することによるホログラムの劣化
(c) 部分的な更新によるホログラムの劣化
(d) 一括リフレッシュによるホログラムの回復

ホログラムであるかのように)フィードバックすることができるため，多重化された全てのホログラムを一括にリフレッシュし再生劣化を防ぐことが可能となる．このとき，再生信号の選択はブラッグ条件ではなく，記録時と再生時における位相の相関によって行うため，個々のホログラムが混ざり合うことなく独立に再生することができる．また，ホログラフィックRAMにおいては，再生劣化だけではなく，多重記録後のホログラムの消去・更新に対する劣化対策も重要である．記録されたページ毎の選択消去・更新を行うと，書換えたいページ以外のホログラムも劣化し，回折効率が全体的に低下する．この問題も，一括リフレッシュの手法を用いて解決することができる．図 7 は，一旦低下したホログラムの回折効率が一括リフレッシュによって回復する過程を示している．非破壊再生・選択消去・更新における時間応答特性の例を図 8 に示す．

　一括リフレッシュ方式では，これまでのように小規模なデータの更新のために全データの消去と再記録を行う必要がなくなるだけではなく，どのホログラムを読出しているときでも全てのホログラムに対して常にリフレッシュ効果が働くため，ページ毎のリフレッシュ操作に伴う多重度の制約から解放されスケジューリングも不要になる．従って，データの非破壊再生と部分的な消去・更新が可能な準静的なランダムアクセスメモリーが原理的に実現可能なシステムといえる．

ホログラフィックメモリーのシステムと材料

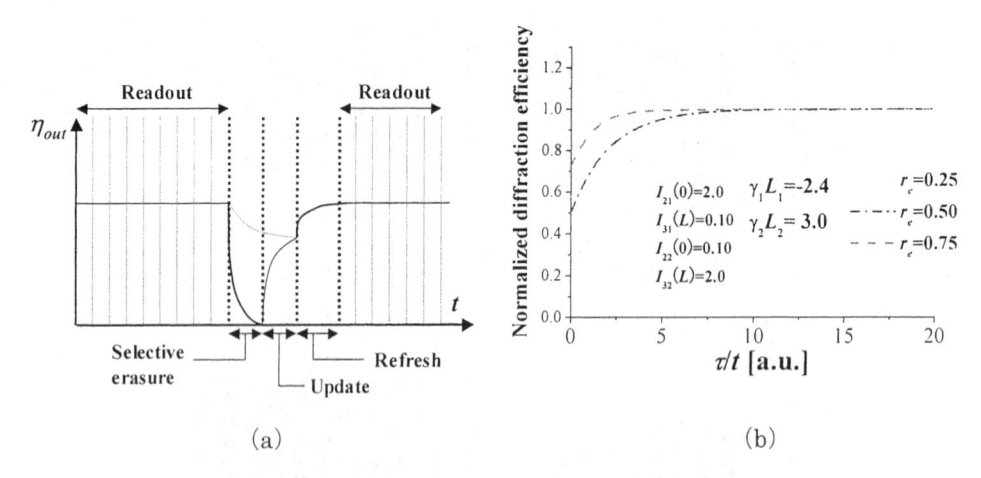

(a)

(b)

図8　一括リフレッシュにおける回折効率の時間応答特性
(a) 選択消去,更新時におけるホログラム回折効率の時間変化の模式図　実線の曲線は選択消去および更新の対象となるホログラムの時間変化であり,点線の曲線は,ホログラムの選択消去・書換え時における他のホログラムの減衰を示している。
(b) 一括リフレッシュによるホログラム回復過程の計算例　r_eは更新前と更新後のホログラム回折効率の比（$\tau/t=0$におけるホログラム回折効率）であり,図中のI_{21}, I_{22}, I_{31}, I_{32},はそれぞれ,図6におけるRef.1, Ref.2, Ref.3およびReadの光強度を表す。また,$\gamma_1 L_1$と$\gamma_2 L_2$はメモリー1とメモリー2の結合強度である。

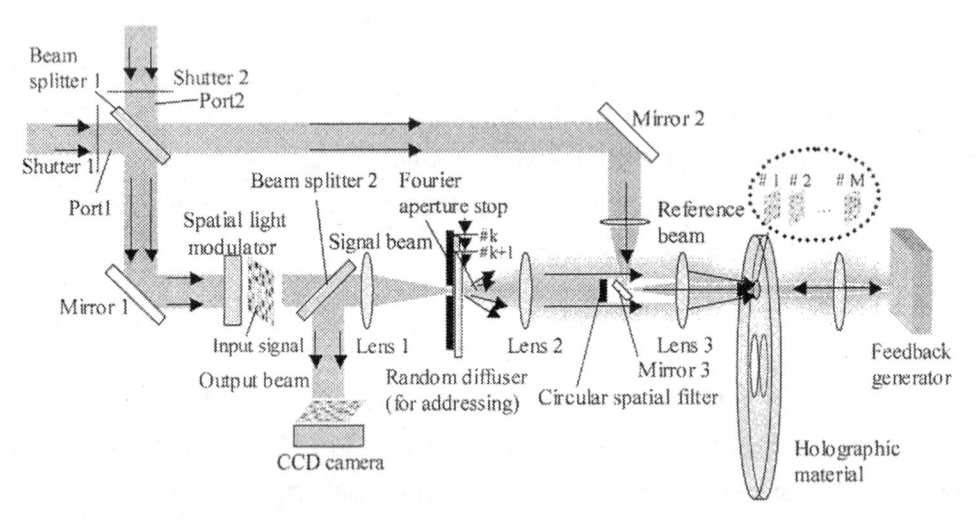

図9　消去・一括リフレッシュ機能を伴ったホログラフィックRAMの構成

図9に,消去・一括リフレッシュ機能を伴った記録再生光学系によるホログラフィックRAMの構成図を示す。この光学系ではShutter1・2の開閉によって,データの記録・再生動作と,特定ページの消去動作を選択することが出来る。データの記録・再生時にはShutter1のみを開放し

第2章　システム技術

Port1からの入射レーザ光を利用する。この入射光はBeam splitter1により物体光（BS1における反射光）および参照光（BS1における透過光）に分離される。物体光はSLMにより記録データを付加され、さらにホログラムのアドレス指定に用いられるRandom diffuserを透過した後、記録媒質に入射する。一方、参照光はミラー2および3で反射し、物体光と同一光軸上を伝搬して記録媒質に入射する。この物体光と参照光の干渉縞が媒質内にホログラムとして記録される。記録データの再生時には、参照光のみを記録媒質内に入射する。従来のホログラフィックメモリーではホログラムによる回折光を記録媒質の後背で観測しデータの再生を行うが、本光学系では空間スペクトル拡散多重記録を行うため、異なる再生方式を採用している。つまり、Feedback generatorによりホログラムからの回折光（従来の再生光）の位相共役波を発生し、この光波のBeam splitter2による反射光をCCDで観測することで再生を行う。また、記録媒質とFeedback generatorは光学的リフレッシュ回路を構成し、劣化のない記録・再生が可能である。データの消去時にはShutter2のみを開放しPort2からの入射レーザ光を利用する。Port2から入射した光波がBeam splitter1により分波され記録媒質中に形成する干渉パターンは、Port1を用いて記録された干渉パターンに対してπの位相差がある。従って、Port1からの入射光により記録されたホログラムをPort2からの入射光で形成される干渉縞で上書きすることにより多重記録されたホログラム中の特定のページのみを選択的に消去できる。

7.5　まとめ

　本節では、フォトリフラクティブ材料を用いたRAM型のホログラフィックメモリーを実現するための要素技術、およびメモリーシステムの構成法について述べた。本方式は、多重化されたすべてのホログラムを一括してリフレッシュできるため、多重ホログラムの再生時にも、また、多重記録後のデータの部分的な消去・更新などの処理に対しても、ホログラムの劣化を防ぐことが可能になり高性能なリライタブル・ホログラフィックメモリーが実現できる。実用化に向けた課題としては、まず、現状のフォトリフラクティブ材料はダイナミックレンジや感度などの性能が、ライトワンス用のホログラム材料と比べると大きく劣る点があげられる。光学的リフレッシュ技術に関しては、動作可能な高感度な材料は存在するものの、高い回折効率を持つフォトリフラクティブ媒質では、ファニングと呼ばれる特有のノイズが発生するため、この影響を最小限に抑える技術を確立する必要がある。これと同時に位相共役器としてのより高速な応答性が求められている。更に、空間スペクトル拡散多重記録についても達成可能な記録密度やSN比など種々の検討を行う必要がある。

　ここで紹介した光学的リフレッシュ技術や選択消去技術は、様々な書換え型のホログラム材料を用いた場合に応用できる。空間スペクトル拡散多重記録は、他の多重記録方式との併用による

更なる記録密度の向上が可能であり，RAM型以外のホログラフィック記録にも有用である。

文　献

1) P. Günter et al., "Photorefractive Materials and Their Applications I, II", Springer-Verlag (1988, 1989)
2) P. Yeh, "Introduction to Photorefractive Nonlinear Optics", John Wiley & Sons, New York (1993)
3) 畑野秀樹ほか，パイオニアR&D, **11** (2001)
4) A. Yariv et al., Opt. Lett., **20**, 11 (1995)
5) Moshe Horowitz et al., J. Opt. Soc. Am. B, **8**, 10 (1991)
6) E. S. Maniloff et al., J. Appl. Phys., **70**, 9 (1991)
7) Y. Taketomi et al., Opt. Lett., **16**, 22 (1991)
8) H. Sasaki et al., J. Opt. Soc. Am. A, **11**, 9 (1994)
9) 文仙正俊ほか，電子情報通信学会論文誌C, J87-C, 11 (2004)
10) 文仙正俊ほか，Optics Japan 2005講演予稿集，24aP17 (2005)
11) L. Solymar et al., "The Physics and Applications of Photorefractive Materials", Oxford University Press (1996)
12) Y. Qiao et al., Opt. Lett., **18**, 12 (1993)
13) B. Liu et al., Appl. Opt., **37**, 11 (1998)
14) J. Ma et al., Opt. Lett., **22**, 14 (1997)
15) D. Kirillov et al., Opt. Lett., **16**, 19 (1991)
16) Y. Qiao et al., J. Appl. Phys., **70** (1991)
17) T. Dellwig et al., Opt. Commun., **119** (1995)
18) M. Esselbach et al., Optics and Laser Technology, **31** (1999)
19) A. Okamoto et al., J. Modern Optics, **52**, 17 (2005)
20) H. Funakoshi et al., J. Modern Optics, **52**, 11 (2005)
21) H. Funakoshi et al., Proc. SPIE, 5636-93 (2004)
22) 舟越久敏ほか，電子情報通信学会論文誌C, J86-C, 3 (2003)
23) F. H. Moc, Opt. Lett., **18**, 11 (1993)
24) C. Denz et al., Opt. Commun., 85 (1991)
25) G. Barbastathis et al., Appl. Opt., **35**, 14 (1996)
26) T. Ito et al., Proc. OECC2005, no.7P-069 (2005)
27) F. H. Mok et al., Opt. Lett., **21**, 12 (1996)
28) T. Ito et al., Proc. ISOM/ODS2005, no.MP-20 (2005)
29) T. Ito et al., Jpn. J. Appl. Phys. **45**, Part 1, 2B (2006)

8 積層導波路ホログラフィー

八木生剛*

「積層導波路ホログラフィー」とは，文字の示すとおり導波路ホログラムを積層したもので，積層型のホログラムメモリーを構成する技術である[1~7]。図1のイラストは，媒体の構成と再生方法を示したものである。スラブ型導波路のコア・クラッド界面に，導波光を参照光とするホログラムが形成されており，外部からの光をどの導波層に結合させるかによって，所望の層のホログラムを再生する。本稿内のパラメータはNTTで検討されてきたシステムで用いられているものであり，以下，そのパラメータを具体例として用い，媒体や再生光学系の意味を説明する。

8.1 媒体構成

まず，導波構造について説明する。コアおよびクラッドの屈折率は，それぞれ$n_{core}=1.52$，$n_{clad}=1.51$に設定されている。使用波長$\lambda=660$nmにてコア厚みは，シングルモード条件$d_{core}<0.5\lambda/\sqrt{n_{core}^2-n_{clad}^2}=1.89\mu$mをマージンを持って満足するように$d_{core}=1.0\mu$mと設定されている。導波路がマルチモードであると，異なる複数の伝搬定数を持つ参照光がホログラムに同時照射さ

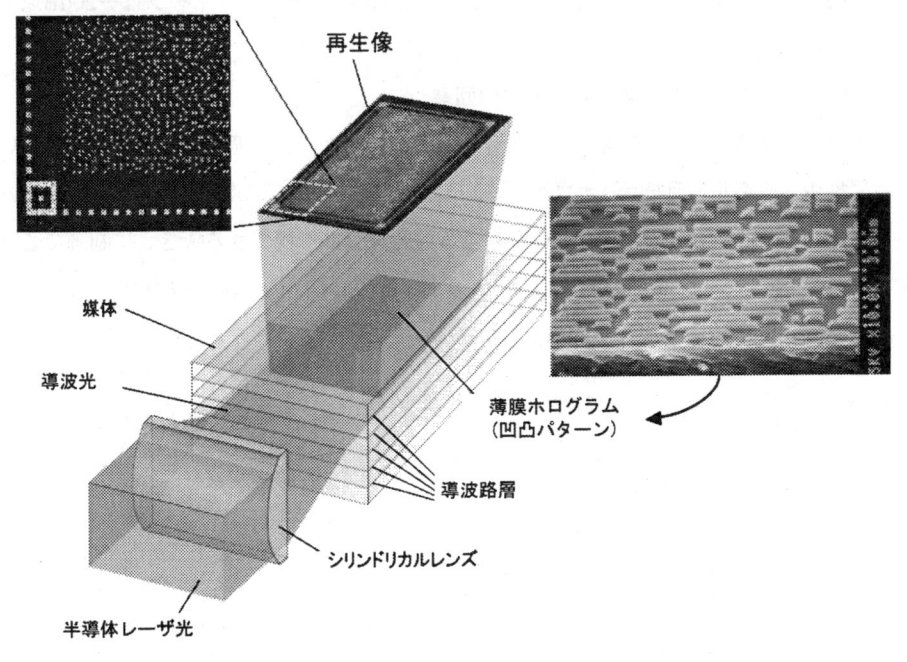

図1 積層導波路ホログラフィーの原理図

---

* Shogo Yagi 日本電信電話㈱ フォトニクス研究所 主幹研究員

れることと等価になり，導波方向に少しずつシフトした複数の再生像が重畳され，信号の復号が困難となるからである。この様なシングルモード導波路が積層された構造を持たせると，層間クロストークによるノイズ回避，積層による信号減衰・劣化の回避，入射光由来の迷光の影響の軽減が可能である[8]。

8.1.1 層間クロストークの回避

導波路ホログラムは，ホログラムを体積型と薄膜型とに分類すると，薄膜型に分類される。薄膜型ホログラムはブラッグ条件を課される体積型に比べて回折条件が緩く（ラマンナス条件），参照光の波長や方向変動に対して許容度が高い。逆にその許容性の高さから，単に薄膜ホログラムを積層しただけでは層間クロストークが不可避である。本技術では導波構造を持つことで，目的外の層には参照光が到達しないから，層間クロストークを発生しない構成が可能となる。ただし，"目的外の層には参照光が到達しない"ことを保証するためには，外部光を単一の導波層にのみ結合させることと，隣接する導波層の方向性結合が十分小さいことが必要である。前者に関しては，再生光学系の節で説明する。後者に関しては，導波光が励起されている導波層から第m隣接の導波層の電場振幅は，m次の第一種Bessel関数$J_m(i\kappa z)$で表され，結合強度（κ）と導波距離（z）の積が小さいことが必要である。クラッド厚み$d_{clad}=10\,\mu m$にて$z=30$mmの時に，1％程度の層間エネルギー移動が発生する。従って再生像の層間クロストークは−20dB以下となる。

8.1.2 積層による信号光強度減衰・劣化の回避

参照光は必要な導波層にのみ集中し，他層への広がりがない。参照光は，導波路コアという狭い領域に集中し，微小散乱要因（ホログラム）によって回折されるが，回折光（信号光）強度は，参照光に比べて微弱であって，他層の存在による信号減衰は無視できる大きさに制御できる。導波光をTEモードとして，導波路外の観測点（座標原点：$\vec{O}$）への散乱の電場振幅（$E\vec{O}$）は，ホログラムが存在する領域を含む空間積分

$$E(\vec{O}) = -\frac{\omega^2}{4\pi c^2} \int_V 2n_{wg}(\vec{r}) n_h(\vec{r}) E_0(\vec{r}) \frac{\exp(ik|\vec{r}|)}{|\vec{r}|} d\vec{r} \tag{1}$$

で表され，ホログラムを導波路に垂直に回折する一様なグレーティングとし，その高さと幅が波長に比べて十分小さいとき，回折効率（η）は

$$\eta = \frac{\{0.5n_{clad}(n_{core}-n_{clad})\sin(0.5\beta\xi)\}^2 \varsigma^2}{d_{core}\lambda^2} L \tag{2}$$

の様に簡略化される。ここで，$n_{wg}(\vec{r})$は導波路の屈折率で，n_{clad}もしくはn_{core}をとる。$n_h(\vec{r})$はホログラムの凹凸によってクラッド側にコア材が進入していることを表す摂動であり，0もしくは$n_{core}-n_{clad}$をとる。E_0, $\vec{r}$, k, β, λ, ξ, ς, Lは，それぞれTE0モードの電場振幅，位置

第2章 システム技術

ベクトル，使用光の波数，TE0モードの伝搬定数，使用光の真空中の波長，個々の凹凸の導波方向の幅，凹凸高さ，導波距離を示す。(2)式に $\xi=150\,\mathrm{nm}$，$\varsigma=100\,\mathrm{nm}$，$\beta=14.41\,\mu\mathrm{m}^{-1}$を代入し，前述のパラメータにて1mmの導波距離あたり0.1%の回折光強度が得られることがわかる。これは，十分に大きな値である。例えば，導波光強度を10mWとして1mm角の面積から$1\,\mu$W程度の信号光強度となり，1Mpixelの受光素子に分配しても毎秒330万個のフォトン数に相当する。後述する開口多重法と符号化，および受光素子の開口率によってONピクセルにて最悪で1/10程度に落ちるが，フレームレート30fpsにて少なくとも10,000個程度のフォトンを受光することになり，十分な信号光強度を確保していることが分かる。

一方，上記のコア・クラッド構造を持つことによる，回折光のフレネル反射由来の減衰は十分に小さい。回折光が他層のコア・クラッド界面（M層分のコア）を通過後の強度は，1層当たりのフレネル反射が小さい場合に，$1-2M(n_{core}-n_{clad})^2/(n_{core}+n_{clad})^2$で近似できるから，100層を通過しても99.8%の信号光強度が保たれ，信号減衰は0.2%に過ぎない。

波面擾乱に関しても，同様の議論が可能である。回折光が他層を1回通過するごとに$\varsigma(n_{core}-n_{clad})=1\,\mathrm{nm}$の表面荒れに相当する擾乱を受ける。媒体には，製造コスト削減のために精度を求めていないが，逆にこのことが作用して層間の相関がなくなるため，積層による累積は積層数の平方根に比例し，100層の積層で10nmの表面荒れに等価となる。これは，波長の1/60以下であり，結像性能に殆ど影響を及ぼさないことが分かる。

8.1.3 入射光由来の迷光回避

参照光と物体光の進行方向がほぼ垂直であることは，迷光除去の観点からも重要である。一般に，ホログラフィクな多重メモリーでは参照光強度が回折光強度に比べて圧倒的に強く，参照光由来の僅かな反射光が再生の障害になる。例えば，無反射コートを施さない屈折率1.5の透明物体表面への垂直入射に対する反射率は4%である。導波路ホログラムの例では1mm^{2}のホログラムからの回折効率は0.1%であり，信号強度の40倍に達する。しかし，反射光（入射光も）と回折光が直交した系を採用しているために，両者の分離に高価な部品を必要としていない。

8.2 媒体製造

積層導波路ホログラフィーの適用先は，再生専用型メモリーに限られたものではないが，本稿では再生専用型のメモリーを念頭に置いている。この場合，ホログラムは計算機ホログラムによって生成され，電子ビームや紫外レーザー光によるマスタリングを経て，スタンパを作製し，媒体へのホログラム転写・積層が行われる[9,10]。

8.2.1 計算機ホログラム

デジタル化された音楽や映像等のコンテンツは，エラー補正コードを重畳されて一連の2次元

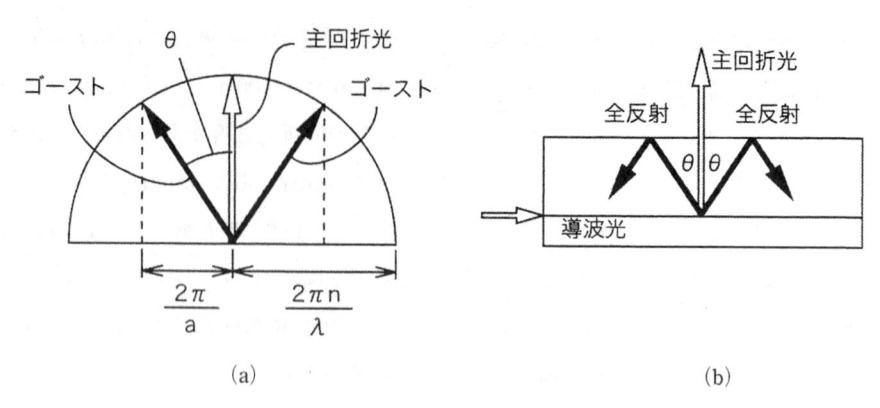

ホログラフィックメモリーのシステムと材料

図2 標本化周期に由来するゴーストノイズとその除去

画像に変換される。次いで、その2次元画像がセンサ上で結像されるように計算機ホログラムを生成する。ここで計算の標本化周期に注意しなければならない。図2(a)は、回折方向を示すエバルト球である。信号光を鉛直上方にとると、標本化周期をaとしてゴーストノイズが、$\sin\theta = \lambda/n_{clad}a$を満たす角度$\theta$方向に発生する。このゴーストノイズを除去するのに図2(b)に示すように、ゴーストノイズが媒体表面で全反射し、受光素子に到達しないようにする。その条件は、$\sin\theta > 1/n_{clad}$であり、標本化周期は$a < \lambda$を満足する必要がある。一方、ホログラムの単位要素である各凹凸は、その位置で位相を$0 \sim 2\pi$の範囲で表現しなければならないので、$a > \lambda/n_{core}$なる条件が課せられる。従って、前述のパラメータを用いれば、660nm$>a>$434nmとなる。典型例として、$a>$440nmとし、媒体サイズ24mm×32mmの中で、ホログラムが描画される領域を22mm×30mmとすると、1層あたり3.4Gpixelの標本数で計算を行うことになる。計算量は膨大であるが、近年のCPUの高速化に伴い、アルゴリズムを工夫すれば汎用のパーソナルコンピュータを用いて1層あたり数時間の計算時間で完了するレベルである。100層分の計算にしても、各層は独立であるから、計算機の台数に反比例して計算時間を短縮することが可能である。

8.2.2 媒体作製

図3は、媒体製造方法のイラストである。ホログラムを光書込ではなく、各層独立に形状転写しているので、多重ホログラムに特有の「多重記録による記録時の信号劣化」は問題とならない。

媒体材料としては、紫外線硬化樹脂を用いている。①クラッドをスピンコート、②スタンパにてホログラムを転写、③紫外線照射、④スタンパ剥離、⑤コアをスピンコート、⑥紫外線照射、を1サイクルとし、上記サイクルを必要回数繰り返して積層媒体を作製している。ただし、このまま100サイクルを繰り返すと硬化収縮に伴う歪みを発生するために、20層分または25層分を1ブロックとし、5ブロックもしくは4ブロックをスタックすることで100層媒体を作製する。

第2章 システム技術

(1) クラッドスピンコート

クラッド
ベースフィルム

(2) ホログラム転写　(3) 紫外線照射

(4) スタンパ剥離

(5) コアスピンコート　(6) 紫外線照射
コア

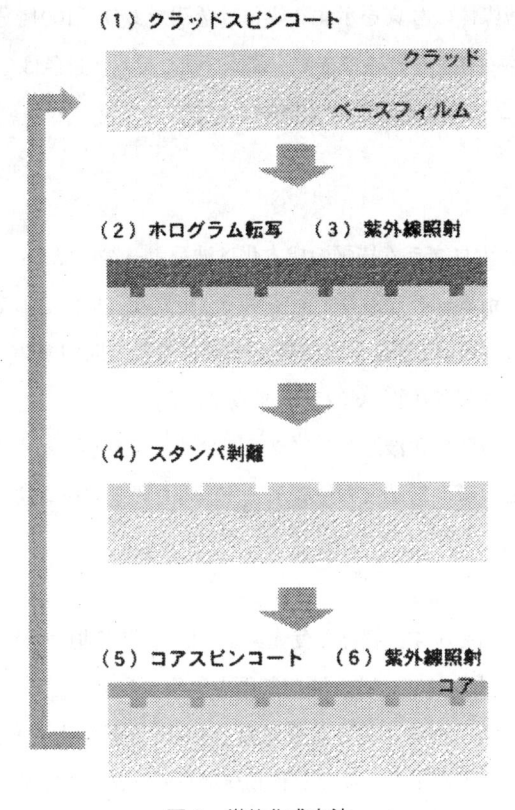

図3　媒体作成方法

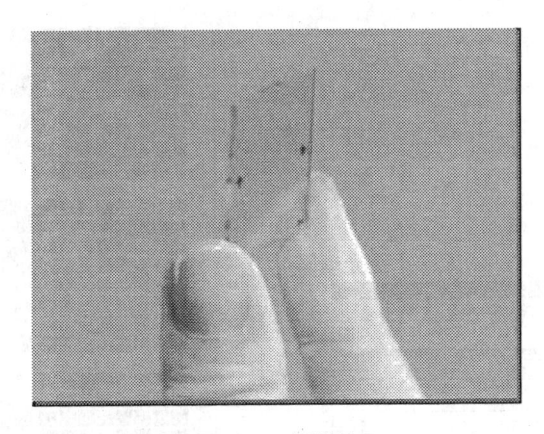

図4　100層媒体

なお，ここではホログラムをクラッドに転写しているが，コアに転写しても光学的には等価である。ただし，コアの膜厚変動はTE0モードの伝搬定数の揺らぎ，ひいては回折光の位相揺らぎをもたらすため，生産技術的には膜厚変動の原因となるスタンパ転写は，コアに対して行わない

107

方がよい。図4に100層媒体の写真を示す。媒体は透明であり，100層分のホログラムを通しても，外見上はホログラムの存在を認識できず，媒体を通してみた景色は全く歪んで見えない。「積層してもかまわない」ことの直感的理解を得やすい。

8.3 再生光学系

前節で述べたように，ホログラム描画の標本化は波長オーダーである。一方，2次元受光素子のピクセルピッチは数μmピッチであり，面密度で2桁異なっている。そこで，媒体と受光素子の間に開口制限を設け，開口位置によって像を多重化する「開口多重（Orthogonal Aperture Multiplexing）」を用い，両者の面密度の差を埋めている。

また，入射光学系は，所望の導波路へのアクティブサーボを必要とする。シリンドリカルレンズからの線状のビームと，導波層端との位置エラー信号を段差ビーム法によって取得し，閉ループを構成している[11〜15]。

8.3.1 開口多重

図5に開口多重の原理図を示す。媒体と受光素子の間に開口制限を設け，回折光のうち，所望の成分のみ受光素子に到達させている。開口制限を実現する手段として，液晶シャッターやCrやNi等の金属マスクがある。前者は大きな受光素子を用いて移動機構を使わないタイプであり，後者は，マスクと小型の受光素子を一体化し移動機構を使うタイプである。開口パターンの開口

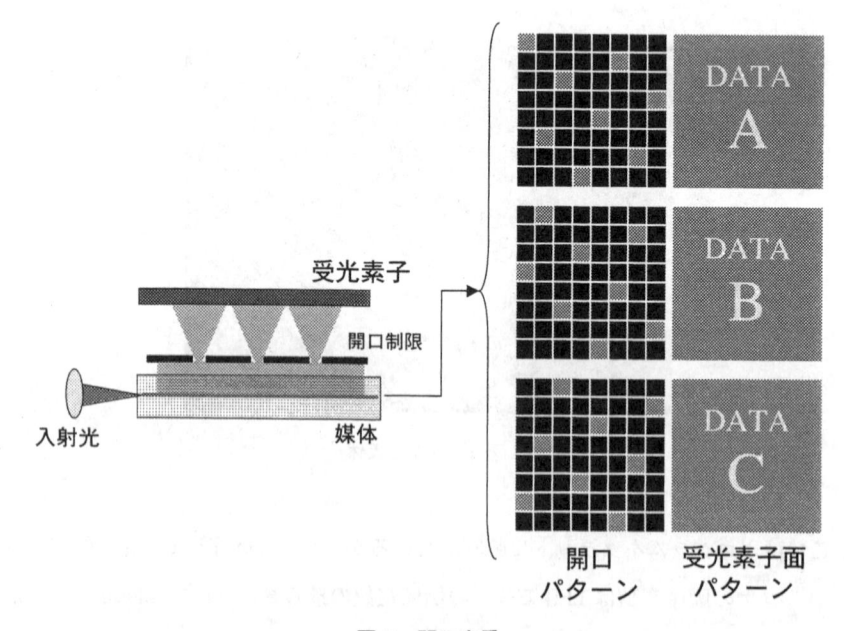

図5　開口多重

第2章 システム技術

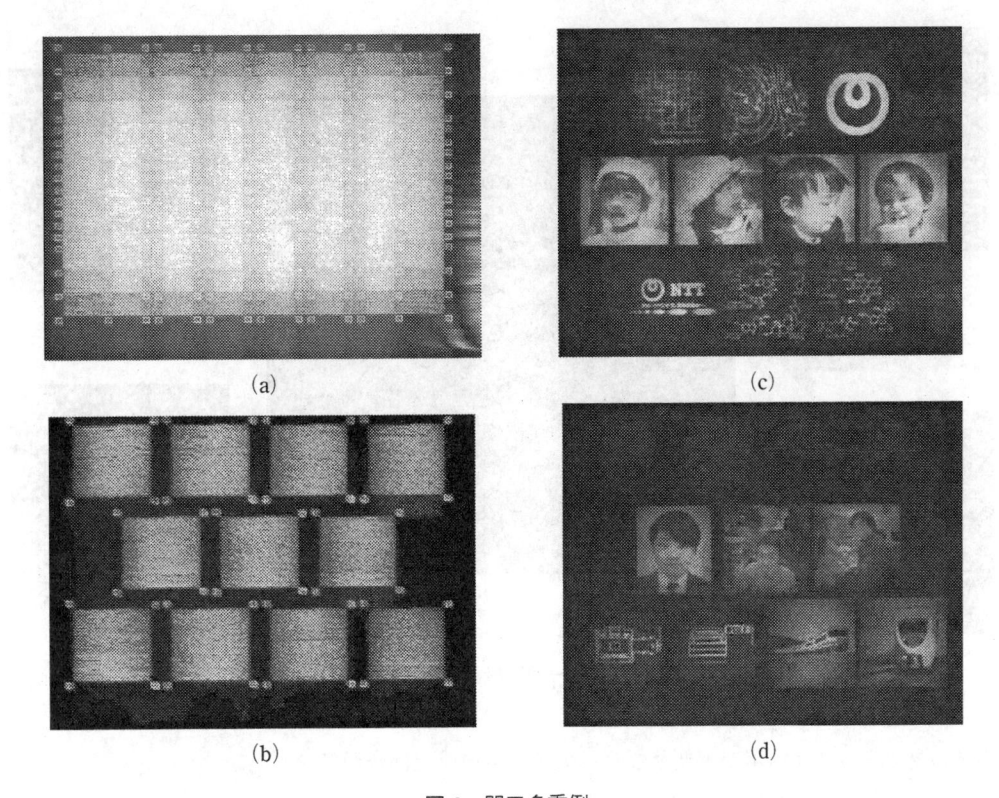

図6 開口多重例

位置が異なれば，受光素子上にクロストーク無く異なる画像を結像させることが出来る。

図6は前者のタイプを用いた8多重例である。(a)は全開口を開け，全画像が同時照射された場合。(b)は開口制限を設け，1パターンのみ結像させた例である。この技術の適用先がデジタルメモリーに限られるものではなく，立体視を含めアナログ的なアプリケーションの可能性を持っていることを示すために，(c, d)にアナログ画像の再生例を示した。

さて，図5では個々の開口からの光は，互いに重なることなく受光素子上の異なる位置に結像させている。複数の開口からの光を集めて合成開口とし，集光性能を向上させることも原理的には可能である。しかし，その方法は，波長ずれや位置ずれに対するトレランスが低く，低コストが要求される再生専用メモリー用途としては不向きである。

一方，個々の開口で独立に結像する場合，結像性能は，マスク・受光素子間距離と開口サイズから決定されるNAによって制約を受ける。例として，開口を一辺0.55mmの正方形とし，開口から受光素子までの光学距離を4.2mmとすると，受光素子中心部でNA=0.065となり，$\lambda=660$に対して，スポット径は約10μmとなる。ピクセルピッチが6〜7μmの受光素子の場合，この程度のスポット径が復号に都合が良い。同時に，焦点深度は，150μmと深くなるので，受光

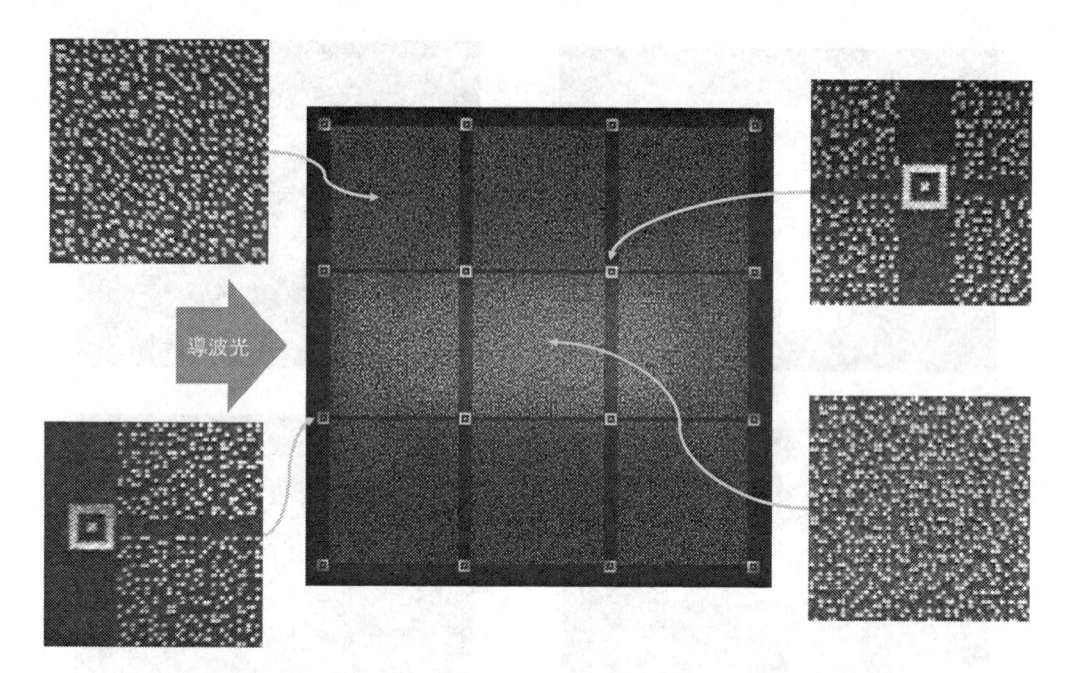

図7　単一開口移動型の再生例

素子のフォーカスサーボが不要となり，システム構成上都合が良い。

　図7は，マスク・受光素子一体型の再生例である。マスク位置で0.55mm四方に集光された光が，受光素子上で6.7mm四方に拡大されて結像している。マスクピッチは0.6mmであり，光学的には124多重に相当する（22mm×30mm領域では1,833個の画像が再生される）。なお，再生像の周縁部では点像が外側に流れている様子が分かる。これは，周縁部ほど開口から光学距離が遠く，かつ，傾いているためであり，2次元符号は周縁部の結像性能に合わせて設計されなければならない。

　波長変動，受光素子傾き・位置ずれなどによって，再生像は移動・歪み・拡大・縮小など，様々な変形を受ける。従って，受光素子のピクセルと再生像の輝点は一致することは望めない。図7内に16個配置された，鳥の目型マークは，それら変形を検出し，各輝点をアドレッシングするためのものである。

8.3.2　段差ビームサーボ

　図8に，段差ビームによる層選択サーボの原理図を示す。導波路端面に線状に集光されたビームの端に，上下に段差をもつ部分が設けられている。段差部分で位置ずれエラー信号を取得している。上にずれたビームと下にずれたビームからの再生光の差動信号が片端のエラー信号である。これを両端で行うことで，ビームの傾きエラーと上下位置エラーの両方を得ることが可能となる。図9にサーボエラー信号と，サーボON時の再生信号を示す。なお，入射光レンズのNAを0.08

第2章 システム技術

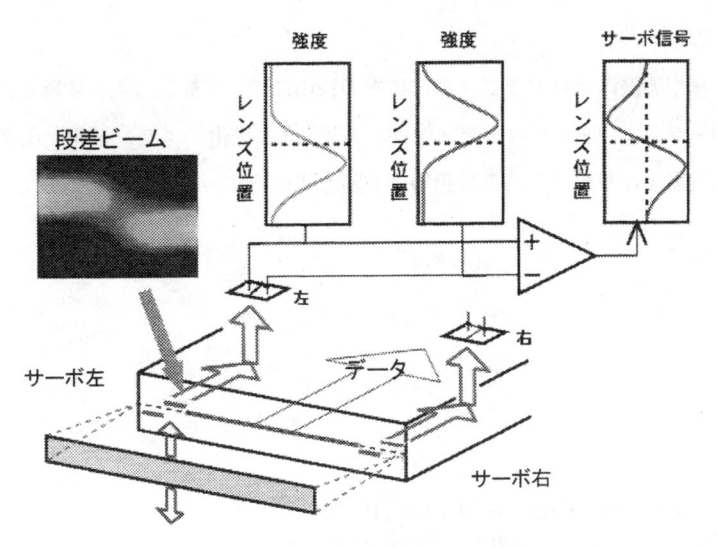

図8 段差ビームによる層選択サーボ

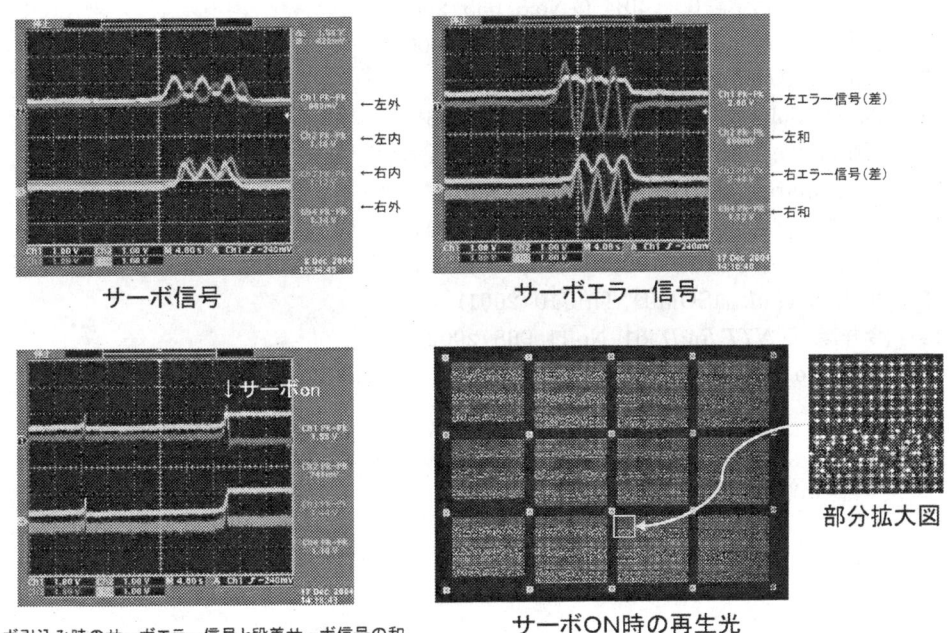

図9 層選択サーボ信号

程度とし,焦点深度を深くすることで,入射光のフォーカシングサーボを不要としている。ビーム幅は 8 μm（全幅）程度となっており,$d_{clad} = 10\,\mu m$ であるから,隣接層への結合は媒体入射用のレンズの性能が悪くない限り無視できる大きさである。

8.4 おわりに

ここでは，積層導波路ホログラフィーに特有の技術について概説した。実際のシステムにおいては，媒体ローディング・アンローディング，符号化・復号化，エラー補正，耐久性など，様々な要素が検討対象となるが，これらは積層導波路方式に特有の課題ではないので，本稿では割愛した。

文　　献

1) S. Yagi *et al.*, ISOM/ODS 99, Tud28 (1999)
2) 栖原敏明ほか，レーザー研究，**4**, No.3, 234 (1976)
3) S. Yagi *et al.*, Technical Digest of ISOM2000, Fr-J-28 (2000)
4) 八木ほか，レーザー学会誌，183 (2000)
5) 八木ほか，信学論(C)，J84-C No.8, 635 (2001)
6) 八木ほか，オプトロニクス，No.11, 143 (2000)
7) 八木ほか，*OplusE*, **25**, No.2 (2003)
8) Fai H. Mok *et al.*, *Opt. Lett.*, **21**, 896 (1996)
9) 石原啓ほか，第61回応用物理学会学術講演会講演予稿集，1015 (2000)
10) K. Ishihara *et al.*, ODS2001, MA5 (2001)
11) 黒川ほか，信学技報，**100**, No.674, 25 (2001)
12) 八木ほか，信学技報，**100**, No.384, 73 (2000)
13) T. Imai *et al.*, ISOM01, Th-J10 (2001)
14) 今井ほか，*NTT R&D*, **51**, No.11, 968 (2002)
15) M. Endo *et al.*, *Jpn. J. Apl. Phys.*, **41**, No.3B, 1846 (2002)

第3章 記録メディア技術

1 ハイブリッド硬化システムを利用したホログラム記録材料

寺西　卓*

1.1 はじめに

　ホログラムとは波長の等しい光の干渉を利用して光波の振幅と位相の分布を記録したもので，得られた画像が2次元画像にしか見えない写真と異なり，光の進行方向も記録することが出来るため3次元画像として認識される。

　ホログラムは干渉縞の光強度分布の記録形態によって大別される（図1）。

　表面レリーフ型ホログラムは干渉縞の光強度分布を感光材料表面の凹凸で記録したもので，特長として金属原版を高分子フィルム等の材料に転写することにより得られるため大量生産が可能で，近年ではクレジットカード，ステッカー，認証ラベルなどに利用されている。

　これに対して，体積型ホログラムは干渉縞の光強度分布を感光材料内部に屈折率分布として記録したものである。体積型ホログラムには表面レリーフ型ホログラムに比べて回折効率が高い（ホログラムが明るい），偽造が困難である，光波の情報を忠実に再現できる等の長所がある。

　また，この体積型ホログラムは，形成された屈折率分布が再構成できるリライタブル型と屈折率分布が固定化され消去できないライトワンス型に大きく分類できる。以降，本稿ではライトワ

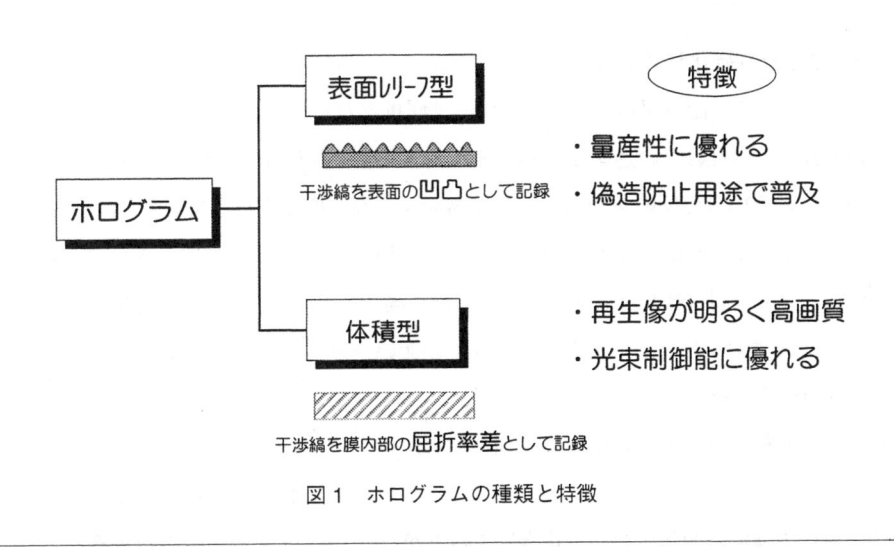

図1　ホログラムの種類と特徴

＊　Takashi Teranishi　日本ペイント㈱　ファインケミカル事業本部　FP部　係長

ンス型の材料を一般に体積型ホログラム記録材料と呼ぶ。

体積型ホログラム記録材料の特徴を表1に示す。

表1 体積型ホログラムの記録材料

材料系	長所	短所
銀塩	・感度	・湿式プロセス ・鮮明さ（散乱）
重クロム酸ゼラチン	・明るさ ・鮮明さ	・湿式プロセス ・耐湿性 ・感度
フォトポリマー	・乾式プロセス ・耐熱性，耐湿性 ・鮮明さ	・感度

　これまでの体積型ホログラム記録材料は銀塩や重クロム酸ゼラチンなどの材料が主であり，その感度や明るさに優れていることから，様々な分野で応用研究がなされてきた。しかし，これらの材料は現像などの煩雑な湿式処理が必要なこと，有害な金属を含むこと，作製されたホログラムの信頼性が低いことにより工業化が困難であった。

　これらの課題を解決するために，最近現像などの煩雑な処理が必要なく，信頼性の優れる光重合性フォトポリマー（以下フォトポリマー）を用いたホログラム記録材料が注目を浴びている。本稿では当社の提案するハイブリッド硬化システムを利用したホログラム記録材料について，そのメカニズム，特長，用途展開例を紹介する。

1.2 ハイブリッド硬化システム

　一般的にホログラム記録用のフォトポリマーは屈折率の異なる2種以上の材料が均一に分散され，記録波長域で散乱のない透明なものである。また，それぞれの材料が反応性のあるものか，無いものか，どういった反応を利用するかで各企業が鋭意開発を行っている[1]。

　当社のハイブリッド硬化システムは屈折率の異なる材料が全て反応に寄与することが特徴であり，それによって作製されたホログラムは信頼性が高く，工業用途でも使用可能である。使用実績については後述するとして，まずホログラムの記録メカニズムについて紹介する。

1.2.1 ホログラム記録メカニズム

　ホログラム記録メカニズムの概念図を図2[2]に示す。

　フォトポリマーに干渉露光を行うことで，フォトポリマー中に光の強度分布（明暗）を露光する。この時に干渉縞の明部において化合物Aのみが反応（重合）する開始種があると，その場で化合物Aが重合する。重合が進行すると，明部と暗部の間で化合物Aの濃度勾配が生じる。この

第3章 記録メディア技術

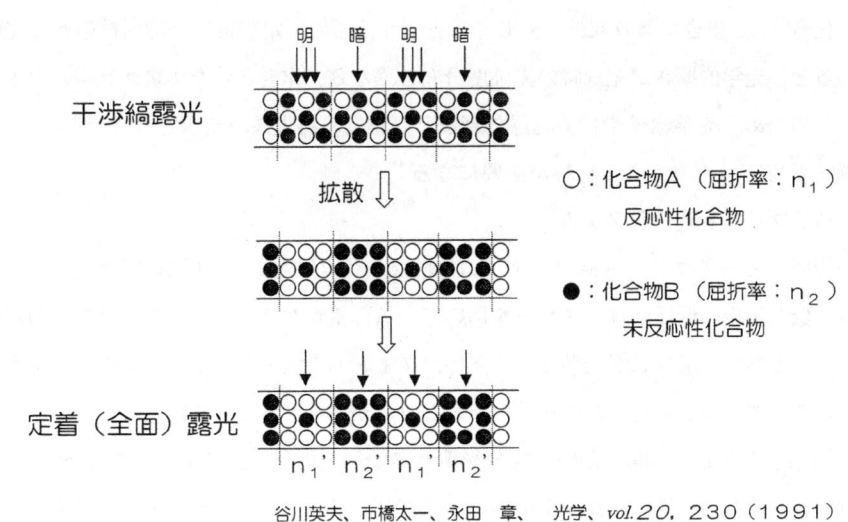

谷川英夫、市橋太一、永田 章、 光学, vol.20, 230 (1991)

図2 ホログラム記録プロセスの概念図

濃度勾配を補完するために暗部から明部へ化合物Aが，明部から暗部へ化合物Bが拡散移動する。その後，化合物Aの重合が進行し，結果，明部では重合した化合物Aの多い層，暗部では化合物Bの多い層が形成され，干渉縞すなわち光強度分布と同じ間隔の屈折率分布が形成される。その後，未反応の化合物を重合させる定着プロセスを介してホログラムが作製される。この時に形成された明部と暗部の屈折率差を屈折率変調（Δn）と呼び，この値が大きいほど高い反射率（回折効率）が得られ，明るいホログラムとなる。Kogelnikの結合波理論[3]によって導かれた反射型ホログラムのΔnと回折効率の関係を図3に示す。

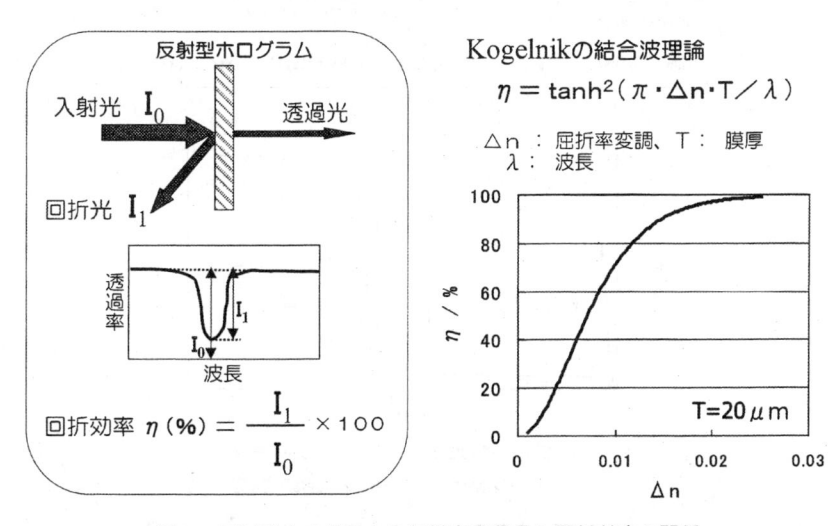

Kogelnikの結合波理論
$$\eta = \tanh^2(\pi \cdot \Delta n \cdot T / \lambda)$$

Δn：屈折率変調、T：膜厚、λ：波長

回折効率 $\eta (\%) = \dfrac{I_1}{I_0} \times 100$

図3 反射型ホログラムの屈折率変調量と回折効率の関係

また，化合物Aが重合により収縮，もしくは膨張するもの，定着後に平均屈折率が変化する材料を用いると，光学的厚さが記録時の光強度分布と異なり，作製されたホログラムの再生像が変化する。このため，光学素子や情報記録分野など高精度の再生像が要求される分野においては，光学的厚さが忠実に再現できる材料が必要になる[4]。

1.2.2 ハイブリッド硬化システム

当社の提唱するハイブリッド硬化システムは図2の化合物Aに高屈折率の高反応性モノマー，化合物Bに低屈折率の低反応性モノマーを用いている。ホログラムの記録プロセスは前述のとおりであるが，最後の定着時に化合物Bが重合し，フォトポリマー中の全ての構成成分が重合反応に寄与することで，高信頼性，高膜物性のホログラムが得られることを特長としている。代表例として，増感色素と光重合開始剤の二成分光重合開始剤，化合物Aにラジカル重合性モノマー，化合物Bにカチオン重合性モノマーを用いたハイブリッド硬化ホログラム記録材料を紹介する[5]。

表2 当社ホログラム記録材料組成の一例

Component	General ratio(wt%)	Typical compound
Radically polymerizable monomer	25-77	$CH_2=CHCO(OCH_2CH_2)_2-O-\text{Ph}-C(CH_3)_2-\text{Ph}-O-(OCH_2CH_2)_2-OCCH=CH_2$ ①
Cationically polymerizable monomer	0-52	②
Cyanine dye	0.17-0.21	③
Diphenyl-iodonium salt	1.7-2.6	$(\text{Ph})_2 I^+ \ SbF_6^-$ ④
Binder polymer	15-20	Poly(methylmethacrylate) ($Mw \sim 1.5 \times 10^5$)

図4 各モノマーの光反応挙動

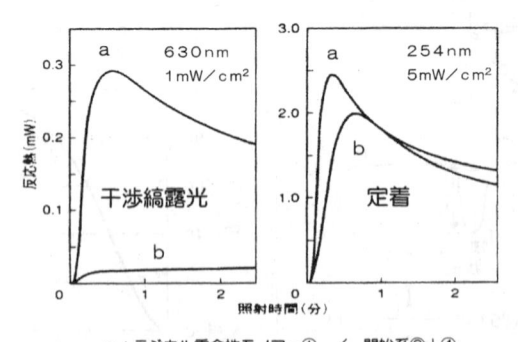

a：ラジカル重合性モノマー① ／ 開始系③＋④
b：カチオン重合性モノマー② ／ 開始系③＋④

第3章 記録メディア技術

表2にホログラム記録材料の構成と、図4に各モノマー光反応挙動を示す。

フォトポリマーの構成成分として①高屈折率ラジカル重合性モノマー、②低屈折率カチオン重合性モノマー、③赤色の波長域に感度を有する増感色素（Dye）、④分解により、ラジカル、酸の両方を開始種として発生させることのできる光重合開始剤（$DPI^+ \cdot X^-$）、そしてバインダーポリマーを含む。

図4は各波長の光を照射したときの①、②それぞれの重合熱を示す。重合熱はそれぞれの化合物の反応量に相当する。

干渉縞露光に相当する630nmの光を照射した場合、上記③、④の組み合わせにより増感色素が光を吸収して励起状態となり、開始剤への電子移動を経て開始剤の分解が起こり、開始種が発生する（式1）。

$$[Dye] \xrightarrow{h\nu (630nm)} [Dye]^* \tag{1}$$

$$[Dye]^* + [DPI^+ \cdot X^-] \rightarrow [Dye]^+ \cdot + [DPI^+ \cdot X^-]^- \cdot$$

$$[Dye]^+ \cdot + [DPI^+ \cdot X^-]^- \cdot \rightarrow [Dye]^+ \cdot + \underline{[DPI] \cdot} + \underline{X^-}$$
$$\quad\quad\quad\quad\quad\quad\quad\quad\quad\quad\quad\quad\quad\quad\quad\quad \text{ラジカル重合} \quad \text{カチオン重合}$$

この時、発生する開始種の発生量を調整しておくと、反応性の遅いカチオン重合性モノマー②は実質的に重合せず、ラジカル重合性モノマー①だけが選択的に重合する（図4左図）。

次に、定着露光に相当する波長の異なる254nmの光を照射した場合、④の光重合開始剤が直接励起され開始種が発生する（式2）。

$$[DPI^+ \cdot X^-] \xrightarrow{h\nu (254nm)} [DPI^+ \cdot X^-]^* \tag{2}$$

$$[DPI^+ \cdot X^-]^* \rightarrow \underline{[DPI] \cdot} + \underline{X^-}$$
$$\quad\quad\quad\quad\quad\quad\quad \text{ラジカル重合} \quad \text{カチオン重合}$$

開始剤の直接励起は量子効率が高く、単位エネルギーあたりの開始種の発生量も多い。そのため、反応性の遅いカチオン重合性モノマー②も重合する。またラジカル重合性モノマーについても反応するが、実際系では定着露光時にはほとんどの重合が完了しており、残存の少量のモノマーの重合に留まる（図4右図）。

以上の反応性の差を利用し、フォトポリマー中の全ての構成成分が重合することで、高信頼性、高膜物性のホログラムが得られる。

1.2.3 当社材料の特長と性能

当社材料の特長は、上述のハイブリッド硬化システムを用いることによるホログラムの高信頼性、高膜物性の他に、高い透明性、波長再現性がある。

(1) 高い透明性

ホログラム記録に使用される増感色素は，その波長の光を吸収し励起される必要があるため，一般的に記録波長の領域に吸収をもつ。しかしホログラム作製後この吸収が残存していると，再生時に照射された光を吸収し，効率よく再生像が得られず，グラフィック用途では色再現性が悪くなる等の不具合も生じる。そのため，記録後のホログラムには記録前に必要であった吸収がないものが好ましい。当社においてはこれらの問題を解決するために光ブリーチング性の増感色素を用いている。光ブリーチング性の増感色素はホログラム記録時に励起された色素が開始剤への電子移動後分解するもので，分解した色素は分子鎖が切断され記録波長に吸収を持たなくなる。

図5に当社材料の反射型ホログラム記録前後の膜の分光透過率を示す。

図5より，記録前にあった550nm付近の増感色素の吸収は記録後に消失し，ホログラムの回折光に由来するピークのみになり，透明性の高いホログラムが得られることがわかる。

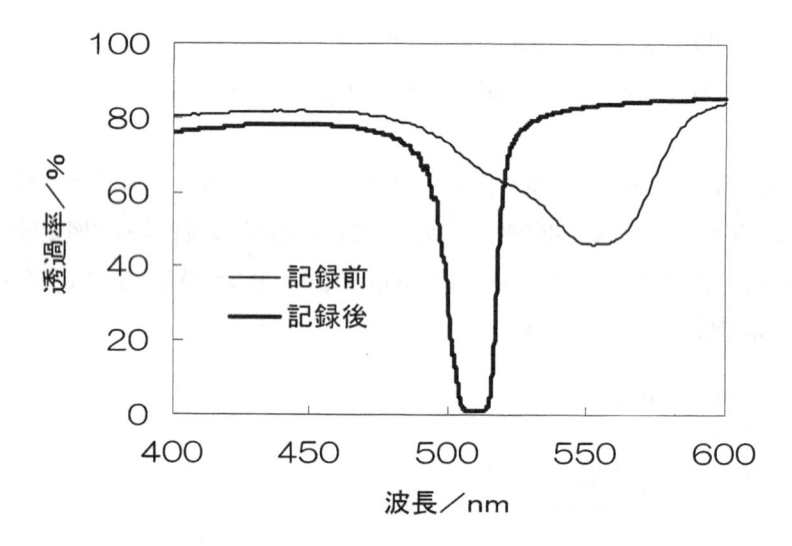

図5　ホログラム記録による記録材料の透過率変化

(2) 波長再現性

前述の通り，記録前後の光学的厚さが変化すると，再生波長，再生角度が変化する。そのため，光学素子用途や記録メディアの用途では再生像に歪みが生じ不具合が生じる。

図6に当社材料の透過型ホログラムの再生光入射角依存性（角度選択性）を示す。

図6より，記録時に予想される再生像の理論曲線とホログラムの再生像を比較するとほぼ同等の角度選択性を有しており，光学的厚さの変化なく忠実に記録時の波面を再現していることがわかる。

第3章 記録メディア技術

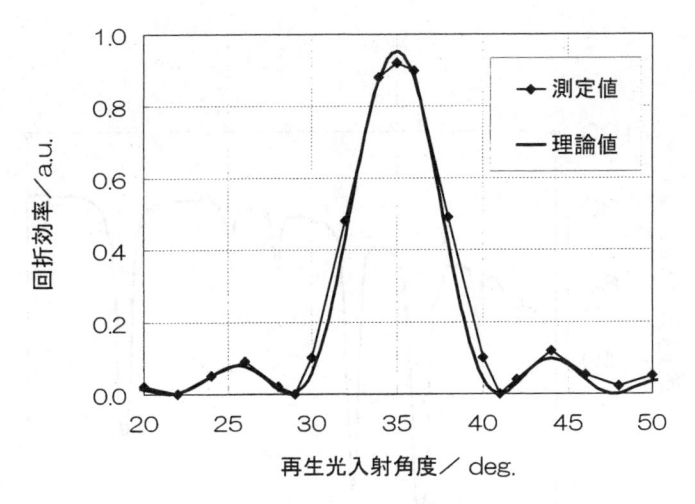

図6 透過型ホログラムの再生光入射角依存性

(3) 当社材料の一般性能

表3に当社材料の一般性能を示す。また，図7に3色逐次露光により記録したホログラムの波長再現性を示す。

これより，色再現性も良くグラフィック用途で使用可能なホログラム記録材料であることがわかる。

表3 当社ホログラム記録材料の特性値

記録特性	硬化膜特性
屈折率変調：0.06程度	動的 T_g：150〜200℃
感光波長域：UV〜650nm	鉛筆硬度：F〜H
記録感度：5〜30mJ/cm^2	黄色度 Y.I：（緑記録専用）1程度
再生波長／記録波長：0.993〜1	（フルカラー用）6程度

また，この材料を用いてフルカラーホログラムを作成した時の再生像を図8に示す。

以上より，当社材料は，前述の特長だけではなく，可視光全域に感度を持たせることができ，また高い Δn を持つこと，色再現性が良好なことから，グラフィック用途でも使用可能なホログラム記録材料である。

1.3 当社ホログラム記録材料を用いた用途展開例

表4に体積型ホログラムの用途展開例を示す。

体積型ホログラムはそれが持つ特長を活かして，光束を制御する様々な用途で実用化または実用化されようとしている。その中の一部紹介できる範囲で当社材料の開発状況を報告する。

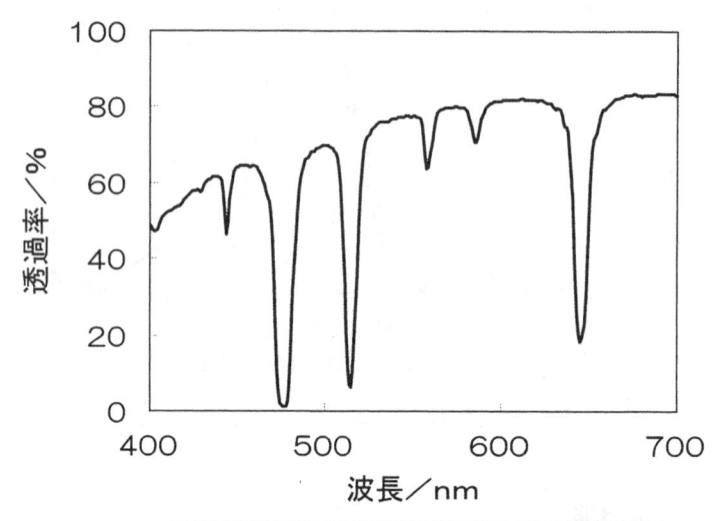

	記録波長(nm)	再生波長(nm)
R	647	645
G	514	515
B	476	477

図7 フルカラーホログラムの波長再現性

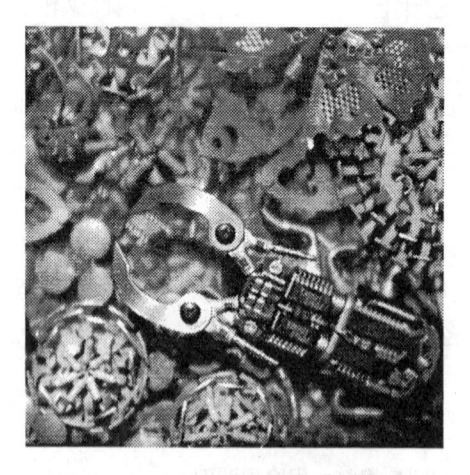

図8 フルカラーホログラムの再生像
（大日本印刷株式会社提供）

第3章　記録メディア技術

表4　体積型ホログラムの用途展開例

分野	機能・特徴	実用化されている用途	想定される用途
表示・装飾	・3次元画像 ・透明性 ・レンズ機能 ・波長選択性 ・意匠性	・3次元ディスプレイ	・3Dポートレート ・3D商品カタログ ・交通標識
光学素子	・波長選択性 ・角度選択性 ・レンズ機能 ・透明性 ・多重記録性	・ヘッドアップディスプレイ ・バーコードリーダー ・LCD用反射板	・ウエアラブルディスプレイ ・カラーフィルター ・カラーLCD用反射板 ・光デバイス用素子
セキュリティー （偽造防止）	・製造プロセスと 　材料の特殊性 ・3次元画像	・真贋判定用ラベル ・真贋判定用転写箔	・各種カード ・パスポート ・紙幣
情報記録	・多重記録性 ・角度選択性	―	・超高密度記録の光ディスク
コーティング	・波長選択性 ・透明性 ・意匠性		・ホログラム顔料（体積型）

1.3.1　セキュリティー分野（認証ラベル）[6)]

　大日本印刷株式会社（以下DNP）との共同開発の成果である「セキュアイマージュ®」について紹介する。これは当社のホログラム記録材料，膜物性制御技術とDNPの層構成，記録撮影，生産技術の融合により，世界で初めて体積型ホログラムの転写箔化に成功し，製品認証ラベルに採用されたものである（図9）。

　現在のホログラム市場は偽造防止分野が大半を占めており，クレジットカード等で見られる表面レリーフ型が主流であった。しかし，この表面レリーフ型ホログラムは金型技術の進歩により偽造が容易になり，近年のクレジットカード偽造の増加を招いている。また，企業の海外への生産拠点のシフト等により，世界規模で偽造品が出回り，利益悪化やブランドイメージの低下など企業にとって重大な問題が生じている。企業も自社製品の偽造防止のためにパッケージに表面レリーフ型のホログラム（認証ラベル）を貼るなどの対応（ブランドプロテクション）を行っているが，偽造品の減少に至らない状況であり，表面レリーフ型ホログラムの偽造防止の機能は年々薄れていっている。そのため，ICチップ等の開発も進んでいるが，情報を読み出す装置が必要であり，また装置導入によるコストがかかるため，その場で視認判断できる安価な次世代の偽造防止ラベルが世界規模で要求されている。

　これらの要求により開発されたのが体積型ホログラムの「セキュアイマージュ®」である。これは視認性で表面レリーフ型ホログラムと異なり，またレーザー等高度な生産設備が必要とされ

ホログラフィックメモリーのシステムと材料

図9 リップマンホログラム転写箔
『セキュアイマージュ®フォイル』
(大日本印刷株式会社提供)

るため,偽造が困難である。またホログラムを被着体から剥がそうとすると破壊されるため,変造防止機能も有している。更にホログラムには視認性の高い絵柄だけでなく,情報記録も可能であり,より高度なセキュリティー性を付与できる機能を有する。

現在この材料は,これを用いたDNPの総合的なブランドプロテクション・ソリューションとして,各得意先に展開されている。

1.3.2 光学素子分野ーVPHグリズム[7]

日本女子大学小舘研究室,理化学研究所,国立天文台との共同研究の成果である「VPH (Volume Phase Holographic) グリズム」について紹介する。

グリズムとはプリズムと回折格子を組み合わせた透過型直視分散素子であり,すばる望遠鏡やケック望遠鏡などの大口径望遠鏡の観測用分散素子として利用されている。これには高い波長分解能,広い波長帯域等が必要とされている。

しかし,使用するプリズムには高屈折率材料を用いる必要があるため,表面レリーフ型の回折格子を用いるこれまでのグリズムは,表面レリーフ型ホログラムとプリズムの屈折率差により,臨界角の頂角が制限され高い分解能が得られない,また高効率にするためには回折格子の形状を

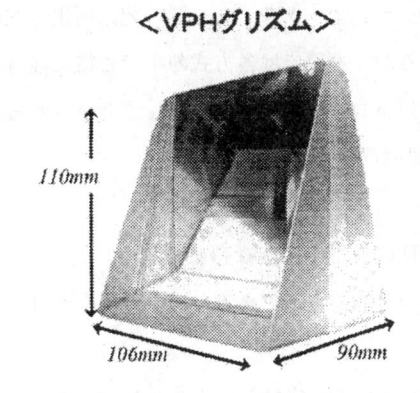

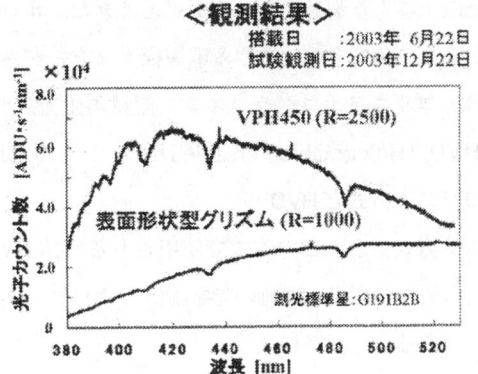

第3章　記録メディア技術

図10　VPHグリズムの性能と観測結果
（日本女子大学小舘研究室提供）

鋭角なブレーズ格子にしなければならないため，マスター原版の作製も困難であるという問題があった。

これらを解決するため，日本女子大学，理化学研究所，国立天文台から提案されたのがVPHグリズムである。VPHグリズムとは体積型ホログラムを2つの高屈折率プリズムで挟んだ構成をしているため，臨界角の制限が小さく高分解能が可能で，また体積型ホログラムを用いるためブラッグ条件を満たす任意の波長において理論上100%の効率を得ることが出来る。

図10にVPHグリズムの性能と観測結果を示す[8]。

図10の直進波長450nmのVPH450で観測した結果，当該波長域でグリズムに比べ約3倍高い効率と約2.5倍の分解能が得られた。これらのVPHグリズムはすばる望遠鏡にも搭載され，観測に成功している[9]。

1.3.3　情報記録分野

情報記録分野において，近年大容量と高速転送レートを両立できる記録方式としてホログラフィック・インフォメーション・ストレージ・システム（HISS）技術が脚光を浴びている[10]。この技術は一度の露光で数kBのページデータ（2次元データ）を記録，そして読み出しできるため，他の候補技術（SIL，3次元多層化，S-RENS等）より，高速転送レートの観点で実用性の高い技術である。この技術は40年近く実用化にいたらなかったが，近年の記録再生方式，記録材

料の性能向上により製品化の目処が見えてきた。ホログラフィックストレージの記録再生方式はポリトピック，角度多重，位相多重等様々な方式があるが，本稿では各方式の中でも特に注目を集めているコリニアホログラフィック記録再生方式（以下コリニア方式）とそれに用いられる記録媒体 HVD（Holographic Versatile Disk）とその記録材料について紹介する。

(1) コリニア方式とHVD[11]

コリニア方式，またこの方式で使用される媒体HVDは以下のような特長を持つ。

① 情報光と参照光が同軸の光学配置でホログラムの記録再生ができるため，光学系がコンパクトである
② 媒体に反射層を有しているためディスク片面側で光学系が完結し，よりシンプルなドライブ構造が実現可能である
③ 媒体にはサーボ情報，アドレス情報がプリフォーマットされ，既存ディスクのオプティカルサーボ技術が利用可能で回転中の媒体の面振れや偏心に対応できるほか，ランダムアクセス，リムーバビリティーに優れる
④ 2波長光学系を採用し，ホログラムの記録再生を行う波長のほかに，記録材料が感度を持たない波長（例えば赤色）でオプティカルサーボを行う
⑤ 記録多重方式はシフト多重方式であり，記録再生光学系は固定することができる。そのため，角度多重方式で行われる複雑な光学系の移動を行う必要がなく，結果，記録再生時間が短縮できる

これより，コリニア方式，HVDは従来の光ディスク（CD，DVD等）と互換性が高く，同等の製造インフラが活用できるほか，ドライブの小型化，低価格化も実現可能であるため，世界的にも注目を集める超高速大容量記録技術であり，製品化に向けた詰めの評価が進んでいる。

(2) HVD用ホログラム記録材料

HVD用ホログラム記録材料は他の記録方式とは異なる材料特性が要求される。その中でも記録感度は回転しているディスク上に記録を行っていくために重要である。ディスク上にパルスレーザーでホログラム記録する場合，レーザーパワーの強弱はあっても1パルスで記録することが必須となる。1パルスで記録できない感度の低い材料は，必要パルス分同じ記録エリアに露光を繰り返さなければならず，書き込み速度の低下，微小の位置ずれによるBER（Bit Error Rate）の低下を引き起こす。また，レーザーパワーを強くし1パルスで記録できるようなドライブができても，ドライブが大型化，高コスト化してしまうという問題が生じる。

また記録容量に関しては現在のコリニア方式は最短で $3\,\mu m$ のシフト量で多重記録が可能であり，これは12cmディスクで約4Tバイトの容量を実現できることに相当する[10]。このため材料特性としては $3\,\mu m$ のシフト量で記録再生が行えることが重要であるほか，それに相当する記録

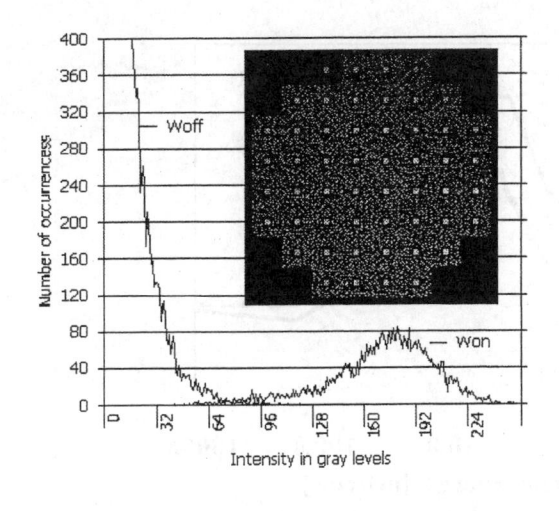

第3章 記録メディア技術

図11 再生像とそのヒストグラム

評価項目
・BER（エラー率）
・SNR（SN比）

$$SNR = \frac{\mu_{on} - \mu_{off}}{(\sigma_{on}^2 + \sigma_{off}^2)^{1/2}}$$

μ_{on}：Wonの明るさの平均
μ_{off}：Woffの明るさの平均
σ_{on}：Wonの分散
σ_{off}：Woffの分散

容量を確保できるダイナミックレンジM/#を持つことが重要になる。M/#が大きいということは前述のΔnと相関があり，下式（式3）で表される[12]。

$$M/\# = \sum_{k=1}^{n} \sqrt{\eta_k} \tag{3}$$

$$\sqrt{\eta_k} = \frac{\pi \cdot \Delta n \cdot T}{\lambda \cdot \cos\theta_i}$$

最後に，記録再生においては材料の収縮率，散乱が影響を及ぼすため極力抑えることが好ましい。その他，シェルフライフ，アーカイバルライフ等が要求される[13]。

(3) 当社材料の評価結果

HVD用ホログラム記録材料の検討結果を一部紹介する。これは平成14年度NEDO助成事業での成果[14]と最近の評価状況を含む。

評価はSHOT-1000（パルステック社）を用いた。この装置で得られた再生像のヒストグラムを図11に示す。また，これにより得られた再生像から，ページデータのBER，SNR（Signal to Noise Ratio）を評価した。

次に当社材料（Type A）の記録露光量とBER，SNRの関係を図12に示す。

この材料は3 mJ/cm^{2}でBERが0になる。しかし，ドライブの小型化を考えた場合，更なる感度の向上が必要であり，そこで，感度向上のために材料の改良を行った。感度向上材料（Type X）の結果を図13に示す。

この材料は0.7mJ/cm^{2}でBERが0になり，ドライブの小型化に十分対応できる感度を有していることがわかった。

注）　-LOG(BER)=6 の時BER=0

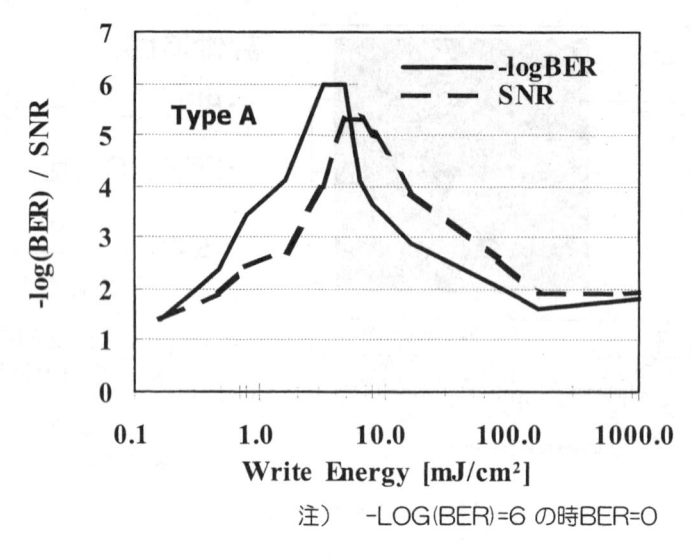

図12　感度評価（Type A）

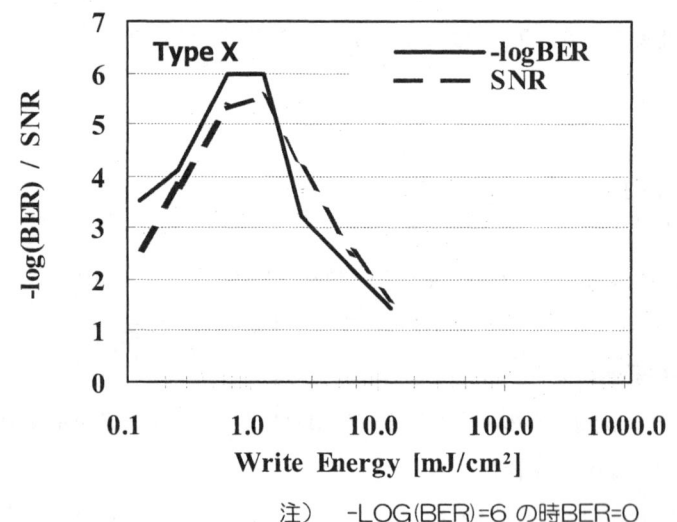

注）　-LOG(BER)=6 の時BER=0

図13　感度評価（Type X）

　この材料を用いてシフト多重記録性の評価を行った。評価は15×15＝225のページデータの多重記録を行い，中心部のページデータのBERを測定した。また，記録露光量は全て0.4mJ/cm^{2}で行い，露光量のスケジューリングは行わなかった。結果を図14に示す。

　図14は多重記録の1個目と225個目のページデータである。これより，スケジューリングなしでも225多重後もページデータを記録できることを確認した。

　実際のドライブでの記録を考慮した場合，露光スケジューリングは多重後の最終露光量が初期

第3章 記録メディア技術

露光量 ：0.4mJ/cm²
★スケジューリングなし

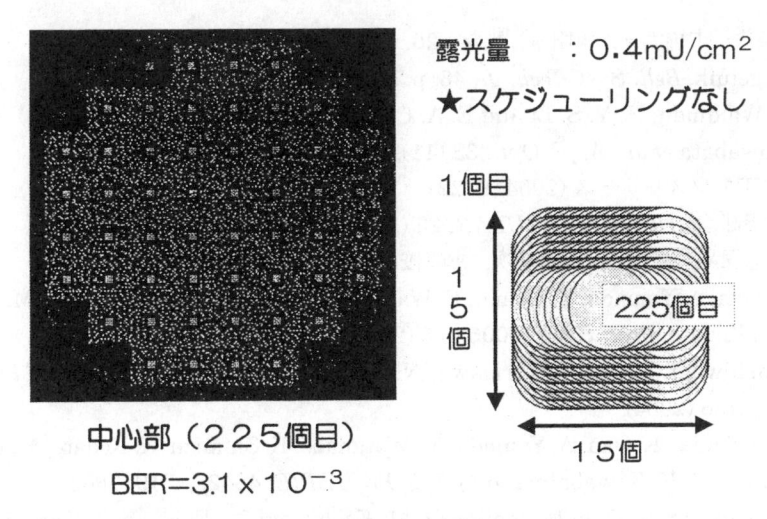

中心部（225個目）
BER=3.1×10⁻³

1個目
15個
225個目
15個

図14 シフト多重記録性評価（Type X）

露光量に対して10倍程度でなければならない[15]。テラバイトディスクに向けての記録材料の課題はM/#の向上ならびに露光量の制限になると考える。

1.4 おわりに

ハイブリッド硬化システムを利用した当社ホログラム記録材料の特長と適用例について紹介した。現在，情報記録用途においては，早期の市場導入に向けて材料開発を行っている。

ホログラム記録材料は情報記録のみならず，次代のオプトエレクトロニクス，セキュリティー市場を担う重要な材料となるだろう。今後これらの分野も含めて社会に貢献できるような材料を目指し開発を継続していく予定である。

謝辞

本稿を作成する上で多大な資料，情報提供を頂いた大日本印刷株式会社，日本女子大学小舘研究室，株式会社オプトウエアの関係各位の皆様に深く感謝いたします。

文　　献

1) a) S. H. Stevenson, *Proc. SPIE*, **3011**, p.231 (1997)
   b) 岩佐成人，横山和典，尾孝，青木宏二，雑賀哲行，谷川英夫, *HODIC CIRCULAR*, **23**(1), p.8 (2003)

2) 谷川英夫, 市橋太一, 永田章, 光学, **20**, p.230 (1991)
3) H. Kogelnik, *Bell. Syst. Tech. J.*, **48**, p.2909 (1969)
4) D. A. Waldman, H. Y. S. Li and E. A. Cetin, *Proc. SPIE*, **3291**, p.89 (1998)
5) M. Kawabata *et al.*, *Appl. Opt.*, **33** (11), p.2152 (1994)
6) (a) DNPプレスリリース (2004. 6. 22)
   (b) 植田健治, *HODIC CIRCULAR*, **25** (1), p.6 (2005)
7) (a) 海老塚昇, 家正則, 杉岡幸次, 戎崎俊一, グリズム, 特願2000-195384
   (b) K. Oka, A. Yamada, Y. Komai, E. Watanabe, N. Ebizuka, T. Teranishi, M. Kawabata and K. Kodate, *Proc. SPIE*, **5005**, p.8 (2003)
8) M. Kashiwagi, K. Oka, M. Irisawa, N. Ebizuka, M. Iye and K. Kodate, *Proc. SPIE*, **5290**, p.168 (2004)
9) (a) N. Ebizuka, K. Oka, A. Yamada, M. Watanabe, K. Shimizu, K. Kodate, M. Kawabata, T. Teranishi, K. Kawabata and M. Iye, *Proc. SPIE*, **4842**, p.319 (2003)
   (b) A. Yamada, K. Oka, M. Ishikawa, M. Kashiwagi, N. Ebizuka, T. Teranishi and K. Kodate, Diffractive Optics 2003 Conference Programme (Oxford), 25 (2003)
10) 浅川直輝, 日経エレクトロニクス, p.51 (2005. 8. 15)
11) (a) H. Horimai, X. Tan, J. Li, *Appl. Opt.*, **44** (13), p.2575 (2005)
    (b) H. Horimai, X. Tan, *Opt. Rev.*, **12** (2), p.90 (2005)
12) F. H. Mok, G. W. Burr and D. Psaltis, *Opt. Lett.*, **21**, p.896 (1996)
13) (a) M. Schnoes, B. Ihas, A. Hill, L. Dhar, D. Michaels, S. Setthayanon, G. Schomberger and W. L. Wilson
    (b) http://www.inphase-technologies.com/technology/whitepapers/pdfs/ElectronicImaging Rev14.pdf (2003)
    (c) Coufal H. J., Psaltis D., Sincerbox G. T. *et al.*, Holographic Data Storage, Springer, Berlin (2004)
14) A. Satou, T. Teranishi, M. Kawabata, E. Hisajima, Technical Digest of Optical Data Storage Topical Meeting (California), P16, p.119 (2004)
15) 金子和, 堀米秀嘉ほか, ポリマーフロンティア21, P3 (2005)

2 ダイソー㈱のホログラム記録材料

植田秀昭*

2.1 はじめに

近年,パソコン等の情報機器の普及とインターネットをはじめとするネットワーク環境の整備により電子化された情報の流通量が飛躍的に増大しつつある。また,その内容は文章から画像,動画へと発展し,ユーザーも専門家から一般家庭に広がり,そのような情報を記録・保存しようというニーズは留まることを知らない。

上記のような状況から,将来に向けて大容量で高速なストレージが益々要望されている。

ダイソー㈱では材料化学,高分子化学等の自社技術を活かし,光に感応して屈折率変化を起こすフォトポリマー[1~6]に着目し,可視光硬化型ホログラム記録材料の開発を行ってきた。

ホログラフィは優れた光機能・特性を持つことから,光学素子,ディスプレイ,干渉計測,光メモリー等広い分野で応用が可能であり研究が活発に行われている。ここではダイソー㈱のホログラム記録材料について,その材料特性と一般的な体積位相型ホログラムの記録特性について紹介する。

2.2 ダイソーホログラム記録材料の特徴

我々が開発したホログラム記録材料は下記に示すユニークな特徴を有している。

①高感度,高解像力,高回折効率（高い記録能）

$10mJ/cm^2$以下の露光量で記録が可能であり,5,000本/mm以上の解像力があり,90％以上の回折効率を示す。

②無色・高透明性

可視光の透過率が90％以上であり非常に明るく透明性の高い素子の作製が可能。

③高耐久性

記録したホログラムは光,湿度,温度,薬品（アセトン,トルエン,THF等）に耐久性を有し,200℃でもほとんど変化しない。

④材料の塗布性能が良好

プラスチック基板への成膜が可能で,乾板としてガラス基板等に接着させて記録することができる。

---

* Hideaki Ueda　ダイソー㈱　研究開発本部　研究所　次長

2.3 ホログラム記録材料の調製

次に，ホログラム記録材料の組成，及びその記録方法，原理についてその内容の一部を紹介する．

2.3.1 感光層作製

図1に感光層の作製方法を示した．配合物のアセトン溶液をガラス板（60mm×60mm×1.3mm）に滴下し室温で減圧乾燥させて，アセトンを除去した．そこに20μmのPETフィルムをスペーサーとしてガラス板にのせ，もう一枚のガラス板で挟み，これを感光層とした．

2.3.2 配合材料

使用するフォトポリマーは以下の材料を混合することにより調製した；

・ジアリルフタレートプレポリマー（DAPP）：低屈折率バインダーポリマー
・9,9-ジアリルフルオレン基を有する2官能アクリルモノマー（FDA）：高屈折率モノマー
・ジエチルセバケート（SDE）：可塑剤
・3,3',4,4'-テトラ（t-ブチルパーオキシカルボニル）ベンゾフェノン（BTTB）：光重合開始剤
・シアニン（CY），またはメロシアニン（MR）：光増感色素

また，少量のアセトンを各成分を溶かすための溶媒として用いた．この感光性材料の典型的な配合組成を表1に記した．

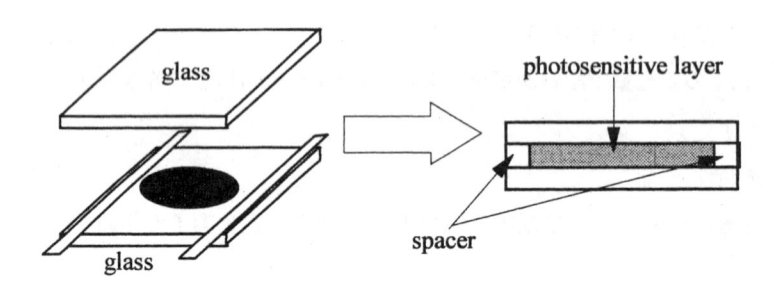

図1 感光層の作製

表1 感光材料の配合組成

化合物	重量比（％）	機能	屈折率
DAPP	40–60	低光重合性	1.56
FDA	10–40	高光重合性	1.61
DES	20–40	可塑剤	1.43
BTTB	9–18	重合開始剤	—
CY	0.05–0.1	増感色素	—
MR	0.05–0.1	増感色素	—

第3章 記録メディア技術

2.3.3 ホログラムの記録

体積ホログラムの記録は，図2に示した一般的な透過型，および反射型の光学系配置でアルゴンイオンレーザー（488nm，514.5nm）を用いて行った。干渉縞記録後の定着には，加熱やUV照射の必要はなく，白色光照射のみで行った。透過型ホログラムの回折効率は光学系配置(A)を用いて1次の回折光の強度を測定して求めた。反射型ホログラムの回折効率，透過率，および半値幅は日本分光社製 spectrophotometer V-550 を用いて測定した。

2.3.4 記録原理

体積ホログラム形成時の屈折率変調機構を図3に示した。ホログラム記録前の状態では，感光材料はガラス板上でポリマー，モノマー，可塑剤，光重合開始剤，光増感色素が均一な状態にある。そこに干渉光が入射すると，（メタ）アクリルモノマーのような重合反応性の高い化合物が干渉縞の明部で重合を開始する。この結果，干渉縞の明部と暗部との間にモノマーの濃度勾配が生じる。この濃度勾配によって暗部から明部へと未反応モノマーが移動し，それらが明部で更に

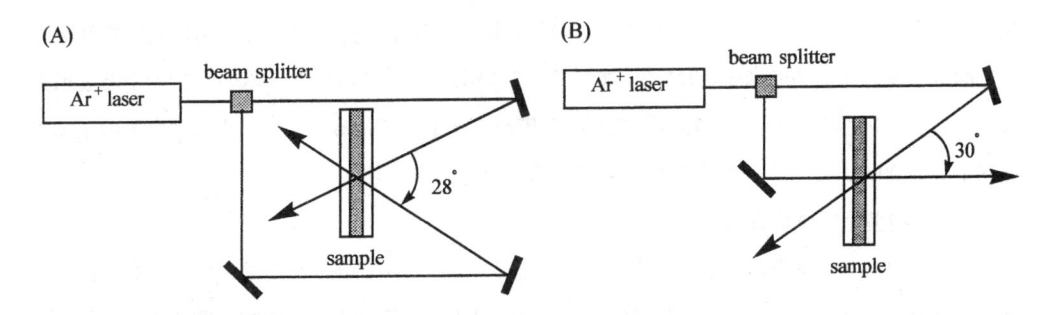

図2 透過型ホログラム(A)と反射型ホログラム(B)の記録時の光学配置図

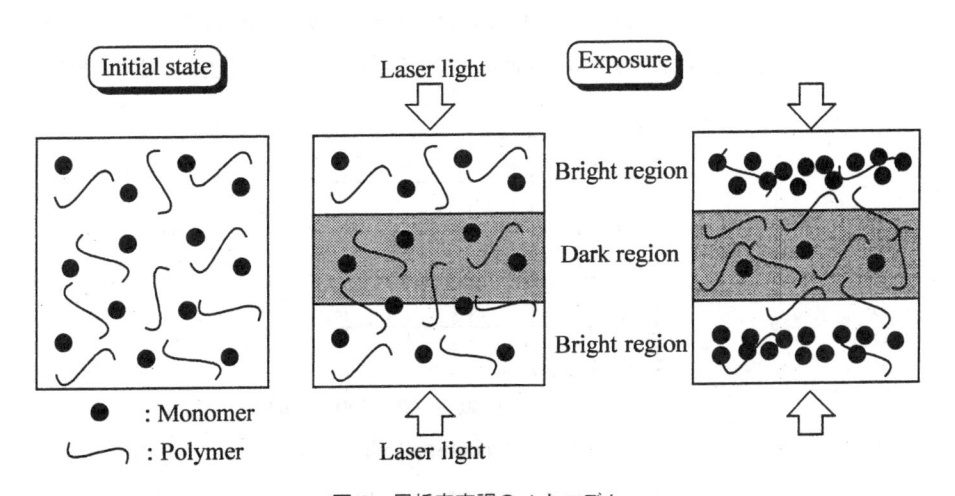

図3 屈折率変調のメカニズム

重合する。ここで可塑剤は混合物の粘度を減少させる働きをし，感光層中でのモノマーの移動を助ける。この濃度勾配によるモノマーの移動の結果として，混合物である感光材料は暗部にポリマー，明部にモノマーが分離される。定着工程では，残存している色素や光重合開始剤を分解し未反応モノマーの重合を促進するためホログラム全体に白色光照射を行う。このような機構により屈折率変調が生じ，体積位相型ホログラムが形成される。

2.4 ホログラム記録特性

次に実際に記録した透過型ホログラムと透過型ホログラムの記録特性について述べる。

2.4.1 透過型ホログラム

図4に，表1に示した配合で，シアニン系の光増感色素（CY）を用いた記録材料の露光エネルギーと回折効率の関係を示した。透過型ホログラムは図2(A)で示した光学系を用いArイオンレーザー（514.5nm）の二光束で記録した。ビームの強度は二本とも1.0mW/cm^{2}に調整した。記録されたホログラムの回折効率は，それぞれ10mJ/cm^{2}で93％，20mJ/cm^{2}またはそれ以上の露光量で99％以上であった。このように，この材料は514.5nmの光に対して非常に高い感度をもつ。回折効率も20mJ/cm^{2}で飽和に達している。この系においてホログラムの回折効率と透過率はメロシアニン色素を使用した場合と比較して僅かに向上している。また，ホログラムの正味の透過率は約90％あり，高い透明性を有している。

2.4.2 反射型ホログラム

図5にメロシアニン系の光増感色素を用いた組成で図2(B)で示した光学系により488nmレーザーで反射型ホログラムを記録した場合の露光量に対する回折効率と半値幅の関係を示した。中塗りの印（●，▲）は加熱なし，中空の印（○，△）は100℃で60分間加熱を行った場合である。記録されたホログラムの回折効率は，10mJ/cm^{2}で48％，20mJ/cm^{2}で73％，そして30mJ/cm^{2}で84％であった。このようにこの材料の488nmでの反射型ホログラム記録に対する感度は非常

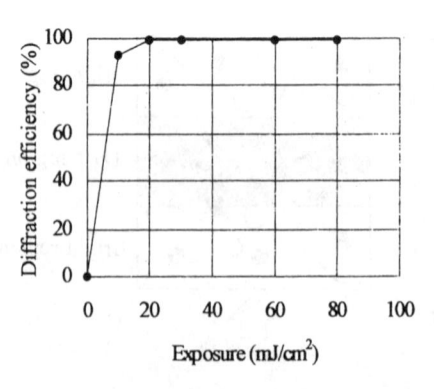

図4　回折効率の露光量依存（514.5nm）

第3章 記録メディア技術

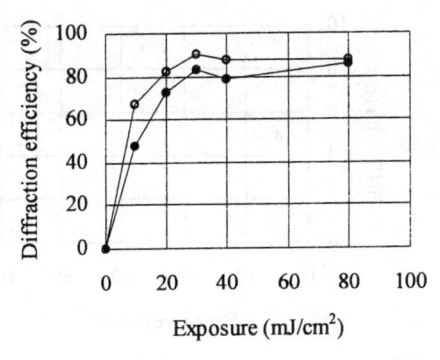

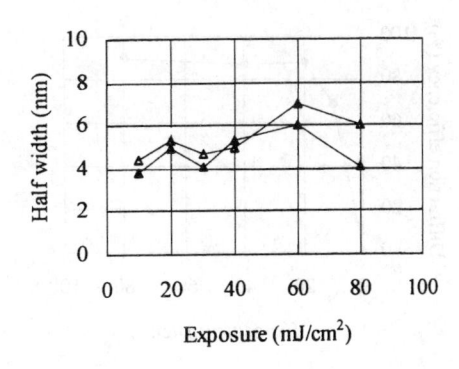

図5 回折効率の露光量依存（480nm）
（白印：加熱なし，黒印：加熱あり）

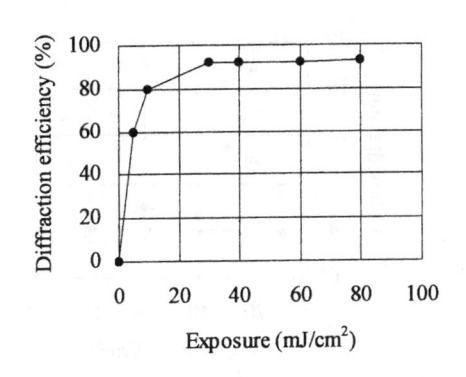

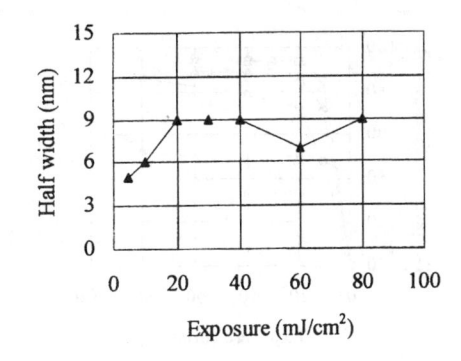

図6 回折効率と透過率の露光量依存
（反射型ホログラム 514.5nm）

に高い。このホログラムの半値幅は4nmから6nmであった。100℃，60分間の加熱後の回折効率はそれぞれ，10mJ/cm^2で68%，20mJ/cm^2で83%，そして30mJ/cm^2で91%であった。半値幅は4nmから7nmであった。回折効率と半値幅は後加熱によってほとんど変化しなかった。これらのホログラムの正味の透過率は約90%であり，高い透過率を有している。

2.4.3 増感色素の影響

メロシアニン系の光増感色素（MR）に替えてシアニン系の光増感色素（CY）を使用して反射型ホログラムの記録を行った。図6に記録したホログラムの露光量に対する回折効率と半値幅の関係を示した。ホログラム記録はArイオンレーザー（514.5nm）の二光束で行った。ビームの強度は共に1.0mW/cm^2に調整した。ホログラムの回折効率はそれぞれ，5mJ/cm^2で60%，10mJ/cm^2で83%，そして30mJ/cm^2またはそれ以上の露光量で92%以上であった。このように最大回折効率と感度はMR系の光増感色素を用いた場合よりも高くなった。回折光の半値幅も約9nmと広くなった。このホログラムの透過率は約91%であった。この系において，回折効率，透過

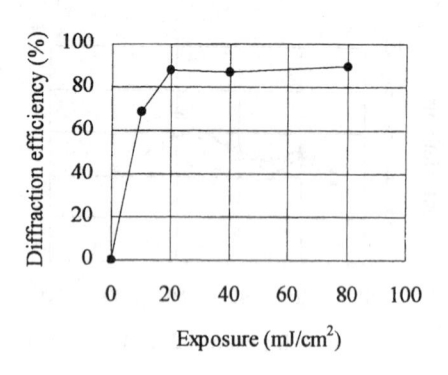

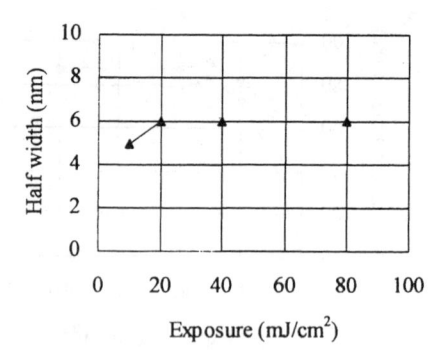

図7　回折効率と透過率の露光量依存
（反射型ホログラム488nm）

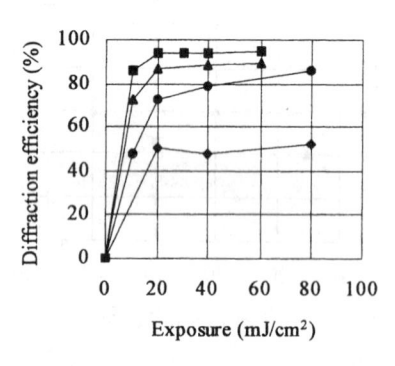

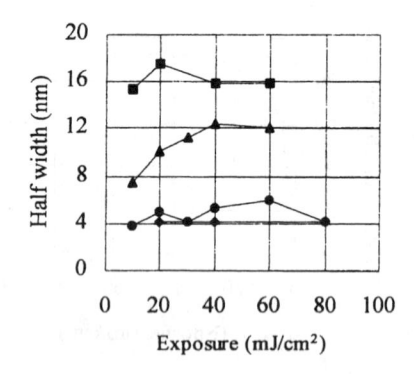

図8　回折効率と透過率の露光量依存に及ぼす色素濃度の影響
（◆：0.05wt%　●：0.1wt%　▲：0.2wt%　■：0.3wt%）

率，半値幅のすべてがメロシアニン系色素を用いた場合と比較して向上していた。

　図7に示したように488nmのArイオンレーザーを用いた記録でも，この増感色素は高い感度を示した。回折効率は10mJ/cm^{2}で69%，20mJ/cm^{2}で88%，そして80mJ/cm^{2}で92%であった。透過率は82～88%であった。半値幅は約6nmであった。このように光増感色素（CY）はどちらの波長（488nmと514.5nm）に対しても優れた性能を示した。

2.4.4　増感色素の濃度効果

　図2(B)で示した光学系を用い光増感色素の濃度を0.05, 0.1, 0.2, 0.3wt.%としたときの回折効率，透過率，半値幅への影響を調べた。記録には488nmのArイオンレーザーを用いて二光束反射型で記録を行った。ビームの強度は共に1.0mW/cm^{2}に調整した。図8にホログラムの露光量に対する回折効率と半値幅の関係を示した。色素濃度の変化に伴っていずれの光学物性も変化しており，特に回折効率の変化が顕著であった。色素濃度が増加すると回折効率，透過率，半値幅がそれぞれ95.5%，90.9%，17.6nmと向上した。シアニン系の色素においても同様の傾向がみ

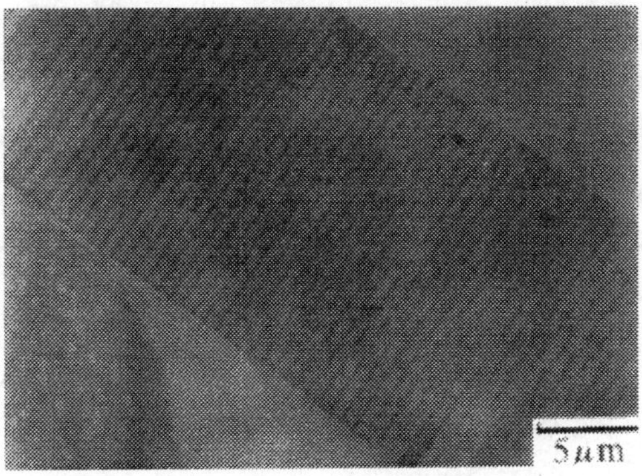

第 3 章　記録メディア技術

図 9　透過型ホログラム記録の TEM 写真

られた。

2.4.5　TEM による観察

ホログラムに記録された格子模様を TEM（透過型電子顕微鏡）によって観察した。サンプルは Ar イオンレーザー（488nm）で記録した透過型ホログラムで，回折効率73%，膜の厚さ $16\mu m$ のものを用いた。図9にルテニウム酸で染色したサンプルの垂直方向の断面図を示した。フィルムの厚さ方向に縞模様があり，その間隔は約 $0.7\mu m$ であった。この縞模様の間隔は光学系より計算される縞模様の間隔と一致していた。一般に染色試薬は，ポリマー領域よりもモノマーが多い領域に残った不飽和基と結合し染色すると考えられる。我々は以前に明部と暗部に異なった分子構造が存在することを赤外線スペクトル分析[7]によって明らかにしている。TEM観察の結果もこの事実に一致する。

2.5　光メモリー

図10に顕微鏡を用いた微小な体積位相型ホログラム記録の光学系概略図を示す。倒立顕微鏡の上に試料を置き，Nd：YAG レーザー（532nm）を $7\mu W/cm^2$ の2光束に分波し，ほぼ同軸で2光束を対物レンズに入射してスポット状のホログラム記録を行なった。ホログラム記録材料は厚さ $8\mu m$ でガラス基板上に形成され，PET フィルムでラミネートしたものを用いた。

図11は拡大観察で2光束重ね合わせのCCD像を示す。ビームのコヒーレント性を示すため焦点よりわずか先で観察している。2本のビームではっきりとした干渉縞を形成していることがわかる。ホログラム記録材料はビームスポットの領域で光重合が行なわれ，干渉縞に対応した微小な屈折率変調の構造を形成する。2本のビームの角度が約3度であったので干渉縞の間隔は $10\mu m$ で現れるはずである。この場合，間隔が少し小さ目な部分は顕微鏡の縮小光学系で記録したためかもしれない。

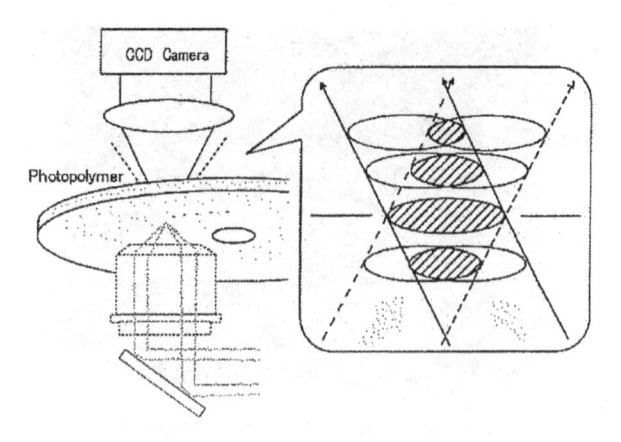

図10 ホログラム記録の光学系概略図

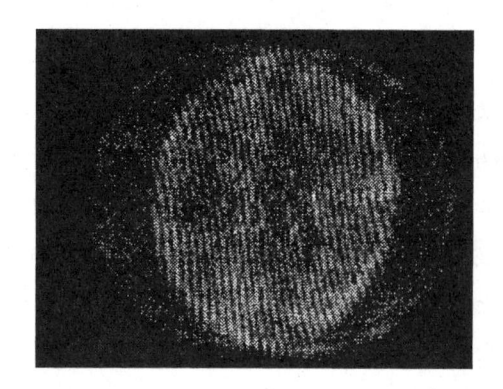

図11 二光束による干渉光パターンのCCD像

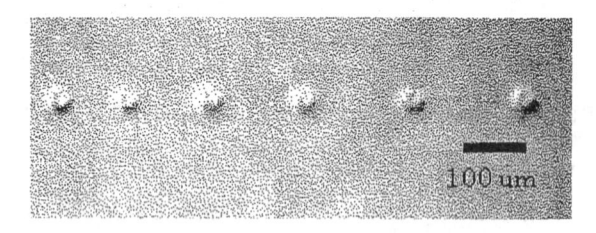

図12 記録されたスポットの微分干渉顕微鏡像

図12は微分干渉顕微鏡で観察した体積ホログラム記録のスポット像である。約40μmのスポットが観察された[8]。これにより今後，高密度光記録の可能性があることが分かった。

2.6 おわりに

ダイソー㈱のホログラム記録材料について，一般的な透過型，反射型のホログラム記録を中心

に材料組成とその特性，性能および光メモリーの可能性について述べた。一方，光メモリーへの応用は今後の大きなテーマでありその開発の一端を担うことが出来ればと思っている。

最後に，本ホログラム記録材料は㈳産業技術総合研究所と共同で開発されたものであり，ここに感謝の意を表する。

文　献

1) R. T. Ingwall, H. L. Fielding, *Opt. Eng.*, **24**, 808 (1985)
2) A. M. Weber, W. K. Smothers, T. J. Troul, D. J. Mickish, *Proc. SPIE*, **1212**, 30 (1990)
3) M. Kawabata, A. Sato, I. Sumiyoshi, T. Kubota, *Appl. Opt.*, **33**, 2152 (1994)
4) T. Kumayama, N. Taniguchi, Y. Kuwae, N. Kusibiki, *Appl. Opt.*, **28**, 2455 (1989)
5) H. Tanigawa, T. Ichihashi, A. Nagata, *Kougaku*, **20**, 227 (1991)
6) H. Tanigawa, T. Ichihashi, T. Matsuo, RadTech Asis 99, Conference Proc., 101 (1999)
7) T. Ichihashi, H. Tanigawa, K. Adachi, A. Nagata, *Chemistry Express*, **8**, 633 (1993)
8) N. Yamamoto, H. Tanigawa, T. Mizokuro, N. Tanigaki, H. Mochizuki, T. Hiraga and T. Matsuo, *J. Photopolymer Science and Technology*, **17**, 119–122 (2004)

3 液晶性フォトクロミック材料を用いた光記録材料

桜井宏巳*

3.1 はじめに

　ホログラフィック・データ・ストレージ（HDS）は多重記録を利用した大容量化，また1メガピクセル（Mpixel）を超えるページデータ単位での高速記録再生の可能性から，究極の光記録方式と言われ続けて久しい。HDSを実現する上で，システム及び記録材料の面において数多くの難問が山積していることもあって，依然として実用化に漕ぎ着けないまま今日に至っている。

　しかし，最近になって，高性能かつ安価なプロジェクター向けのメガピクセル級液晶素子やDMD（Digital Micromirror Device）が量産され，市販品として容易に入手可能な状況になってきた。また，高性能のデジタルスチールカメラやビデオカメラの広範な普及により，メガピクセル級のCCDやCMOS撮像素子も大量かつ安価に出回っており，数年前に比べてシステム環境は予想以上に整ってきている。さらに，国内ベンチャーのオプトウエア社が提案するコリニア方式™は，信号光と参照光を同軸上の1光束にして媒体に記録照射できるようにした，システム面での非常に大きなブレークスルー技術であり，これまで何度も話題になってはまた沈黙を繰返してきたHDSの実現性を大きく前進させるものである[1～3]。現在，実用上の残された最大の課題は，ホログラム記録材料そのものであると言っても過言ではない。ライトワンスタイプの記録材料としては，フォトポリマー材料の開発が先行している。米国ベンチャー企業であるAprilis社及びInPhase社よりそれぞれ独自のフォトポリマー材料が発表され，これまでこれらの記録材料における最大の課題であった記録時の光重合収縮が大幅に改良されてきており，実用まであと一歩のレベルに来た[4]。また，国内の材料メーカにおける材料開発の進展も目覚しい[5,6]。

3.2 リライタブル用記録材料の開発動向

　一方，書き換え可能なリライタブルの有機系記録材料については，欧州及び国内ともにアゾベンゼンを含有する材料系を中心に開発研究が活発に進められてきた。いずれもDPSSの532nmSHGレーザでの記録再生を目指した材料系で，基本的にはアゾベンゼン分子のシス－トランス（cis-trans）異性化を利用し屈折率変調Δnを誘起するもので，現在，最も実用に近く，かつ盛んに研究されている。独Bayer社は，表1の下段に示したようなphoto-addressable polymer（PAP）と呼ばれる，側鎖にアゾベンゼンと液晶性部位を導入したポリマーを提案している[4,7]。この材料においては，直線偏光を照射するとアゾベンゼンはトランス－シスの光異性化を繰返しながら，偏光方向に対して垂直に一軸配向していく。それに伴い液晶性部位の配向が誘起され，

---

　*　Hiromi Sakurai　旭硝子㈱　中央研究所　主幹研究員

第3章 記録メディア技術

表1 RW用材料の基本構造と特徴

Materials	Company	特徴
R/W (上段構造式) n=6	富士ゼロックス 豊田中研 Risoe	主鎖にポリエステル構造を含有する結晶性ポリマー T_g, T_m の制御容易
(下段構造式) x=50%, y=50%	Bayer	側鎖型液晶性ポリマー $T_g \sim 120℃$, $T_c > 160℃$ $\Delta n \sim 0.5$ $1 \sim 2$ mm厚：M# ~ 2-5

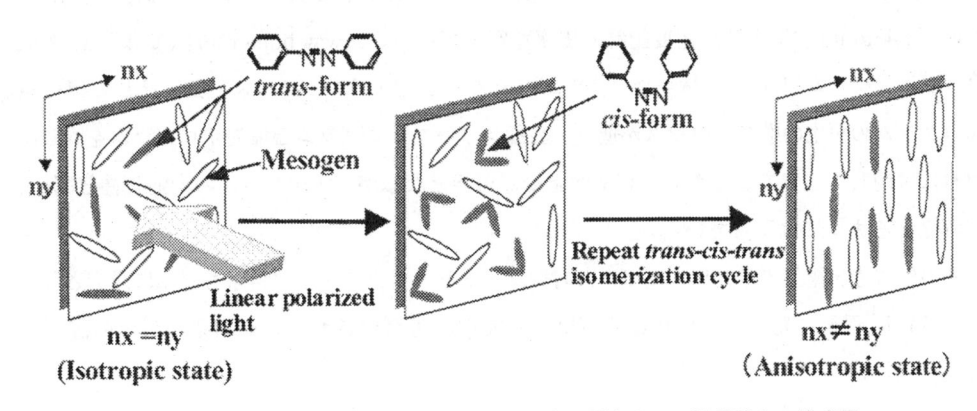

図1 直線偏向光によるアゾベンゼン分子配向に誘起される液晶配向の模式図

ポリマーは偏光方向に平行な光学軸を持つ複屈折性を発現する。この様子を図1に模式的に示した。Bayer社では側鎖にアゾベンゼンと液晶性部位を有する共重合体構造の最適化を行い、薄膜において0.5を超える非常に大きなΔnを得た。ガラス転移温度T_gは約120℃であり、160℃という高温であっても非常に安定したΔnを発現し、室温下で1年以上記録が保持されることを報告している。また、1mm厚のサンプルを用いて0.25°の回転角で360個の角度多重記録した結果を示した。しかし、この記録材料では568nm、100mW/cm^{2}のレーザー光で1つのホログラム記録に20秒も要するため、光感度を10倍以上に向上する必要がある。Bayer社は単独の開発を断念し、2005年よりInPhase社との共同開発に移行している。

また、デンマークのRisoe国立研究所は、表1の上段に示す側鎖にアゾベンゼンを持つポリエステル構造の記録材料を開発し、ハンガリー／スイスのOptlink社との共同開発によりホログラフィックメモリーカード（HMC）の提案を行った[8]。テスト結果として、約0.26mmϕのホログラムサイズにおいて約1bit/μm^{2}の記録密度を報告している。標準カードの記録容量として400

~800MB，多層化により1～5GBの可能性を示唆していたが，2003年秋以降，開発から撤退している。

一方，国内では，富士ゼロックス社が，Risoe研究所とほぼ同様の材料系で開発を進めている[9]。対象となる材料は，表1上段に示すように，側鎖にシアノアゾベンゼンを導入したポリエステルであり，これらの材料を用いてVector holographic memory (VHM) と呼ばれる偏光多重記録方式を提案している。この方式は，他の多重方式との組合せが可能であるため，高密度化の利点がある。また，豊田中研と静岡大学のグループはほぼ同様の化学構造の記録材料を発表している[10]。この材料の吸収スペクトルでは，476.3nmに大きな吸収ピークがあり，600nm以上ではほとんど吸収がない。また，ガラス転移温度T_gは142℃で，記録されたデータはT_g以上の温度である150℃で1時間アニール処理した後も変化がないことが示された。この記録材料を用いて，2-way hologram法により高密度記録の提案を行っている。2-way hologram法では，(a)表面レリーフホログラム記録，(b)体積ホログラムの消去，(c)偏光ホログラムの記録，そして(d)2-wayホログラムの再生の順でプロセスが進む。表面レリーフホログラムと偏光ホログラムを同じ記録材料に併用して記録できるため，高密度記録が可能となるが，実用レベルの光応答性と高いΔnを両立するまでには至っていない。

その他にも，電気光学効果に基づいた有機フォトリフラクティブ材料系も盛んに研究されており，低電圧駆動，高速応答性及び非破壊再生実現の可否がこれらの材料系の最大の課題である[11～13]。

3.3 基本材料コンセプト

我々のグループでは，フォトクロミック材料が示す高速応答性の光異性化反応と液晶材料の大きな屈折率異方性を最大限に活かし，これらを複合化することで，より大きな協奏効果を引き出すことによりリライタブル (RW) のHDS用記録材料が得られることを想定して，材料検討を行った (図2)。フォトクロミック分子としては，熱非可逆性を示すジアリールエテン (Diarylethene; DE) を用いた。DEは代表的な熱非可逆性フォトクロミック材料で[14]，ホログラムのようなフォトンモード記録において非常に有望な材料である。典型的な光異性化反応による分子構造の変化

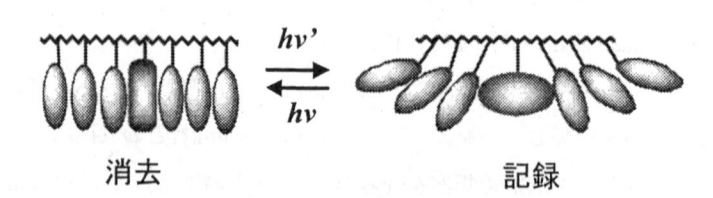

図2 記録再生の材料コンセプト

第3章　記録メディア技術

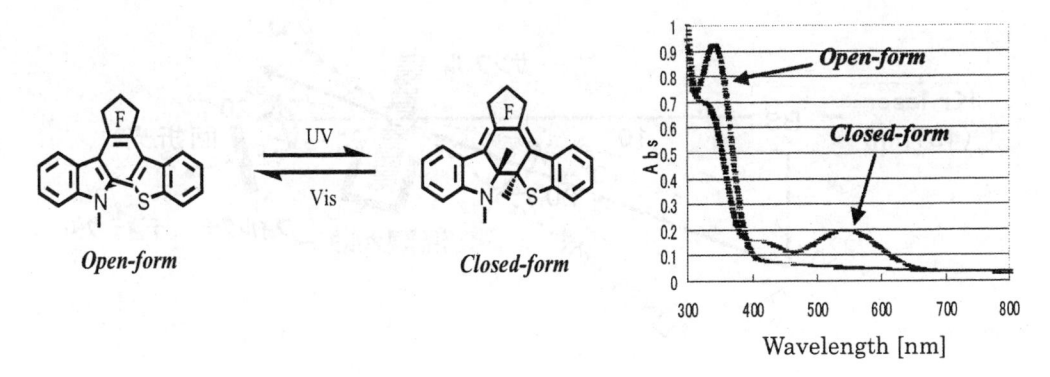

図3　代表的なジアリールエテンの光異性化と吸収スペクトルの変化

と分光スペクトルを図3に示す。その開環―閉環反応は分子構造の最適化によりピコ秒応答を示す上に、10^4～10^6回の繰り返し耐久性があることから、DEは次世代リライタブル（RW）用の光記録材料の候補として非常に期待されている。

我々の検討材料においては、材料中のDEが光異性化することによって液晶ポリマーの配向が微視的に変化し、その結果として屈折率変調Δnが発現する。ホログラム干渉記録では、記録レーザの波長と入射角に応じた周期で回折格子として記録される。本研究では405nmの青紫色LD、或いは407nmのKr$^+$レーザを用いて、開発材料の記録特性の評価を実施した。ホログラム記録評価光学系の概略を図4および写真1に示す。

ホログラム記録材料として重要なファクターである屈折率変調量Δnに関しては、光異性化に伴うDE単体のΔnは余り大きくない。そのため、屈折率異方性の大きい液晶との組み合わせによる複合化材料が有望と考えられることから、液晶に対して高い相溶性を有し、且つ光異性化に伴う物性変化を液晶配向状態に誘起可能なDE構造の探索が行われている[15]。

具体的な試みとしては、DEへのメソゲン基導入で、
・液晶性を発現するDEの創成
・光異性化によるDEの物性変化を液晶配向状態に誘起可能な構造最適化

である。DEの光異性化により変化する物性としては、一般的に吸収スペクトル及び屈折率が知られているが、その他に誘電率あるいは立体構造の変化を液晶配向に誘起させる試みが行われている。

図5に示す対称性構造を持つジチニエル型及びベンゾチオフェン型DEにおいて、数種類のメソゲン基を導入し液晶性を検討した結果、それぞれ図のメソゲン基Rを導入した場合にネマチック液晶相の発現が確認されている。特に、ジチニエル型DE構造では400nm帯の光に対する感度があるため、青色レーザ光による記録材料として有望である。そこで、図6に示すような新規

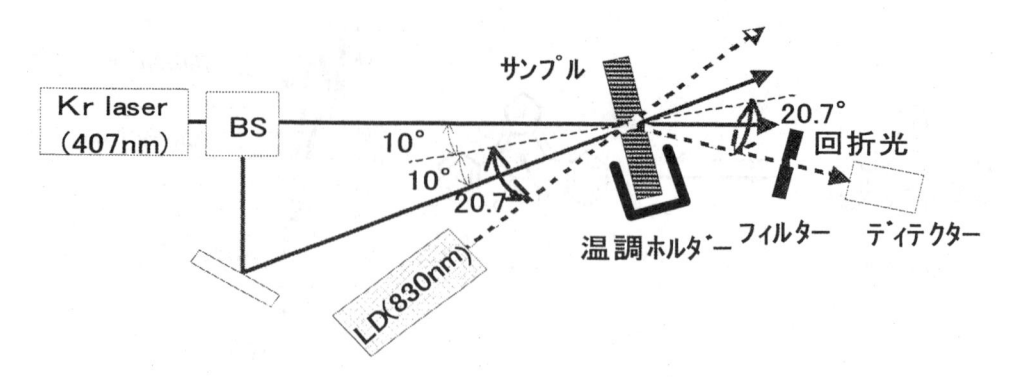

図4 記録評価光学系の概略図

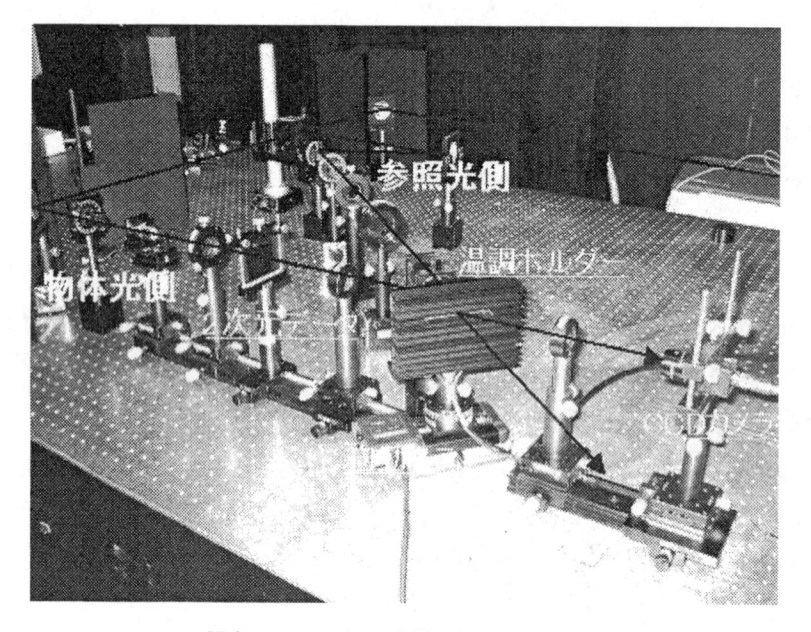

写真1 ホログラム多重記録評価システム

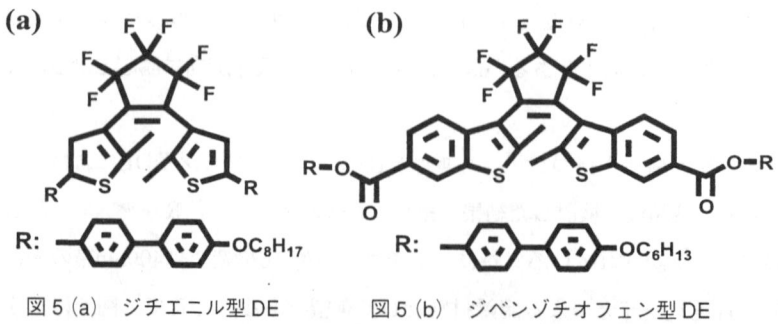

図5(a) ジチエニル型DE　　図5(b) ジベンゾチオフェン型DE

第3章　記録メディア技術

(a) チオフェン誘導体の合成

(b) メソゲン部位の合成

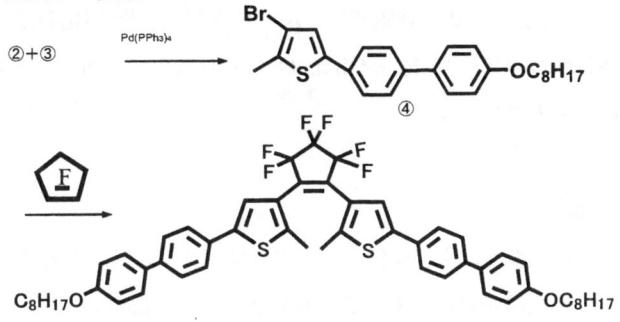

(c) DEBO8の合成

図6　DEBO8 合成方法

DE化合物DEBO8を合成し，詳細な評価を行った。

3.4　特性評価

DEBO8の液晶性を評価した結果，図7(a)に示したように405nmと633nmレーザ光に対する光異性化反応による液晶相－等方相の可逆的相転移（T_c：転移温度）が120〜125℃の範囲で見出された。

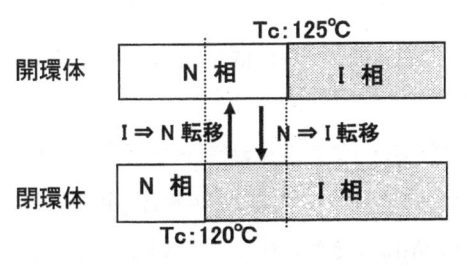

図7（a）　液晶性DEの光異性化による相転移
温度の変化
T_c：開環体＞閉環体，$\Delta T_c = 5°$

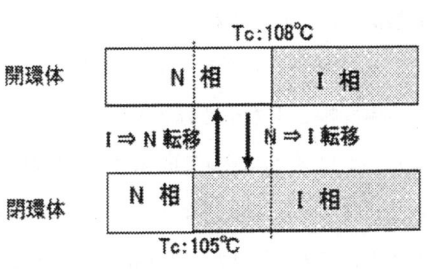

図7（b）　液晶性DEの光異性化に誘起された
液晶ポリマーの相転移温度の変化
T_c：開環体＞閉環体，$\Delta T_c = 3°$

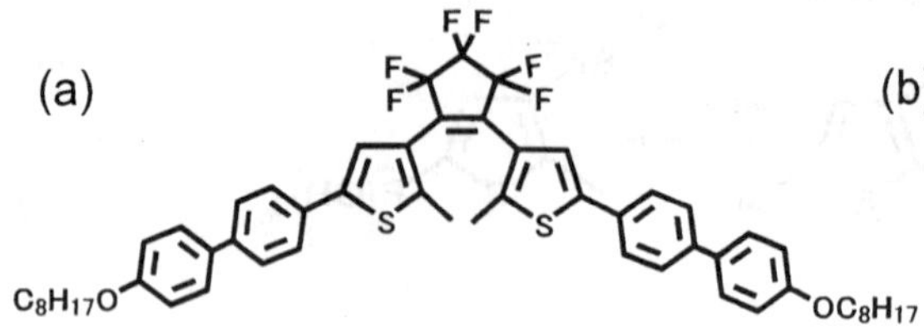

図8(a) 新規化合物 DEBO8　　図8(b) 液晶ポリマー（T_c：107°）

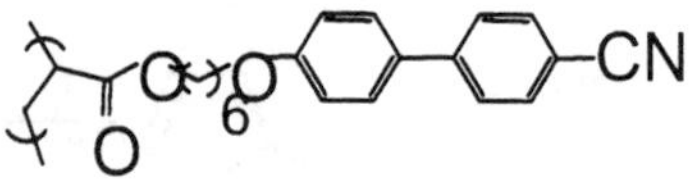

さらに9μmギャップのガラスセルに図8(a)DEBO8と(b)液晶モノマーの混合物を注入した後，UV光照射によって重合させ，評価サンプルを作成した。図7(b)DEBO8に示すように，液晶ポリマーの相溶性は良好で，DEBO8を5 mol%含む材料系では105～108℃の温度領域で液晶光誘起相転移が観察されている。

3.5 ホログラム記録

上述の温度域において図4および写真1に示すホログラム記録評価光学系を用い，407nmレーザ光によるホログラム記録が可能であることが確認された。図9に液晶性DE単体と液晶複合体に対するΔnおよび回折効率を示した。液晶性DE単体は液晶複合体より大きなΔnを示すが，回折効率は非常に小さい。これは，液晶性DE単体が大きな屈折率異方性を有するものの保持性がかなり悪く，一方，5モル%の液晶性DEに配向変化を誘起された液晶複合体は狭い温度域で比較的大きな回折効率を示し，配向を保持することが確認された。しかし，現状では相転移温度の幅ΔTが3℃程度と狭く，実用化に向けた今後の継続的な材料開発が必要である。

液晶性を有するジアリールエテンDEBO8は液晶ポリマーとの相溶性が良好で，これを5 mol%含むシアノビフェニル液晶ポリマーにおいて液晶光誘起相転移が生ずることを述べてきたが，必ずしもジアリールエテンが液晶性を示す必要がないことが分かってきた。図10に示すDE-O8のように，メソゲン基を有する構造のジアリールエテンであれば5CB液晶モノマー中でも液晶光誘起相転移が観測された。つまり，メソゲン基を持つことにより液晶との相溶性が十分に得られることが重要で，図10のDE-O8では10mol%まで液晶モノマーに混合し，かつN-I相転移が生ずる温度幅ΔTもやや拡大している。

また，ホログラム記録で問題となる散乱特性の評価を行った。光記録特性の一つとして材料系の散乱強度は非常に重要なファクターである。ホログラフィックメモリーの場合，再生信号光強度が入力光に対して10^{-5}程度なので，再生方向への散乱はそれよりも一桁以上低くないとS/N比が低下し信号検出が不可能になる。即ち，散乱レベルとしては，入力光に対して$10^{-6}\mathrm{Srad}^{-1}$/μm程度以下であることが望ましい。ここで，Srad（ステラジアン）とは単位立体角を表す単位

第3章 記録メディア技術

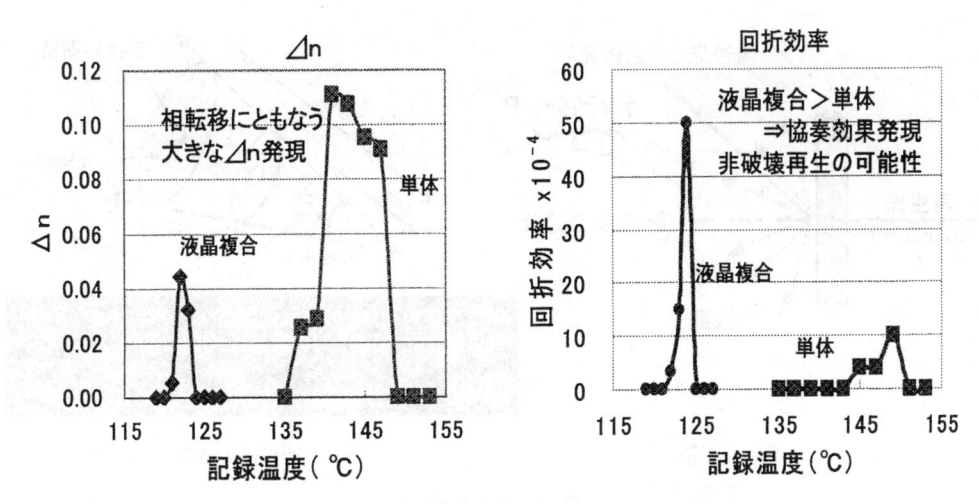

図9 液晶性DE単体と液晶複合体のΔnと回折効率

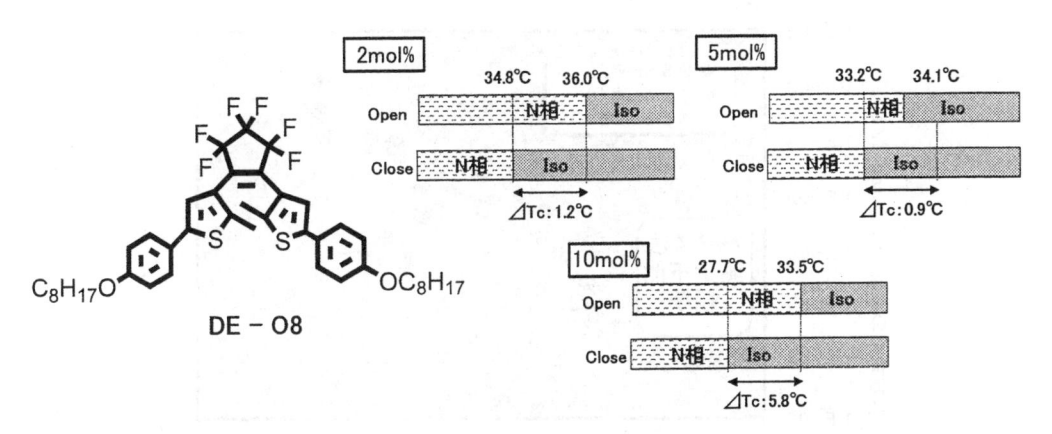

図10 5CB液晶モノマーにジアリールエテン化合物DE-O8を2 mol%，5 mol%および10mol%相溶したサンプルにおける開環体，閉環体の相転移温度T_cおよび温度差ΔT_c

で，半径1 cmの球面上で1 cm^{2}の表面積を切り取る立体角を表す。Aprilis社フォトポリマーに関しても，同社のメディアスペックとして「$\leq 10^{-6}$Srad$^{-1}/\mu$m（@200～300μm厚）」であることが標記されている。

材料の散乱評価法としてヘイズ値が知られているが，ヘイズ値は，図11(a)に示すところの再生光に対する全散乱光の割合であり，ホログラフィックメモリーで問題になる信号光方向の散乱レベルを表しているわけではない。そこで，図11(a)に示す測定系を用いて散乱光強度を測定し，図11(b)の考え方で，単位立体角，単位厚さ当たりの散乱強度へ変換した。図11(a)では，波長532nmのNd-YAG DPSSレーザをサンプルに照射し，その散乱光をディテクターの位置（角度，距離）を変えて測定した。角度を変えることで，散乱光の角度依存性が分かり，信号（回折）光

(a) 光学測定系 (b) 単位系の変換

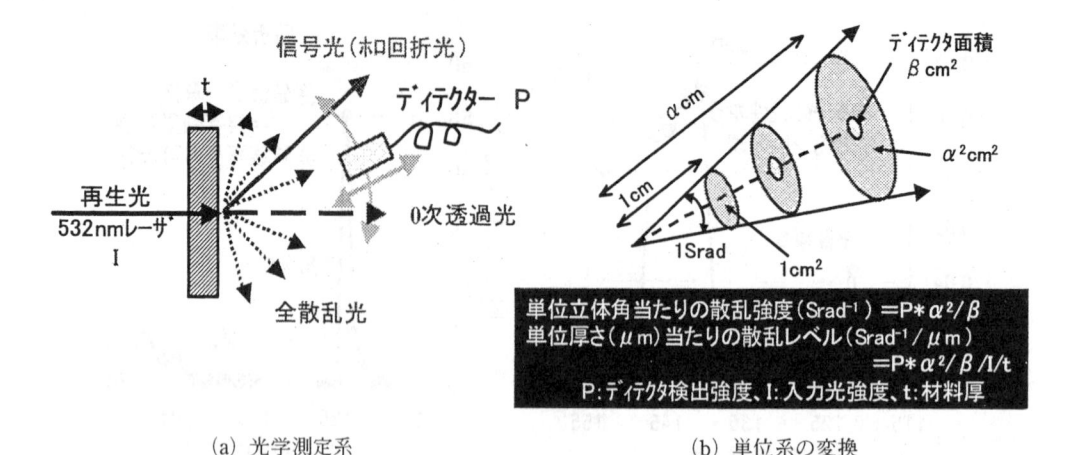

単位立体角当たりの散乱強度$(Srad^{-1})=P*\alpha^2/\beta$
単位厚さ(μm)当たりの散乱レベル$(Srad^{-1}/\mu m)$
$=P*\alpha^2/\beta /I/t$
P:ディテクタ検出強度、I:入力光強度、t:材料厚

図11　散乱評価法

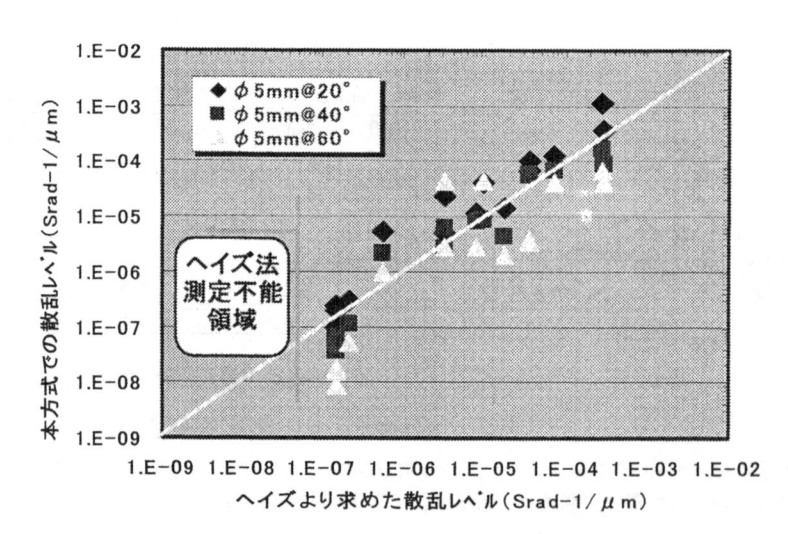

図12　ヘイズ法測定と新方式での散乱強度の相関

方向の散乱強度も知ることが可能となる。また，距離を変えて測定することで，図11(b) に示す変換式により単位立体角あたりの散乱強度を求めることができる。

サンプルにレーザ光を垂直照射し，図11(a)に示すディテクターを円周方向に移動して，散乱光強度の角度依存性を測定した。図12に示すように，ヘイズ法による散乱強度の測定結果と非常に良い相関が得られている。角度が大きくなると散乱は徐々に低下する。この方法の大きな特徴は，ヘイズ測定が不可能である低散乱レベルでも測定が可能な点である。

アモルファス状態の液晶材料と垂直配向した液晶および樹脂基板単体の散乱レベルの角度依存性を測定した例が図13である。Aprilis社フォトポリマーの散乱レベル$10^{-6} Srad^{-1}/\mu m$に対し

第 3 章　記録メディア技術

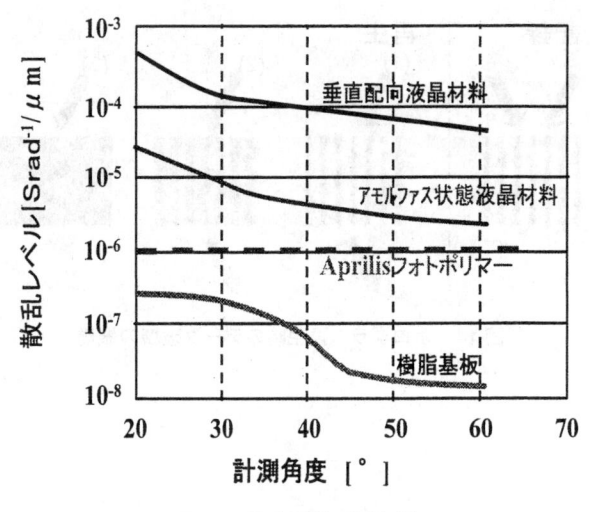

図 13　散乱特性の測定例

て，液晶系材料は20°の角度において，アモルファス状態の液晶材料系で数十倍，さらに垂直配向した液晶材料系では数百倍も高い散乱レベルにあることが分かった。記録材料として，液晶の持つΔnを有効に活用する材料構成はダイナミックレンジを拡大する上で効果的と考えられるが，一方，多重記録の際に生じる配向乱れに伴う散乱の増大はダイナミックレンジを著しく低下させる。そのため，これらがうまく折り合うような材料構成の最適化が液晶系記録材料の成功の可否を握っていると思われる。

3.6　今後の課題とまとめ

　RW型記録材料の最大の課題は非破壊再生の実現である。図14に示したように，信号光と参照光の干渉によって形成された透過型回折格子は，信号読み出し時の再生光によって媒体全域にわたり光反応が進むため，回折格子のコントラストが徐々に低下する。その結果，再生信号光は弱まり，最終的には全く再生できなくなる。即ち，この現象は記録された情報が再生光によって破壊されていることを意味する。これを防止するためには，材料面での記録光と再生光に対して有効な非線形光学効果の取り込み，熱或いは電界・磁界などをゲート機能として考慮に入れた材料開発が不可欠である。さらに，その他の課題として，フォトポリマーなどのライトワンスタイプの材料と同様に，高い回折効率，高感度化，低散乱性，均一な厚膜形成及び長期信頼性などが挙げられる。一般に，RW型記録材料におけるこれらの一連の課題はフォトポリマーなどの材料に比べて格段に難易度が高く，材料開発の面でも既に数年の遅れがある。現時点で未だ十分に性能確認ができていない評価項目も多く，実用化の時期は早く見積もっても2010年以降になると考えられる。

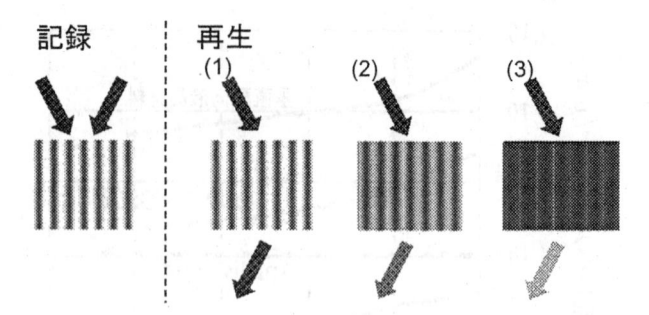

図14　ホログラム再生時のデータ破壊の機構

文　　献

1) Y. Kaneko *et al.*, ISOM/ODS2005, PM22
2) 堀米, 光学, **32**, 542 (2003)
3) K. Ishioka *et al.*, ISOM/ODS2005, ThE3
4) H. J. Coufal *et al.* (Eds.), "Holographic Data Storage", Optical Sciences, Springer
5) A. Satou *et al.*, Proc. SPIE **5380** (2004), from ODS2004
6) 服部, 佐藤, 東亞合成研究年報TREND, **8**, 26 (2005)
7) R. Hagen and T. Bieringer, SPIE's Int. Tech, Gr. Newsletter 11, 12 (2000)
8) E. Lorincz *et al.*, ODS Conference Digest, WA5, 161 (2000)
9) K. Kawano *et al.*, ISOM Tech. Digest, Fr-J-25, 156 (2000)
10) Y. Aoshima *et al.*, ISOM Tech. Digest, Fr-J-23, 152 (2000)
11) H. Ono *et al.*, *Jpn. J. Appl. Phys.*, **44** (2005) 1781-1786
12) 佐々木, 液晶, **6**, No.2, 168 (2002)
13) A. Hirao *et al.*, *Rev. Laser Eng.*, **30**, 166 (2002)
14) M. Irie, *Chem. Rev.*, **1000**, pp1685-1716 (2000)
15) 桜井, 日本化学会第85回春季年会, 3L8-11 (2005)

4 フォトリフラクティブポリマー

平尾明子[*]

4.1 はじめに

　何千枚もの高精細画像や何千曲もの音楽を持ち歩き，時と場所を問わずに楽しむことができるようになった。小型で高容量のハードディスクやフラッシュメモリーなどが開発されたからである。このように，手軽に持ち運べる大容量ストレージの登場が毎日の生活を一変させている。一方，デジタル放送の導入が本格化したり，インターネットが普及したりと，大量の情報を貯めたいという個人のニーズも増えてきた。

　ホログラフィックメモリーは，大量の情報を貯めることのできる新しいストレージである。これを実現するには，レーザー，空間光変調器，光検出器などのキー部品の開発のみならず，記録材料の開発が必須である[1]。記録材料はストレージの特長である容量や転送速度を決めるキーだからである。

　ホログラフィックメモリーの記録材料に必要な特性には，高回折効率，高感度，高速応答，高多重記録性，非破壊再生，アーカイバルライフ，そして記録前の媒体の寿命であるシェルフライフなどがある。そして，用途によっては消去性，リライタブル性が必要となる。

　現在，実用化に最も近いホログラフィックメモリー用材料は，フォトポリマーである[1]。フォトポリマーとは，光照射により材料が高分子化して屈折率が変調するWORM（Write Once Read Many）型材料である。従来は記録による体積収縮が問題であったが現在は大幅に低減された。高感度でなおかつ記録後は安定なのでアーカイバルライフが長く，安価であるというのが最大の特長である。欠点としては，①記録前の媒体の寿命であるシェルフライフが短い，②光照射後から高分子化が終了するまでに時間を要する，③未反応材料による劣化を防ぐため記録しきるか後工程を施すかのどちらかが必要，などがある。

　一方，記録の書き換えを可能にする材料としてフォトリフラクティブ（PR）ポリマーがある。フォトポリマーに比べて技術的な完成度は未だ低いが，可能性を秘めた材料である。フォトポリマーと同様に大面積化が可能，安価，軽量であり，無機PR結晶と比較して屈折率変化（Δn）が大きいという利点がある。

　ここでは，最初にPRポリマー以外のPR材料，続いてPRポリマーについて述べ，次にホログラフィックメモリーの記録材料としてのフォトポリマーについて述べる。最後に簡単にPRポリマーにおいてPR効果を発現させる個々の過程についてふれる。

---

[*] Akiko Hirao　㈱東芝　研究開発センター　記憶材料・デバイスラボラトリー　主任研究員

4.2 フォトリフラクティブポリマー以外のフォトリフラクティブ材料

PR効果[2]が初めて観測されたのは，1960年代半ばのことで，不純物を添加した電気光学結晶 $LiNbO_3$ の光学損傷として見出された[3]。結晶に互いにコヒーレントなビームを交差させ，干渉縞を照射する。すると，干渉縞の明部で電子が不純物準位から伝導帯へ励起される（図1）。電子は，外部電場・内部電場・デンバー電場によるドリフトや拡散のため捕獲されるまで動きまわる。この結果，光の強度分布に対応した空間電荷分布が生じて空間電場が生成し，電気光学効果により屈折率変化が引き起こされる。

有機結晶でもPR効果が起こることが発見されたのは，1990年のことである[4,5]。報告された有機物は，2次非線形光学結晶である 2-cyclooctylamino-5-nitropyridine (COANP) にアクセプターである 7,7,8,8,-tetracyanoquinodimethane (TCNQ) をドープした分子性結晶である[4,5]。TCNQをドープしたことにより，電気光学効果に加えて光伝導性が生じたと考えられる。屈折率格子が記録されることを確認し，有機物でも無機結晶と同様のPR効果が起こることを示した点で有意義な報告であったが，応答速度は30分から50分と遅かった。他にも 4-nitrobenzylidene-3-acetamino-4-methoxyanilinc (MNBA)[6] や 4-N, N-dimethylamino-4'-N'-methylstylbazolium-toluene-p-sulfonate (DAST)[7] の結晶もPR特性を示したが，分子性結晶は無機結晶以上にドーピングおよびそのコントロールが難しく作製が容易でない。

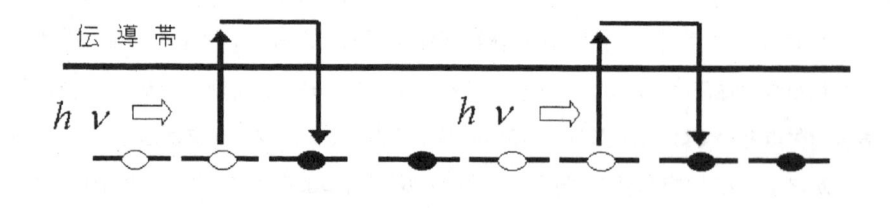

図1 無機フォトリフラクティブ結晶での電子の移動と捕獲による空間電荷分布の生成

4.3 フォトリフラクティブポリマー

PRポリマーがユニークな点は，初めに現象の原理ありきで，現象を発現させるために機能性分子を組み合わせるという方法により開発されたことである。複数の機能性分子を積極的に導入した系が試され，大きなPR効果を示すことが確認された[8]。PRポリマーは記録光源に適した波長に感度を持つように電荷発生分子を選択したり，屈折率変調が高くなるように非線形光学分子を選択したりできる。このように，分子の選択による設計が可能なのは，PRポリマーが分子の

第3章 記録メディア技術

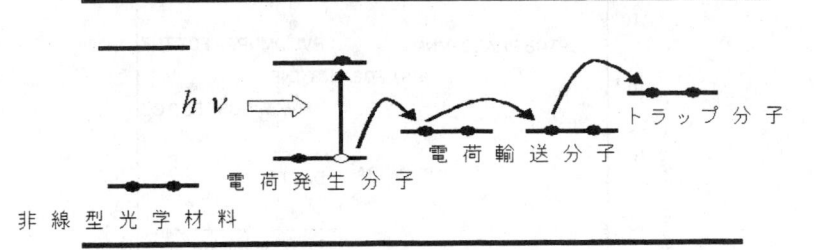

図2 有機フォトリフラクティブ材料での正孔の発生，輸送，捕獲による空間電荷分布の生成

集合体であるためである[9]。

PRポリマーにおけるPR効果の発現機構を図2に示した。最初に，光励起された電荷発生分子から電荷が発生する（①電荷発生）。発生した電荷が電荷輸送分子に注入された後，電荷輸送分子間をホッピングして輸送される（②電荷輸送）。電荷が分布したことにより空間電場が生成する（③空間電場生成）。そして，非線形光学分子が電気光学効果によって屈折率を変調させる（④屈折率変調）。このように，電荷発生，電荷輸送，電荷捕獲，屈折率変調という機能を異なる分子が担う。

PRポリマーは，前記したように光導電性と電気光学効果を持つ分子を含有して，PR効果発現に必要な4つの機能を発現するものである。ここでは，分子をどのように組み合わせるかにより，以下の4つに分類してみた。

(i) 電気光学効果を有するポリマーにキャリア輸送分子をドープした系
(ii) キャリア輸送性ポリマーに電気光学効果を示す非線形光学（NLO）分子をドープした系
(iii) イナートなマトリックスポリマーにキャリア輸送分子とNLO分子をドープした系
(iv) キャリア輸送基とNLO基等の機能性の基を主鎖や側鎖に有するポリマー

初めてポリマーにおけるPR効果を観測したのは，米国IBM Almadenのグループである[10]。彼らが用いたのは(i)に分類されるタイプで，電気光学効果と光導電性を併せ持つ2種の基4-nitoro-1,2-phenylene-diamine（NPDA）とbis-phenol-A-diglycidylether（bis-A）とを側鎖に持つポリマーにキャリア輸送分子diethylamino-benzaldehyde diphenylhydrazone（DEH）をドープしたものである。図3に示したように回折効率・応答速度ともに低かった。

その後，Harrerらによって，Polysiloxane（PSX）に，増感剤2,4,7-trinitro-9-fliorenone（TNF）とNLO分子3-fluoro-4-N,N-diethylamino-β-nitrostyrene（F-DEANST）をドープした系（(iii)に分類される）では，回折効率・応答速度ともにより高いことが報告された[11]。

1994年，Arizona大学のグループにより100％近い回折効率を示す系が報告された[12]。これはpolyvinylcarbazole（PVK）というキャリア輸送性ポリマーに，NLO分子である2,5-dimethyl-4-

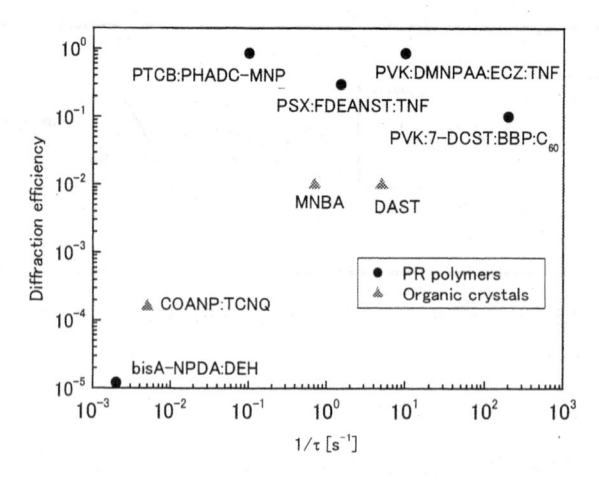

図3 有機フォトリフラクティブ材料の回折効率と応答速度

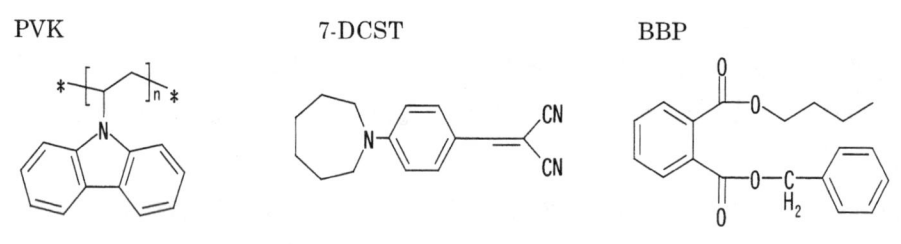

図4 PRポリマーに用いられる分子

(p-nitrophenylazo) anisole (DMNPAA),可塑剤 N-ethylcarbazole (ECZ),と増感剤TNFを33：50：16：1wt%で混合したもので,上記分類の(ii)に相当する。ECZ添加によりDMNPAAを高い比率で含有させることができたこと,およびガラス転移温度が下がったため記録時にDMNPAAが再配向することから,100%近い回折効率が実現できたといわれている。

上記分類(iii)に属する系として[13],イナートなポリマー poly (methyl methacrylate-co-tricyclodecylmethycrylate-co-N-cyclohexylmaleimide-co-benzyl methacrylate (PTCB) にNLO分子 N, N-dihexylamino-7-dicyanomethylidenyl-3,4,4,6,10-pentahydronaphtalene (DHADC-MNP) をドープした系がある。試料の2光波結合係数は,50V/μmの電場を印加時に225cm^{-1}であった。

PRポリマーの克服すべき課題の1つは応答速度であるが,比較的高い応答速度を有する系が1998年に報告された。図4に示すPVK：7-DCST：BBP：C60を49.5：35：15：0.5wt%で混合したものである[14]。ここで7-DCSTはNLO分子,BBPは液晶分子である。100V/μm印加し,波長647nm,強度1W/cm^{2}の光を照射した時の応答速度は4msと報告されている。この系が高い応答速度を示すのは,液晶分子BBPが可塑剤ECZよりも有効に働き,NLO分子である7-DCST

の電場配向が高速化されたためと説明されている。上記報告では高出力の光源を用いているためキャリア発生過程が律速とはならず，NLOの電場配向速度が律速となり，可塑剤添加によるガラス転移温度の低下が効果的であったと考えられる。このように，応答速度がキャリア発生，輸送，電気光学効果のどの過程によって律速されるかは，試料構造，使用条件などによって変わってくる。

これ以外にも高速化の検討が東京大学の丁らによって積極的に研究された[15]。彼らは電荷輸送ポリマーPVKに増感剤TNFを添加した系に混合する非線形光学材料の2,5-dimethyl-4-(4'-nitrophenylazo) anisole (DMNPAA) の置換基を変えた分子を合成し，PRポリマーの応答速度の相違を検討した。2つのアルキル鎖を付加することにより応答速度は19ms（$E=54V/\mu m$）と未置換の分子を用いた場合の2,300倍の高速化に成功した。

応答速度の他，PRポリマーの克服すべき課題として，膜の不均一性，保存安定性の問題がある。分類(i)，(ii)，(iii)に属する系ではポリマー中に，低分子量の分子を混ぜるため，相溶性が悪いとスピノーダル分解によって低分子化合物が析出する場合がある。分類(iv)に属する系は，各機能を有する基がポリマー鎖で繋がっているため移動が抑制され，光学的品質が劣化するという現象は起こりにくい[16]。

記録時に高い電場印加が必要であるのは，PRポリマーを実際のデバイスに応用するにあたって，克服すべき課題の1つである。しかしながら，いまだ検討が多くなされていないのが現状である。Yuらは，分類(iv)に属する新しいポリマーを合成し，結合係数5.7cm^{-1}の格子が無電場で記録できることを示した[17]。また，イオン性化合物をキャリア発生剤として含有させることによって無電場で結合係数200cm^{-1}の格子が形成できるという報告もある[18]。

フォトリフラクティブ効果のダイナミクスの解明を目的とした基礎的研究も行われている。光照射した時のキャリア発生過程[19]，キャリア輸送過程[20]，空間電場生成ダイナミクス[21]，IR領域に光感度のある材料の開発[22]などがある。

4.4 ホログラフィックメモリーの記録材料としてのPRポリマー

ホログラフィックメモリーの記録材料に必要な特性全てを持ち合わせたPRポリマーは，現在のところ見当たらない。また，多くの特性は，測定条件によって変わるため，様々な条件下での結果を一並びに比較することは難しい。例えば，回折効率は，記録光強度，光の波面，格子の間隔，材料の膜厚，光学濃度，印加電場の大きさと方向，温度，記録するまでの履歴などに依存している。まず，ここではデジタルホログラフィックメモリー用材料としての特性を検討したM. D. Rahnらマンチェスター大学とIBMの研究者による報告[23]の内容を紹介する。

彼らは，PRポリマーにデジタル情報をホログラムとして記録する実験を行った。PR材料は，

ポリビニルカルバゾール（PVK）というドナー性電荷輸送ポリマーに，電荷発生機能を付与するためのアクセプター性分子2,4,7-トリニトロ-9-フルオレン（TNF）と，非線形光学分子をドープした系である。膜厚は130μmで，印加した電場は50V/μmであった。光源にはKr$^+$レーザー（676nm）を用いた。64kbitのデータに相当する256×256のピクセルのマスクを透過させた記録光と，参照光を2秒間交差させて記録が行われた。再生時は，0.005sec参照光を照射し，回折光をCCDで読み込んだ。回折効率は1.84×10^{-4}で，生ビットエラーレートは1.89×10^{-4}であった。記録した干渉縞の振幅変調度（コントラスト）を考慮して算出した感度は50cm/Jであった。

　ホログラフィックメモリーの最大の特徴は体積記録のため同一場所に多重できることにある。どれだけ多重できるかは材料，システム，多重方法によって変わる。多重度Mは

$$M = \frac{M\#}{\sqrt{\eta_m}} \tag{1}$$

で定義される。ここでη_mは十分に低いビットエラーレートでホログラムを読み出せる最低の回折効率である。$M\#$は，材料の特性，膜厚，印加電圧，測定系のジオメトリーで決まる数値で，材料の特性を表す指標として使われている。通常は$M\#$は多重記録を行い測定されるが，彼らは$M\#$を

$$M\# = W\tau_d = \frac{d}{dt}(\sqrt{\eta})\tau_d \tag{2}$$

から算出した。ここで，Wは記録時の回折効率の1/2乗の立ち上がりを線形近似したときの$\frac{d}{dt}(\sqrt{\eta})$で，$\tau_d$は記録後に光を照射したときに回折効率の1/2乗が$1/e$に減少するまでに要する時間である。式(2)から算出した$M\#$は0.017で，回折効率から算出したΔnは2.4×10^{-4}であった。破壊再生であること，感度がまだまだ低いこと，記録寿命が長くないことなどの課題がある。

　これ以外に，2光子吸収による記録をして非破壊読み出しを実現した結果[24]，バルク試料をインジェクションモールディングで作製した結果[25]などの報告がある。

4.5　フォトリフラクティブ効果発現の素過程

　分子の集合体であるPRポリマーにおけるPR効果発現の素過程は，無機結晶等のそれとは大きく異なる。したがって，高性能化のための施策も自ずと異なってくる。以下，PR効果の素過程のうち，キャリア発生，キャリア輸送，電気光学効果について簡単に述べる。

4.5.1　キャリア発生

　PRポリマーの応答速度が遅い要因の1つとして一番に挙げられるのが，キャリア発生効率の強い電場依存性である[9]。これは次の理由による。分子の集合体である有機物の電子状態は分子

内に局在している。光を吸収すると一部の分子では励起状態と隣接分子との間で電子移動が起こり,イオン化する(イオン対の形成)。イオン化しても自由キャリアになるとは限らず,互いのクーロン力で束縛されている。自由になるためには,クーロン束縛から脱出するエネルギーが必要であり,外部から印加される電場が大きいほど,高い確率でキャリアが発生するという現象が観測される。このような外場の助けによるイオン化過程の解釈として,Poole-Frenkel効果[26]があるが,そのままキャリア発生過程に適用することは困難であった。しかしながら,Onsagerのモデル(intrinsicなキャリア発生過程において,互いに距離r_0だけ離れて束縛されたイオン対が,互いのクーロン力および,外部電場の下にブラウン運動し,最終的に再結合を免れ,自由イオンになる確率が求められる)を用いると,実験値をよく説明することができる[27]。この理論は,MeltzによってPVK-TNFのキャリア発生効率の電場依存性を説明するのに使用され成功を収めた[28]。その後もPVK[29,30],トリフェニルアミン[31]などからのキャリア発生にも適用され,電場依存性を示すキャリア発生の標準的な理論と認識されている。電場無限大での効率ϕ_0($1-\phi_0$:失活確率)とイオン対の電荷間距離r_0の2つのパラメータを与えると,キャリア発生効率の電場依存性,温度依存性が求められ,実験値と比較される。しかしながら,キャリア発生効率の電場・温度依存性の詳細を検討すると,Onsagerのモデルは決して完全ではなく,しばしば実験値と一致しない。さらに,イオン対の形成過程などのミクロな情報が得られないという欠点も有する[9]。また,キャリア発生効率は酸素や水の存在,さらには光量によって大きく変化することが多数報告されている[9]。PRポリマーの重要な課題である高感度化に関する指針は少ないのが現状であり,今後,積極的な研究が必要である。

4.5.2 キャリア輸送

PRポリマーの振る舞いを理解するにあたって,輸送の詳細がわからなくては,生成する内部電場ならびにそれの記録過程や消失過程等を予測できないので,キャリア輸送は重要な素過程である。このキャリア輸送に関しては,その理解が近年大きく進んだ。以下にこれを簡単にまとめる。

有機物中のキャリア輸送には,無機の半導体の理論をそのまま適用することはできない[9]。構成分子が互いに結合していて周期構造を持ち,その電子構造の理解にバンド理論を適用できる無機結晶とは異なり,有機物は閉殻構造の分子がvan der Waals力に起因する弱い相互作用で集合したものであって,電子は分子上に局在している。そのため,有機物ではホッピング伝導が観測されることが多い。

分子をマトリックスポリマー中に分散させた系においては,キャリアが分子上をホッピングして輸送される。移動度μは,分子やマトリックスの種類,その濃度に依存するばかりでなく,印加電場Eと温度Tに強く依存する。Bässlerらが,状態密度がエネルギー的,空間的にガウス分

布することを仮定して行ったモンテカルロシミュレーション[33)]で得た経験式

$$\mu = \mu_0 \exp\left[-\left(\frac{2\sigma}{3kT}\right)^2\right] \exp\left[C\left\{\left(\frac{\sigma}{kT}\right)^2 - \Sigma^2\right\}\sqrt{E}\right] \quad (1)$$

は，移動度の温度・電場依存性の解析において広く用いられた[9)]。ここで，μ_0はプリファクター，σは状態密度の幅，Σは空間的なディスオーダーを示すパラメータ(波動関数の重なり具合の分布と理解してよい)，Cは定数である。状態密度の分布の起源は，不明であったが，最近になって，永久電気双極子を持つ分子がランダムな位置に存在することが起源であり，

$$\sigma^2 = \frac{(eP)^2}{12\pi\varepsilon^2 r_c a^3} \quad (2)$$

と記述できることが理論的，実験的に示された[33)]。ここでeは素電荷量，Pは分子の永久双極子モーメント，εは誘電率，aは平均分子間距離，r_cは平均最近接分子間距離の下限で，分子を一辺d_0の立方体としたとき，$r_0 = \max\left[d_0, \frac{a}{(2\pi)^{1/3}}\right]$である。したがって，移動度は温度，電場，分子間距離，永久双極子モーメントの関数である。

移動度と並びPR効果発現において重要なパラメータである拡散係数に関しても重要な進展があった[34)]。従来は，平衡からのずれの小さい時に成り立つアインシュタインの関係式を使用して移動度と拡散係数を見積もっていた。しかしながら，光照射により発生したキャリアは非平衡キャリアであり，アモルファスもまた非平衡状態である。したがって，上記した見積もりに理論的な正当性はない。そこで拡散係数をキャリアシートが輸送されるときに観測される変位電流から測定した結果，アモルファスな有機物における拡散係数Dの値はアインシュタインの関係式から予測されるよりも飛躍的に大きいこと，拡散係数は式(1)で示される移動度と同様の電場・温度依存性を示すこと等が明らかにされた[35)]。この拡散係数の振る舞いは，双極子モーメントを持った分子がランダムに存在することに起因する電場揺らぎを考慮したときの輸送係数の理論から$D \propto \mu^2$の関係があることが導かれた[36)]。この結果は実験でも確認されている[35)]。

4.5.3 電気光学効果

多くの物質の光学特性は，電場により変化することが知られている。PRポリマーでは，ポッケルス効果を用いて屈折率を変調させることが多い。したがって，媒質に含有されるNLO分子の多くはドナー基やアクセプター基のついた非対称π共役分子である[37)]。

PRポリマーの回折効率を大きくする現象として，orientational enhancementが提案された[38)]。これはNLO分子がマトリックス中で外部からの印加電場とPR効果によって生じた空間電場の合成電場の方向に配向することにより，屈折率の異方性が発現するという現象である。外部から電場が印加されないと記録グレーティングの倍のグレーティング (2K) が形成されるが，印加された場合は同周期のグレーティング (1K) になり，その結果大きい屈折率変調が得られるとい

第3章 記録メディア技術

うものである。ここでKは，干渉した光の明暗パターンに対応する波数ベクトルである。

この orientational enhancement は NLO 基が動きうる PR ポリマーで観測され，分子の運動が伴う現象であるので，高速化には限度がある。高速応答が必要なデバイスには，ガラス転移点が高く，室温ではNLOが動きづらい媒質を，あらかじめポーリングして用いるとよいと思われる。

文　献

1) B. Kippelen, "Holographic Data Storage", Springer ed. by H. J. Confal, D. Psaltis and G. T. Sincerbox 159〜169 (2000)
2) G. Montemezzani, C. Medrano, M. Zgonik and P. Günter, "Nonlinear Optical Effects and Materials", Springer ed. by P. Gunter, 301〜373 (2000)
3) A. M. Glass, D. von der Linde and T. J. Negran, *Appl. Phys. Lett.*, **25**, 233 (1974)
4) K. Sutter, J. Hulliger and P. Günter, *Solid State Commun.*, **74** 867 (1990)
5) K. Sutter and P. Günter, *J. Opt. Soc. Am.*, B7 2274 (1990)
6) K. Sutter, J. Hulliger, R. Schlesser and P. Günter, *Opt. Lett.*, **18**, 778 (1993)
7) S. Follonier, C. Bosshard, F. Pan and P. Günter, *Opt. Lett.*, **21**, 1655 (1993)
8) S. Ducharme, J. C. Scott, J. C. Tweig and W. E. Moerner, *Phys. Rev. Lett.*, **66**, 1846 (1991)
9) P. M. Borsenberger and D. S. Weiss, "Organic Photoreceptors for Xerography", Marcel Dekker (1998)
10) S. Ducharme, J. C. Scott, J. C. Tweig and W. E. Moerner, *Phys. Rev. Lett.*, **66**, 1846 (1991)
11) O. Zobel, M. Eckl, P. Strohriegl and D. Haarer, *Adv. Mater.*, **7**, 911 (1995)
12) K. Meerholz, B. L. Volodin, Sandalphon, B. Kippelen and N. Peyghambarian, *Nature*, **371**, 497 (1994)
13) E. Hendrickx, J. Herlocker, J. L. Maldonado, S. R. Marder, B. Kippelen, A. Perssons and N. Peyghambarian, *Appl. Phys. Lett.*, **72**, 1679 (1998)
14) D. Wright, M. A. Díaz-García, J. D. Casperson, M. DeClue, W. E. Moerner and R. J. Tweig, *Appl. Phys. Lett.*, **73**, 1490 (1998)
15) G. B. Jung, K Honda, T. Mutai, O. Matoba, S. Ashihara, T. Shimura, K. Arai and K. Kuroda, *Jpn. J. Appl. Phys.*, **42**, 2699 (2003)
16) B. Kippelen, K. Tamura, N. Peyghambarian, A. B. Padias and H. K. Hall, Jr., *J. Appl. Phys.*, **74**, 3671 (1993)
17) L. Yu, Y. Chen, W. K. Chan and Z. Peng, *Appl. Phys. Lett.*, **64**, 2489 (1994)
18) K. Tamura, A. B. Padias, H. K. Hall and N. Peyghambarian, *Appl. Phys. Lett.*, **60** 1803 (1992)
19) D. J. Binks *et al.*, *J. Chem. Phys.*, **115** (14), 6760 (2001)

20) E. V. Podivilov *et al.*, *Opt. Lett.*, **26** (4), 226 (2001)
21) O. Ostroverkhova, *J. Appl. Phys.*, **92** (4), 1727 (2002)
22) E. Hendrickx, *J. Phys. Chem.*, **B106**, 4588 (2002)
23) M. D. Rahn, D. P. West, K. Khand, J. D. Shakos and R. M. Shelby, *App. Opt.*, **40** (20), 2295 (2001)
24) P. A. Blanche *et al.*, *Opt. Lett.*, **27** (1), 19 (2002)
25) J. A. Herlocker *et al.*, *Appl. Phys. Lett.*, **80** (7), 1156 (2002)
26) J. Frenkel, *Phys. Rev.*, **54**, 647 (1938)
27) R. H. Batt, C. L. Braun and J. F. Horning, *J. Chem. Phys.*, **49**, 1967 (1968)
28) P. J. Meltz, *J. Chem. Phys.*, **57**, 57 (1972)
29) G. Pfister and D. J. Willimas, *J. Chem Phys.*, **61**, 2416 (1974)
30) P. M. Borsenberger and A. I. Ateya, *J. Appl. Phys.*, **49**, 4035 (1978)
31) P. M. Borsenberger, L. E. Contois and D. C. Hoesterey, *J. Chem. Phys.*, **68**, 637 (1978)
32) H. Bässler, *Phys. Status Solodi* (b), **175**, 15 (1993)
33) A. Hirao and H. Nishizawa, *Phys. Rev.*, B56, R2904 (1997)
34) A. Hirao, H. Nishizawa and M. Sugiuchi, *Phys. Rev. Lett.*, **75**, 1787 (1995)
35) A. Hirao and H. Nishizawa, *Phys. Rev.*, B54, 4755 (1996)
36) A. Hirao, H. Nishizawa, T. Tsukamoto and K. Matsumoto, *Proc. SPIE.*, **3799**, p.56 Colorado USA, 1999 (SPIE, Washington, 1999)
37) P. Günter, Nonlinear Optical Effects and Materials 302 (Springer, Berlin, 1999)
38) W. E. Moerner, S. M. Silenece, F. Hache and G. C. Bjorklund, *J. Opt. Soc. Am.*, **B11**, 320 (1994)

5 2色書き込み不揮発性フォトリフラクティブ結晶

藤村隆史*

5.1 はじめに

　フォトリフラクティブ (photorefractive：PR) 効果とは，入射した光の空間的強度分布に応じて結晶内に屈折率変化が誘起される現象である。この効果は，1966年にベル研のAshkinら[1]によってニオブ酸リチウム（$LiNbO_3$：LN）やタンタル酸リチウム（$LiTaO_3$：LT）などの電気光学結晶において初めて発見された。発見当初は結晶透過後のビーム波面を乱し，散乱などを生じさせることから，「光損傷（Optical damage）」と呼ばれ問題視されていた。その後Chenら[2]によって体積型ホログラフィックメモリーへの応用が提案されると，その発現機構を明らかにして積極的に用いようとする研究が盛んになる。以来，LN結晶は書き換え可能なホログラム記録材料として注目を集め，何度かの浮き沈みを経験しながらも現在に至るまで様々な改善がなされてきた。本稿では，このPR結晶を用いたホログラフィックメモリーの特徴と問題点，そしてその対処法について概説し，近年のPR結晶の開発状況について紹介する。

5.2 フォトリフラクティブ効果

　PR効果を最もよく説明するモデルとして現在広く受け入れられているのはKukhtarevらによってまとめられた「バンド輸送モデル」[3,4]である。このバンド輸送モデルでは，図1のよう

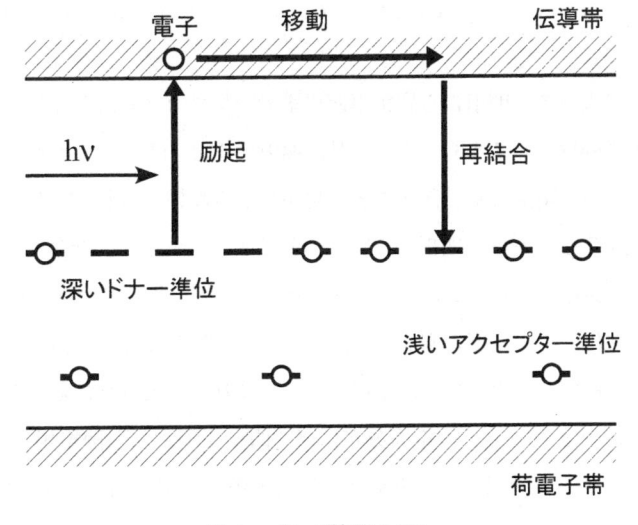

図1　バンド輸送モデル

---

*　Ryushi Fujimura　東京大学　生産技術研究所　助手

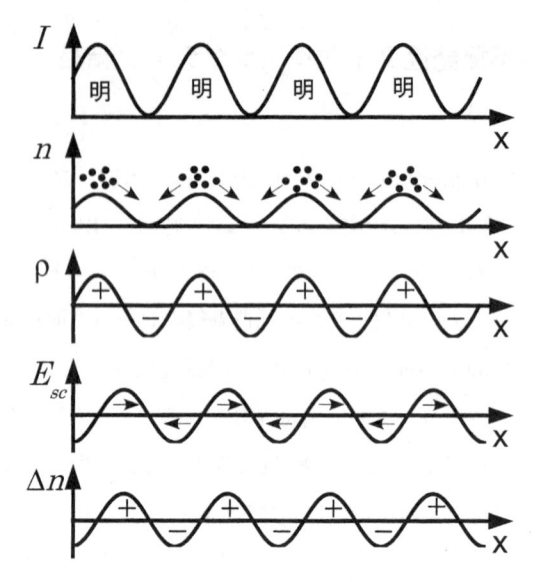

図2 フォトリフラクティブ効果発現のメカニズム
I：光強度，n：キャリア密度，ρ：電荷密度分布，
E_{sc}：空間電場，Δn：屈折率変化量，x：空間座標

に不純物や欠陥に由来した深いドナー準位（PR中心）から，光によって電子が伝導帯へと励起され空間的に移動して別のPR中心と再結合する電荷移動のプロセスが基本となっている。ここでは簡単のため，PR中心が1種類で，かつキャリアが電子のみの場合を考えており，浅いアクセプター準位は，ドナー準位から電子を受け取ってすべてイオン化していてPR効果には関与しないと仮定している。

それでは，図2によって光照射から屈折率変化までのプロセスを詳しく見てみよう。まず干渉縞のような空間的光強度分布Iをもつ光を結晶に照射すると，干渉縞の明部では多くの電子が伝導帯へと励起されるが，暗部では，ほとんど励起が起こらない。これにより伝導帯にはキャリア密度nの濃度勾配が生じ，電子が明部から暗部へと拡散し，キャリア寿命程度の時間で別のイオン化したドナーへと再結合する。この過程が繰り返されると，明部では実効的に励起される電子数が多いためイオン化ドナー密度が増加して正に帯電し，暗部では逆に再結合する電子数が多いためイオン化ドナー密度が減少して負に帯電する。つまり光強度分布に応じた電荷の分布ρが深いトラップ準位に形成される。この電荷分布は空間的に変調された静電場（空間電場）E_{sc}を形成し，最終的にポッケルス効果などの電気光学効果を経て，結晶内部に屈折率変化Δnが誘起される。

このような発現のプロセスを考えると，PR効果は「非局所的」な「蓄積型」の効果であるということができる。つまり，ある位置における屈折率変化量は，その場所の局所的な光強度で決

第3章 記録メディア技術

まるのではなく，むしろキャリアの濃度勾配を生じさせる原因となった周囲との光強度の差，つまり光強度の変調度（干渉縞の可視度）で決まる。またある屈折率変化量を得るためには，ある一定量の電荷を空間的に移動しなければならないが，その移動の速さはキャリアの励起量を決める光強度に依存する。これは強い光を用いることによって，速くホログラム形成を行えることを意味するが，逆に弱い光でも徐々に電荷の移動が行われていって，最終的には強い光の場合と同じ屈折率変化を得ることができることを意味している。

5.3 ホログラム記録媒体としてのフォトリフラクティブ結晶

一般的にPR結晶をホログラフィックメモリーの記録媒体として用いると，現像不要な位相型体積ホログラムを低強度の光で記録することができ，またその記録したホログラムを何度でも書き換えることができる。これはPR効果の発現のプロセスが「PR中心の光イオン化」という可逆的な過程により起こっていることに由来しており，フォトポリマーが光重合という非可逆過程によって起こっていることとは対照的である。これまでPR効果は，強誘電体，常誘電体，半導体，有機材料など様々な材料で発現が確認されてきたが，ホログラフィックメモリーの記録媒体として実験やデモンストレーションで用いられるのは，ほとんどが強誘電体のLN結晶である。これを踏まえ，以下では，ホログラフィックメモリーの記録媒体としての性能を評価する指標をいくつか紹介しながらLNの記録媒体としての利点と欠点について述べる。

5.3.1 光学品質

まず，記録媒体は光学的に均質で散乱が少ないことが望ましい。一般的に高い記録密度を得るためには小さな回折効率で十分なS/N比を得ることが重要であるが，散乱光は，回折された信号光のバックグラウンドノイズとなるため，S/N比を低下させる。その点，LN結晶は，成熟した結晶育成技術によって，センチメートルオーダーの大型で高品質の結晶を得ることができ，ブラッグ回折の選択性という体積ホログラム本来の性質を十分に活かすことができる。しかしLN結晶（特にFe添加LN結晶）には，光起電力効果に起因した波面歪などの光損傷や，ファニングなどによる散乱光の発生など，光誘起型の散乱光が生じやすいという欠点もある。ただしこれは添加する不純物（PR中心）によって減少させることも可能であり，Mn添加LNでは，高い記録感度にもかかわらず散乱光が生じにくいという報告もある[5]。また近年では，周期分極反転構造を用いることにより，光誘起型の散乱光を減少させることができるという興味深い報告もなされている[6]。

5.3.2 保持時間

保持時間とは，記録したホログラムを，暗所においてどれほどの期間保持できるかを表す量である。PR効果では，ホログラムの起源はPR中心における電荷分布であるから，光照射を止めた

後も，その電荷分布が何らかの理由によって緩和されるまではホログラムは維持される。この保持時間は用いるPR材料によって大きく異なり，例えば，半導体のGaAsでは1ミリ秒程度，常誘電体の$Bi_{12}TiO_{20}$では10秒程度しかホログラムは保持できないが[7]，LN結晶では1年，LT結晶では10年という長期にわたってホログラムを保持することができる[8]。多くの場合，この保持時間は暗伝導度の大きさで決まる。暗伝導の起源は，熱によるキャリア励起，プロトンなどのイオン拡散，不純物間でのトンネリングなどいくつかの種類に分けられ，用いるフォトリフラクティブ結晶の種類，酸化・還元などの熱処理の条件，不純物の添加量によって支配的な要素が異なる。例えば，LNやLTなどでは，一般的にイオン拡散によってホログラムが減衰すると考えられているが，添加する不純物量が多量であると，不純物間でのトンネリングが支配的になって保持時間が短くなってしまう[9]。

5.3.3 ダイナミックレンジ

ダイナミックレンジとは，記録密度の指針であり，しばしば多重記録性能を表す指数である$M/\#$（エムナンバー）[10]を用いて評価が行われる。$M/\#$は，結晶内に誘起することのできる最大屈折率変化量Δn_{max}や結晶の長さLに依存する量で，下記のように表される。

$$M/\# = \frac{\pi \Delta n_{max} L}{\lambda \cos\theta} \frac{\tau_e}{\tau_w}$$

ここで，λは記録光波長，2θは結晶内での信号光と参照光の交差角，τ_wはホログラム記録時の時定数，τ_eはホログラム消去時の時定数である。$M/\#$を用いることで，ホログラムをMページ多重記録したときの1ページあたりの回折効率を下記のように見積もることができる。

$$\eta = \left(\frac{M/\#}{M}\right)^2$$

ここで$M/\#$は，不純物添加量，酸化・還元などの熱処理の影響など試料状態に依存するだけでなく，屈折率格子間隔，干渉縞の可視度などの記録条件にも依存することに注意したい。

LNやLTでは，大きな光起電力効果（photovoltaic effect）が駆動力となって大きな屈折率変化を得ることができる。典型的な値は2 mmのFe添加LN結晶で，$M/\# = 8 \sim 16$程度である[11]。これは，1ページあたりの回折効率を1×10^{-6}とすると10,000ページ程度のホログラムが多重記録できることに相当する。

5.3.4 記録感度

記録感度Sはいくつかの定義があるが，ここでは記録の初期段階（$t \sim 0$）における単位強度あたり，単位長さあたりのホログラム形成の速さを示す量として，下記のように定義する。

第3章　記録メディア技術

$$S = \frac{\sqrt{\eta}}{I_{rec}\,t_{rec}\,L} = \frac{\pi\Delta n}{\lambda\cos\theta\,I_{rec}\,t_{rec}} \quad [\text{cm/J}]$$

ここで，Δnは屈折率変化量，ηは回折効率，I_{rec}は記録光強度，t_{rec}は記録時間，Lは相互作用長（普通は結晶の厚さ）である。この記録感度Sは，個々の材料がもつ性能を比較する目安になるが，実際の記録システムにおいて重要となるのは記録媒体の厚さを含んだ下記の記録感度S'である。

$$S' = \frac{\sqrt{\eta}}{I_{rec}\,t_{rec}} = \frac{\pi\Delta nL}{\lambda\cos\theta\,I_{rec}\,t_{rec}} \quad [\text{cm}^2/\text{J}]$$

例えば典型的な記録感度の値は，厚さ2mmのFe添加LN結晶において，$S=0.15\sim0.3$ cm/J（$S'=0.03\sim0.06$ cm^2/J）程度である[11]。この値はフォトポリマーと比べて2桁程度低い値であり，LN結晶において記録感度の改善は大きな課題であるといえる。

5.4　ホログラムの再生劣化とその対処法

PR結晶にとって最も大きな問題は，ホログラムの再生劣化である。再生劣化とは，ホログラム再生時に過去に記録したホログラムが徐々に消えていく現象で，これはPR結晶が書き換え可能であるが故におきる現象とも言える。つまり，図3のように記録時に，信号光と参照光による干渉縞の強度分布に応じて形成された電荷分布は，再生時には，参照光の一様な強度分布に合わ

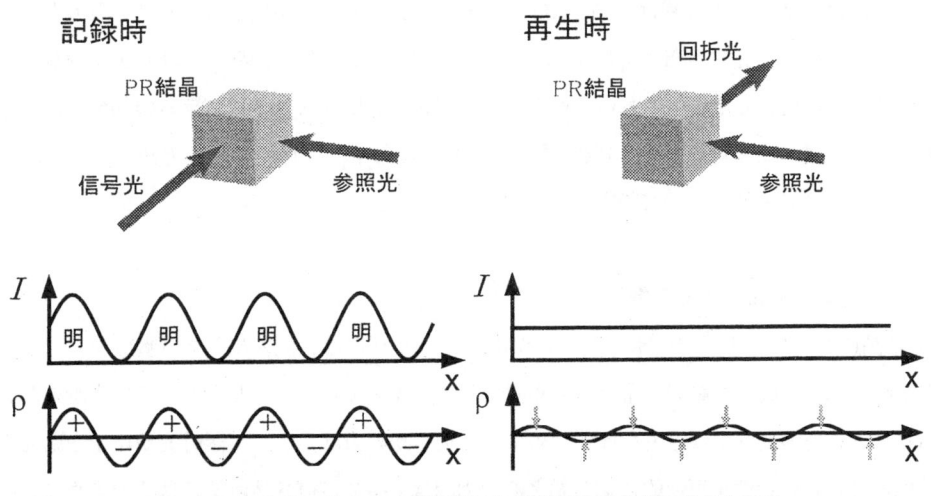

図3　フォトリフラクティブ結晶における再生時のホログラム消去
I：光強度，ρ：電荷密度分布

せて再分布してしまうためホログラムは消えてしまうのである。この再生劣化問題を解決する手法は古くから研究され，これまでに熱定着，電場定着，長波長の光による再生，2色書き込み法などいくつかの手法が提案されている。

① 熱定着（Thermal fixing）[12]

熱定着とは，結晶温度を上げることでプロトンなどのイオン伝導度を高めて動きやすくし，電子の分布をイオンの分布として転写を行う方法である。これにより，電子の分布が参照光によって消去された後でも，イオンの分布は光では消去されないため，非破壊再生が可能となる。この方法は，主にLNやLTなどで行われている。

② 電場定着（Electrical fixing）[13]

電場定着とは，外部から結晶に抗電場に近い電場を印加することで部分的に分極反転を起こし，電子の分布を分極の分布として転写する方法である。この方法は，比較的抗電場の低い$BaTiO_3$[13]や$Sr_{0.75}Ba_{0.25}Nb_2O_6$[14]などで行われていたが，最近では，ストイキオメトリック組成（化学量論組成）のLNにおいて電場定着を試みた論文も報告されている[15]。

③ 長波長の光による非破壊再生（Nondestructive readout）

これは，記録時に用いた光とは異なる長波長の光（PR中心から電子を励起できないような十分長い波長の光）を再生時に用いて，再生時の電子励起を防ごうとするものである。ただしこのとき読み出しのための参照波が画像を構成するすべての屈折率格子ベクトルとブラッグ条件を満足しなければならないため，異方性回折[16, 17]や，球面参照波[18, 19]を用いるなどの工夫が必要となる。

④ 2色書き込み法（Two-color recording）

この方法は，ゲート光と呼ばれる第3の光を用いてホログラムの記録・再生・消去をコントロールする方法で，光学定着（Optical fixing）とも呼ばれている。この手法の大きな特徴は，すべてを光により制御できる点にあり，熱定着や電場定着とは異なりホログラムの部分消去も可能となるため，書き換え可能というPR結晶の利点を損なわずに記録ができる方法である。以下ではこの2色書き込み法について詳しく説明する。

5.5 2色書き込み法による不揮発性ホログラムの記録

PR結晶において，再生時にホログラムが消えてしまうのは，読み出し光（参照光）により電子が励起され，形成した電荷分布が再分布してしまうからであった。したがって再生時に記録したホログラムを消去せずに再生を行うためには，何らかの方法によって記録光が電子を励起できる状態とできない状態を可逆的に切り替えられればよい。2色書き込み法ではそのような状態の切り替えを，光誘起吸収効果（フォトクロミック効果）を用いて行っている。

第3章　記録メディア技術

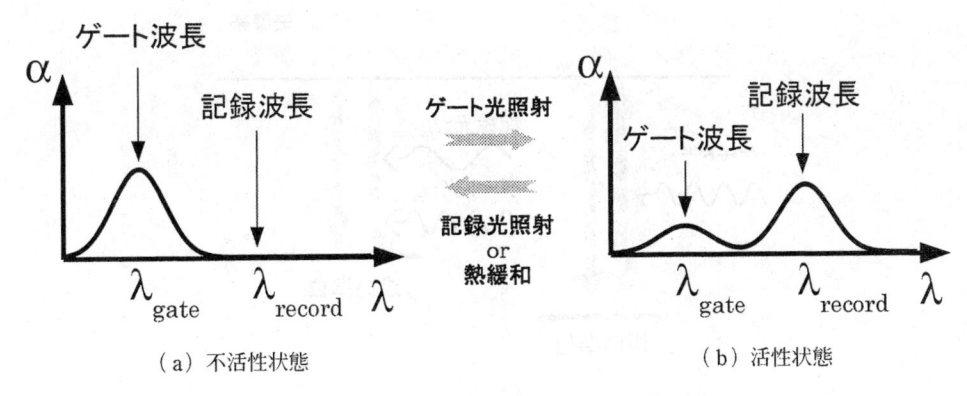

図4　光による活性状態と不活性状態の切り替え

（a）不活性状態　　　　　（b）活性状態

今，図4(a)に示すように初期状態で，結晶は記録光に対してほとんど吸収がないとする（不活性状態）。ここで吸収変化を誘起する光（以後この光をゲート光と呼ぶ）を結晶に照射し，図4(b)のように記録光波長における吸収を誘起する。すると，結晶は記録光を吸収して電子を励起できる，つまりホログラムを記録できる状態となる（活性状態）。ちなみにゲート光は，吸収を誘起して結晶を活性化させるだけなので，必ずしもコヒーレント光である必要はなく，ランプのようなインコヒーレント光でよい。ホログラム再生時には，ゲート光の照射をやめ，再び初期状態（不活性状態）に戻せば，参照光は吸収されず電子の励起は起こらないためホログラムは消えない。しかもこのホログラムは，再びゲート光を照射して活性状態にすることで消去することも可能であるから，書き換え可能である。

実際の2色書き込み法は，図5のようなバンドギャップ内に2種類の異なる準位を持った結晶において行われることが多い。ここでは，この2準位モデルにおける不揮発性ホログラムの形成過程を少し詳しく説明する。

① 初期状態

まず浅い方のトラップ準位には，電子が存在せず，深い方のトラップ準位にのみ電子があるとする。また吸収を誘起するゲート光は，深いトラップ準位から電子を励起できるのに対し，記録光は，浅いトラップ準位からしか電子を励起できないと仮定する。この状態では，記録光は励起する電子が存在しないため，干渉パターンを照射してもホログラムを形成することはできない。

② 活性化（吸収の誘起）

ゲート光を一様照射することで，深いトラップ準位から電子が伝導帯へと励起され，その一部が浅いトラップ準位へと再結合する。これにより初期状態で空であった浅いトラップ準位を電子が占めるようになり，記録光波長における吸収が増加する（光誘起吸収）。このときどれほどの吸収変化が誘起できるかは，浅いトラップ準位にいる電子の寿命（以後これを活性状態の寿命と

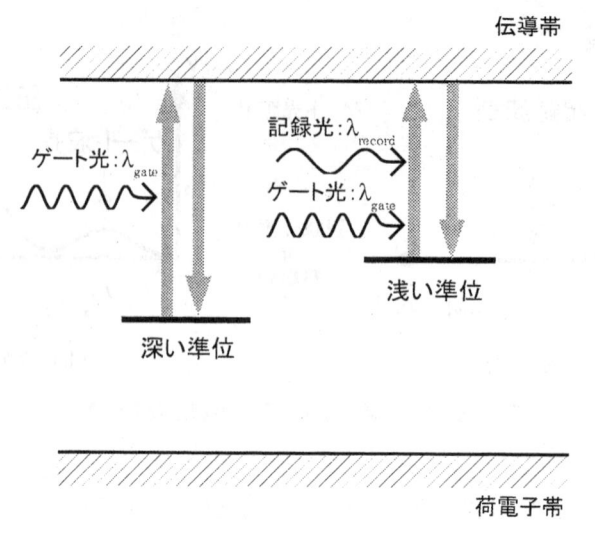

図5 2準位モデル

呼ぶことにする)に依存する。ある一定強度のゲート光のもとでは，活性状態の寿命が長ければ長いほど，浅い準位の電子密度を増やすことができるため吸収変化量は大きくなる(ただしいずれは飽和する)。

③ 電荷分布の形成（ホログラムの記録）

ゲート光を照射しながら同時に干渉パターンをもった記録光を照射する。これにより，浅いトラップ準位の電子が伝導帯へと励起され干渉パターンに応じて電荷の再分布が行われる。ホログラムの形成速度は，誘起された吸収変化量が大きいほど速い。したがって一般的にはゲート光強度を強くすればするほど記録感度は高くなる。ただしこのとき，ゲート光の照射は，同時に実効的な干渉縞の可視度を低下させるという点に注意しなければならない。すなわち強すぎるゲート光の照射は最終的に形成される屈折率変化量を小さくしてしまう。そのため，ゲート光と記録光は適当な光強度比で用いることが重要である。

④ 不活性化（ホログラムの定着）

ホログラムの記録を終えたら，今度は意図しないホログラムの書き換えが行われないように結晶を不活性化する必要がある。一般的に活性状態は，記録光の照射や熱的な緩和過程によって，より安定な不活性状態（初期状態）に戻る。つまり浅い準位にいる電子は，深い準位へと徐々に戻っていくが，このとき浅い準位に形成されていた電荷分布が深い準位へと転写される。そして最終的に浅い準位のすべての電子が元の深い準位へと移動し終わると，ホログラムの定着は完了する。つまりこの後記録光を照射しても，記録光のエネルギーでは深い準位から電子を励起できないため，ホログラムの書き換えが行われることはない。すなわち再生時にも消えることのない

第3章 記録メディア技術

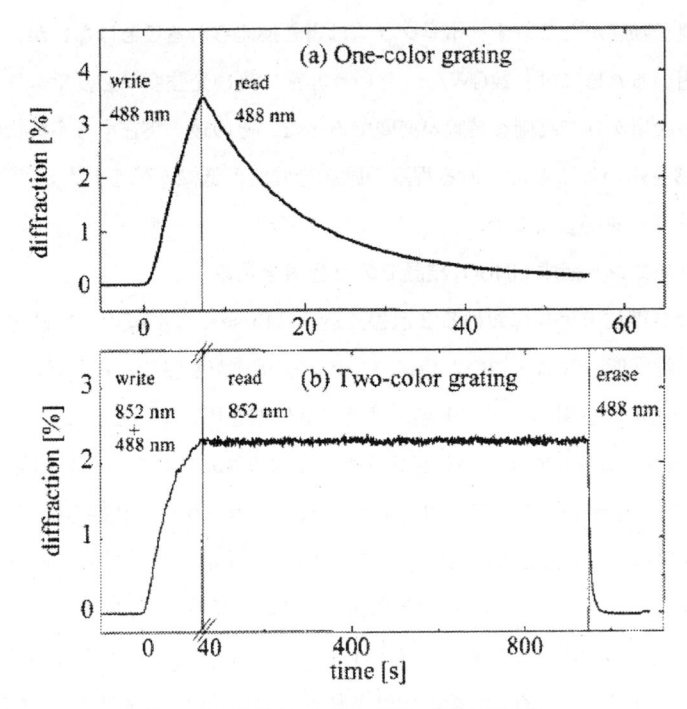

図6 回折効率の記録・再生・消去過程[20]
(a)通常の1色による書き込み (b) 2色書き込み法

不揮発性のホログラムが記録できたことになる。

実際の結晶では，不純物の吸収スペクトルの幅が広いことに起因して，記録光がわずかに深い準位から電子を励起してしまい，ホログラムが徐々に消えていくことがある。そのため浅い準位と深い準位の吸収帯は，なるべく分離されていることが好ましい。

図6に，Guentherら[20]の報告から引用した回折効率の記録・再生・消去過程の様子を示す。通常の1色での記録（記録光波長：488nm）では，再生時にホログラムが消えていってしまうのに対し，2色書き込み法（ゲート光波長：488nm，記録光波長：852nm）では，再生時にも回折効率の減少はみられず，ゲート光によって記録・再生・消去がコントロールできていることがわかる。

5.6 不揮発性フォトリフラクティブ結晶の開発状況

5.6.1 2光子吸収・励起状態吸収を用いた2色書き込み

2色書き込み法の概念は，そもそもLindeら[21]による2光子吸収を利用した記録方法に端を発している。提案当初，2色書き込み法は，先に述べた2準位系ではなく，1種類の準位において電子励起にゲート光と記録光の2光子吸収過程を用いていた。このときも同様にゲート光を入

射しなければ電子励起がおこらず，ホログラムは書き換えられることはないが，このような非線形光学過程を用いるためには，数GW/cm²という非常に高い光強度が必要であり，ピコ秒パルスレーザーなどの大掛かりで高価な装置が必要であった．その後，実在する不純物の中間準位を介した2段階遷移を用いることで，ある程度の励起光強度の低減が図られたが[22,23]，それでもナノ秒パルスレーザーを必要とした．

5.6.2　コングルエント組成 LiNbO₃ 結晶での 2 色書き込み

現在のような2準位モデルにおける2色書き込みはBuseら[24〜26]によって最初に行われた．この実験でも，活性状態の寿命が短いためにパルスレーザーが必要であり，記録光にはQスイッチYAGレーザーの基本波を用い，ゲート光にはその2倍波を用いている．このLN結晶における浅い準位は，LN結晶の育成過程で自然に導入されてしまうNb_{Li}アンチサイト欠陥（Liサイトに入ったNbイオン）に電子がひとつトラップされたスモールポーラロン状態Nb^{4+}_{Li}と考えられている[27]．結晶育成は通常，成長過程の全体にわたって均一な結晶を育成するため融液組成と結晶組成が一致するコングルエント組成（一致溶融組成）において行う．LNではこのコングルエント組成は$Li_2O:Nb_2O_5=48.5:51.5$であり，ストイキオメトリック組成（化学量論組成：$Li_2O:Nb_2O_5=50:50$）と異なっているため，電荷の中性条件を満足するように結晶内には空孔が生じる[28]．Iyiら[29]によれば，LN結晶で生じる空孔はLiサイト空孔で，

$$[Li_{1-5x}Nb_x\square_{4x}][Nb]O_3 \quad (\square は空孔を表す)$$

と表すことができる．これによるとコングルエント組成LN（CLN）結晶では，約1％に及ぶNb_{Li}アンチサイト欠陥と約4％ものLi空孔が存在していることになる．このような多数の欠陥の存在は，格子の配列を乱し，非発光再結合中心となるため，スモールポーラロン状態の寿命（つまり活性状態の寿命）を著しく短くする原因となる[30]．つまり先のBuseらの論文において活性状態（スモールポーラロン状態）の寿命が短かったのは，コングルエント組成に由来する多量の再結合中心の存在が原因と考えられる．したがってNb_{Li}アンチサイト欠陥などの再結合中心を減らし，スモールポーラロン状態の寿命を延ばすことができれば，記録に必要な光強度を低減し，記録感度を改善することができるはずである．

5.6.3　ストイキオメトリック組成 LiNbO₃ 結晶を用いた 2 色書き込み

そこでHesselinkら[30]，Guentherら[20]は，ストイキオメトリック組成に近いLN結晶（SLN）を記録媒体として2色書き込みを行った．これにより，必然的に生じてしまう欠陥などの再結合中心を減らし，スモールポーラロンの寿命を数百ミリ〜数秒程度まで長くすることができるため，低強度なCW光での記録も可能となる．図7は，Hesselinkらによって報告された記録感度のLi/Nb組成比依存性である．2色書き込みの記録感度は，$Li_2O:49.6$ mol％付近で急激に増大してお

第3章　記録メディア技術

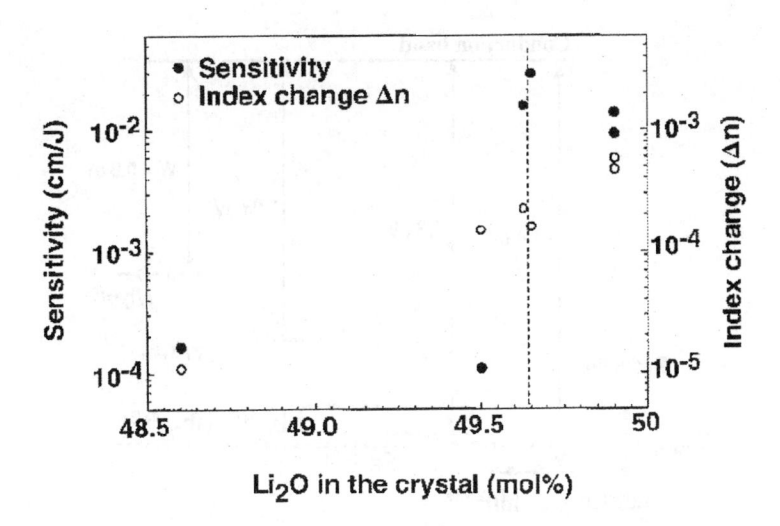

図7　記録感度と屈折率変化量の組成比依存性[30]

り，組成比によって2桁もの感度改善がなされている。

またSLNに適度な還元処理を行うことによりさらに記録感度を改善することができる。還元処理の影響は次の2点である。まずひとつは，意図せず混入したアクセプターとなりえるイオン（たとえばFe^{3+}イオンなど）をドナー状態（Fe^{2+}）へと変化させ，再結合中心を減少させること。もうひとつは，バイポーラロンと呼ばれる深いドナー準位(電子供給源)が作られることである。バイポーラロンとは，隣り合ったNb_{Li}とNb_{Nb}にスピンの異なる2つの電子が束縛されペアを形成している状態（$Nb^{4+}{}_{Li}Nb^{4+}{}_{Nb}$）である。バイポーラロンは，室温で安定に存在し，2.5 eVを中心にほぼ可視域全域にわたる幅広い吸収帯をもつが，600nm以下の光を吸収すると，解離してスモールポーラロン状態となる[28]。つまり還元処理を施した無添加SLN結晶では，深い準位をバイポーラロン，浅い準位をスモールポーラロンとした2準位系により2色書き込みが行われていると考えられる。

このような還元処理を施したSLN結晶において，記録感度は，$S=0.008\,cm^2/J$を得ることができた。通常の1色書き込みのFe添加CLNと比べるとやや感度は劣るものの，数W/cm^2程度のCW光で記録が行えるようになった意義は大きい。ただし，還元処理は，同時に暗伝導度を増加させる働きがあるため，この結晶でのホログラムの保持時間は，数週間から数ヶ月と短くなってしまうという問題点もある。

5.6.4　Mn添加ストイキオメトリック組成 LiNbO$_3$ 結晶を用いた2色書き込み

FeやMnなどのイオンは，図8に示されているようにバイポーラロンよりも深い準位を形成する。したがってこれらのイオンを深い準位として用いれば，深い準位の吸収帯を記録波長からより遠ざけることになり，再生時のホログラム消去をさらに抑えることができる。ただし多量の

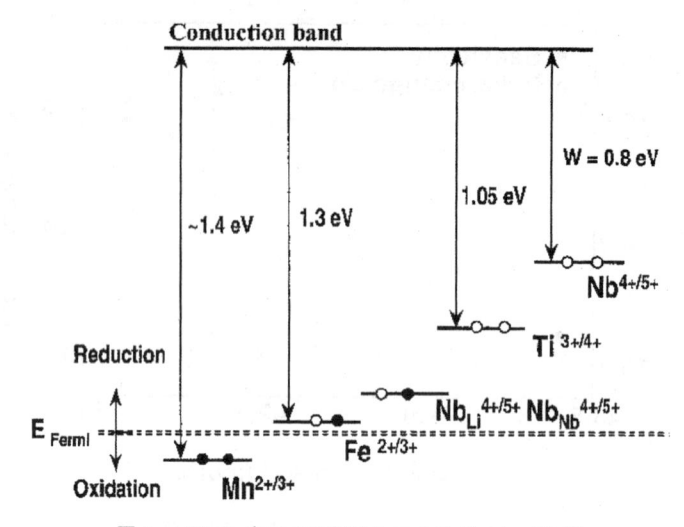

図8 LiNbO$_3$中での不純物とエネルギーレベル[30]

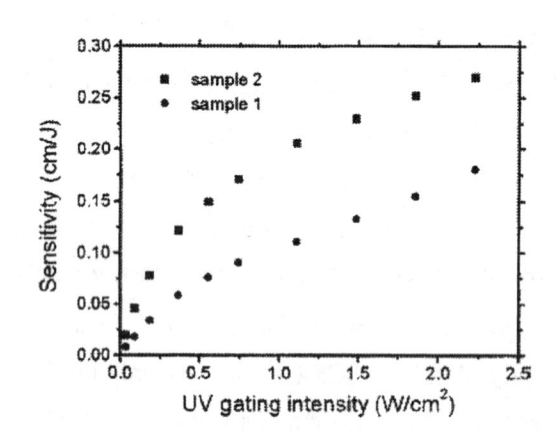

図9 Mn:SLN結晶の記録感度[31]
［記録条件］記録光：異常光線，波長778nm，光強度11.8 W/cm^2
　　　　　　ゲート光：常光線，波長350nm
　　　　　　結晶長：2 mm，屈折率格子間隔：1.5 μm
　　　　　　Sample 1：Mn 濃度 8 ppm，Li:Nb = 49.51:50.49
　　　　　　Sample 2：Mn 濃度 10ppm，Li:Nb = 49.81:50.19

不純物イオンの添加は，スモールポーラロンの再結合中心となり，寿命を低下させるので，これら添加量には最適値が存在する[30]。Liuら[31]は，Mnイオンにおいて添加量と組成比の最適化を行い，10ppmのMnが添加されたSLN結晶（Li:Nb = 49.81:50.19）において，$S = 0.28$ cm/J（異常光線入射）という高い記録感度を得ている（図9）。この値は1色書き込みのFe添加CLNと同程度の値である。またこの結晶では，還元処理を行っていないため，保持時間はやや改善され，0.6年という値であった。

5.6.5 ストイキオメトリック組成 LiTaO₃ 結晶を用いた 2 色書き込み

さらに Liu らは，LT のワイドバンドギャップ性と長い保持時間に着目し，無添加ストイキオメトリック組成 LT（SLT）結晶における 2 色書き込み特性を調べた[32, 33]。この結晶では，浅い準位をスモールポーラロン状態である Ta^{4+}_{Li} が担い，深い準位は，自然に混入した Fe が担っている。SLN 結晶の時と同様にストイキオメトリック組成に近づけることでスモールポーラロンの寿命は 4〜20 秒まで長くすることができ，記録感度は，最大で 0.18 cm/J（異常光線入射）という値を得ている。また到達できる最大屈折率変化量も 10^{-4} のオーダーと大きく，さらにプロトン拡散係数が小さいことに起因して保持時間も 5〜50 年という非常に大きな値が得られている（図10）。

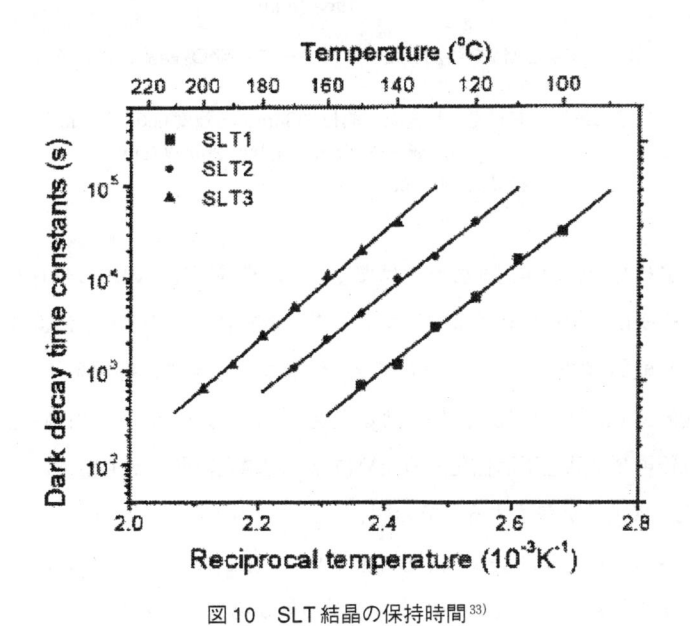

図10　SLT 結晶の保持時間[33]

5.6.6 ダブルドープ LiNbO₃ 結晶における 2 色書き込み

Buse ら[34]は，スモールポーラロンのような結晶に自然に生じる欠陥を用いず，2 種類の不純物 Fe と Mn を添加することにより，バンドギャップ中にエネルギーレベルの異なる 2 つの準位を形成した。結晶の活性化には UV 光をゲート光として用い，深いトラップ準位である Mn から，伝導帯を介して浅いトラップ準位である Fe へと電子を移動させ，吸収変化（フォトクロミズム）を誘起し，記録は He-Ne レーザーの波長 633nm の光で行っている。この手法がこれまで述べてきたスモールポーラロンを用いる方法と大きく異なる点は，Fe の準位に電子が安定に存在できるため，活性状態の寿命が非常に長いということである。これにより最終的に誘起される屈折率

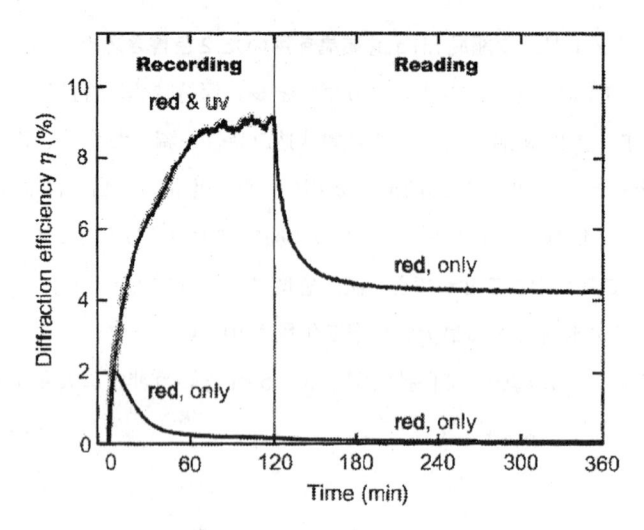

図11 FeとMnを添加したダブルドープLiNbO$_3$結晶における
2色書き込み[34]
[記録条件] 記録光：常光線，波長633nm，光強度600mW/cm^2
ゲート光：波長365nm，光強度20mW/cm^2
結晶長：0.85mm

変化量はゲート光や記録光の絶対光強度ではなく，その光強度比にのみに依存し[35]，低強度の光でも大きな屈折率変化を誘起できるようになる。また添加する不純物の量により浅い準位や深い準位の数密度を比較的容易にコントロールでき，添加する不純物の種類を変えることによって，様々なゲート光波長や記録光波長を選択できる可能性がある。一方で，活性状態が室温で安定であるため，記録後再び結晶を不活性化するためには，記録光の照射が必要である。これに起因して記録後から完全に定着が完了するまでの間，ホログラムの一部が消去される（図11）。また浅い準位を担う不純物イオンは，すべて初期状態でイオン化されて電子を持たない状態でなければならないから，大抵の場合，酸化処理のような熱処理が必要となる[36]。

その後この手法は，Two-center holographic recording [37] と呼ばれ，記録過程のシミュレーション[37~40]や，様々な不純物種の組み合わせ[41~45]が試されるなど盛んに研究が行われている。

当初，Fe：Mn：LN結晶において報告された記録感度は，0.0033 cm/J（常光線入射）と低いものであったが，その後，記録波長やゲート波長の最適化[46]，FeとMnの添加量の最適化[47]により，現在では0.15 cm/J（常光線入射）という非常に高い記録感度が報告されている[35]。ただしこのとき，記録波長が深い準位の吸収帯に近いため，ホログラムの揮発性は若干低下するという欠点もある。

以上これまで紹介した代表的なPR結晶の性能を表1にまとめておく。

第3章 記録メディア技術

表1 代表的な2色書き込み不揮発性フォトリフラクティブ結晶

材料	厚さ [mm]	浅い準位 深い準位	記録光波長 ゲート光波長	S [cm/J]	$M/\#$ [/cm]	保持時間 [year]	注
還元処理SLN	～10	スモールポーラロン バイポーラロン	852 nm 488 nm	0.008	0.8	0.07	20)
Mn:SLN	2	スモールポーラロン Mn	778 nm 350 nm	0.28	1	0.6	31, 48)
無添加SLT	2	スモールポーラロン Fe	722 nm 313 nm	0.18	3.6	5	32, 33)
Fe:Mn:CLN	2	Fe Mn	532 nm 404 nm	0.45*1	2.4*1	N/A	35) 多少の揮発性あり
Ce:Cu:CLN	2.5	Ce Cu	633 nm 390 nm	0.066*1	1.7*1*2	N/A	49) 光誘起型散乱少ない

*1 常光線での値から異常光線での値に換算（×3）
*2 書き込みと消去の時定数は一定であるとして回折効率から算出

5.7 おわりに

　LN・LT結晶がホログラフィックメモリーの記録媒体として注目されてから40年近くが経過したが，その間研究者たちをずっと悩ませてきたのは，情報の不揮発化と高い記録感度の両立という問題である。実際，2色書き込み法の提案当初はパルスレーザーが必要であり，この手法はとても現実的ではなかった。しかし近年，結晶の欠陥制御育成技術の発達によって高品質なSLN・SLT結晶が得られるようになったことに起因して，CW光で記録が行えるようになり，さらに1色での記録と同程度の記録感度が得られるようになった。またダブルドープ結晶における2色書き込み法も若干の揮発性があるものの，非常に高い記録感度が得られるなど，この数年の間に，飛躍的な感度改善が行われたといってよい。とはいえ，まだその記録感度は実用に十分な値とはいえず，さらに改善を行っていかなければならない。今後も地道な材料研究によって着実に感度改善がなされ，いずれPR結晶が書き換え可能なホログラム記録媒体として実用化されることを期待したい。

文　　献

1) A. Ashkin, G. D. Boyd, J. M. Dziedzic, R. G. Smith, A. A. Ballman, J. J. Levinstein, K. Nassau, *Appl. Phys. Lett.*, **9**, 72 (1966)
2) F. S. Chen, J. T. LaMacchia, D. B. Frazer, *Appl. Phys. Lett.*, **13**, 223 (1968)

3) N. V. Kukhtarev, V. B. Markov, S. G. Odulov, M. S. Soskin, V. L. Vinetskii, *Ferroelectrics*, **22**, 949 (1979)
4) N. V. Kukhtarev, V. B. Markov, S. G. Odulov, M. S. Soskin, V. L. Vinetskii, *Ferroelectrics*, **22**, 961 (1979)
5) Y. Yang, D. Psaltis, M. Luennemann, D. Berben, U. Hartwig, K. Buse, *J. Opt. Soc. Am. B*, **20**, 1491 (2003)
6) M. Werner, T. Woike, M. Imlau, S. Odoulov, *Opt. Lett.*, **30**, 610 (2005)
7) H. J. Coufal, D. Psaltis., G. T. Sincerbox, eds., Holographic Data Storage, pp.113–125 (Springer-Verlag, New York, 2000)
8) E. Krätzig, R. Orlowski, *Appl. Phys.*, **15**, 133 (1978)
9) Y. Yang, I. Nee, K. Buse, D. Psaltis, *Appl. Phys. Lett.*, **78**, 4076 (2001)
10) F. H. Mok, G. W. Burr, D. Psaltis, *Opt. Lett.*, **21**, 896 (1996)
11) H. Hatano, T. Yamaji, S. Tanaka, Y. Furukawa, K. Kitamura, *Jpn. J. Appl. Phys. Part1*, **38**, 1820 (1999)
12) J. J. Amodei, D. L. Staebler, *Appl. Phys. Lett.*, **18**, 540 (1971)
13) F. Micheron, G. Bismuth, *Appl. Phys. Lett.*, **20**, 79 (1972)
14) F. Micheron, G. Bismuth, *Appl. Phys. Lett.*, **23**, 71 (1973)
15) H. A. Eggert, F. Kalkum, B. Hecking, K. Buse, *J. Opt. Soc. Am. B*, **22**, 2553 (2005)
16) M. P. Petrov, S. I. Stepanov, A. A. Kamshilin, *Opt. Commun.*, **29**, 44 (1979)
17) M. P. Petrov, S. I. Stepanov, A. A. Kamshilin, *Opt. Laser Technol.*, **11**, 149 (1979)
18) H. C. Kulich, *Opt. Commun.*, **64**, 407 (1987)
19) H. C. Kulich, *Appl. Opt.*, **30**, 2850 (1991)
20) H. Guenther, R. Macfarlane, Y. Furukawa, K. Kitamura, R. Neurgaonkar, *Appl. Opt.*, **37**, 7611 (1998)
21) D. von der Linde, A. M. Glass, K. F. Rodgers, *Appl. Phys. Lett.*, **25**, 155 (1974)
22) D. von der Linde, A. M. Glass, K. F. Rodgers, *J. Appl. Phys.*, **47**, 217 (1976)
23) H. Vormann, E. Krätzig, *Solid State Commun.*, **49**, 843 (1984)
24) K. Buse, L. Holtmann, E. Krätzig, *Opt. Commun.*, **85**, 183 (1991)
25) K. Buse, F. Jermann, E. Krätzig, *Appl. Phys. A*, **A58**, 191 (1994)
26) K. Buse, F. Jermann, E. Krätzig, *Opt. Mater.*, **4**, 237 (1995)
27) F. Jermann, J. Otten, *J. Opt. Soc. Am. B*, **10**, 2085 (1993)
28) O. F. Schirmer, O. Thiemann, M. Woehlecke, *J. Phys. Chem. Solids*, **52**, 185 (1991)
29) N. Iyi, K. Kitamura, F. Izumi, J. K. Yamamoto, T. Hayashi, H. Asano, S. Kimura, *J. Solid State Chem.*, **101**, 340 (1992)
30) L. Hesselink, S. S. Orlov, A. Liu, A. Akella, D. Lande, R. R. Neurgaonkar, *Science*, **282**, 1089 (1998)
31) Y. Liu, K. Kitamura, G. Ravi, S. Takekawa, M. Nakamura, H. Hatano, *J. Appl. Phys.*, **96**, 5996 (2004)
32) Y. Liu, K. Kitamura, S. Takekawa, M. Nakamura, Y. Furukawa, H. Hatano, *Appl. Phys. Lett.*, **82**, 4218 (2003)
33) Y. Liu, K. Kitamura, S. Takekawa, M. Nakamura, Y. Furukawa, H. Hatano, *J. Appl.*

Phys., **95**, 7637 (2004)
34) K. Buse, A. Adibi, D. Psaltis, *Nature*, **393**, 665 (1998)
35) O. Momtahan, G. H. Cadena, A. Adibi, *Opt. Lett.*, **30**, 2709 (2005)
36) A. Adibi, K. Buse, D. Psaltis, *Appl. Phys. Lett.*, **74**, 3767 (1999)
37) A. Adibi, K. Buse, D. Psaltis, *J. Opt. Soc. Am. B*, **18**, 584 (2001)
38) Y. Liu, L. Liu, C. Zhou, *Opt. Lett.*, **25**, 551 (2000)
39) Y. Liu, L. Liu, *J. Opt. Soc. Am. B*, **19**, 2413 (2002)
40) L. Ren, L. Liu, D. Liu, J. Zu, Z. Luan, *J. Opt. Soc. Am. B*, **20**, 2162 (2003)
41) Y. Liu, L. Liu, L. Xu, C. Zhou, *Opt. Commun.*, **181**, 47 (2000)
42) K. -S. Lim, S. J. Tak, S. K. Lee, S. J. Chung, C. W. Son, K. H. Choi, Y. M. Yu, *J. Lumin.*, **94-95**, 73 (2001)
43) Y. Liu, L. Liu, D. Liu, L. Xu, C. Zhou, *Opt. Commun.*, **190**, 339 (2001)
44) D. Liu, L. Liu, C. Zhou, L. Ren, G. Li, *Appl. Opt.*, **41**, 6809 (2002)
45) Y. Guo, L. Liu, D. Liu, S. Deng, Y. Zhi, *Appl. Opt.*, **44**, 7106 (2005)
46) A. Adibi, K. Buse, D. Psaltis, *Opt. Lett.*, **25**, 539 (2000)
47) O. Momtahan, A. Adibi, *J. Opt. Soc. Am. B*, **20**, 449 (2003)
48) Y. Liu, K. Kitamura, S. Takekawa, G. Ravi, M. Nakamura, H. Hatano, T. Yamaji, *Appl. Phys. Lett.*, **81**, 2686 (2002)
49) Q. Dong, L. Liu, D. Liu, C. Dai, L. Ren, *Appl. Opt.*, **43**, 5016 (2004)

第4章　ホログラフィックメモリーの信号処理

山本　学*

1　はじめに

　近年，コンピュータやネットワークの進歩と普及により，大容量のディジタル情報が高速にやり取りされる時代が現実のものとなっており，今後，大容量かつ高速，低コストであるストレージが必要となる。このような背景より，ホログラフィ技術を応用して3次元的な記憶を行うホログラフィックメモリーの研究が進められている[1]。

　ホログラフィックメモリーでは，ディジタル情報を"0"が黒，"1"が白となる輝度値で表現し，2次元のディジタルビットパターンの形で記録される。そのため情報の読み出しにはCCDやCMOSなどの撮像素子が使われ，2次元の画像単位での一括記録再生が可能となる。しかし，撮像素子によりディジタルビットパターンを検出する装置構成上，その信号品質はビットパターンとCCDとの位置合わせ（ピクセルマッチ）の状態に大きく依存する。撮像素子と再生信号のピクセルを完全にマッチさせることは非常に困難であり，多少のピクセルずれ（ピクセルミスマッチ）が生じるためにデータのシンボル間干渉が発生し，再生信号を劣化させる要因となっている。このような2次元的に記録されたデータをランダムにアクセスするためには，機械制御の時間とその位置決め精度が問題になる。そこで，再生機構の読み出しにかける機械操作の時間を短縮するため，ピクセルミスマッチなどの再生信号の劣化に対しては，機械制御にはよらずソフトウェアでのディジタル信号処理によって品質を補償するというポストシグナルプロセシング[2]の研究が行われている。

　本稿では，ホログラフィックメモリーの様々な信号品質の劣化要因に対して，ソフトウェア上でのディジタル画像処理による歪補正と，新たに定義する信頼度を用いた軟判定ビタビ復号による2段階の復号法を検討し信号品質の改善を図った結果を述べる。

2　信号品質の劣化要因

　ホログラフィックメモリーにおける信号品質の劣化要因には，光学系で生ずる収差などの歪や

---

*　Manabu Yamamoto　東京理科大学　基礎工学部　電子応用工学科　教授

第4章　ホログラフィックメモリーの信号処理

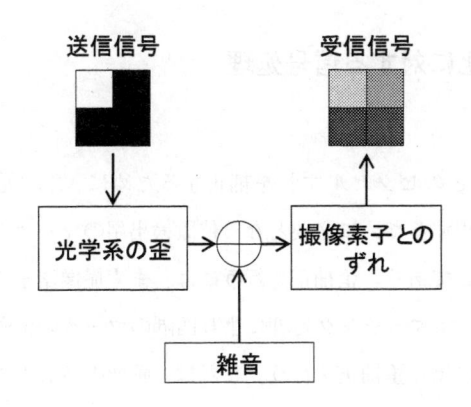

図1　ホログラフィックメモリーにおける通信路モデル

　媒体の収縮による像歪，あるいは光検出器の熱雑音などがあげられる。また，情報の読み出しにはCCDやCMOSなどの撮像素子が使われる方式であるため，再生時にビットパターンとCCDとのピクセルずれが生じると，シンボル間干渉が発生し信号品質を劣化させる。本稿では，まず光学的な歪があり，そこに雑音が加わり，CCDで撮像する際にピクセルずれが生じるという，図1に示すような通信路モデルを考える。ホログラフィックメモリーの再生機構で生じる雑音については熱雑音やショット雑音などがあるが，これらは白色雑音とみなすことができる。これは再生像の結像を乱すものではなく，信号対雑音比 (SNR) に影響を与えランダムエラーを引き起こす原因となる。

　特に信号品質に影響を与えるのが光学系の歪と撮像素子とのピクセルずれである。歪やピクセルずれには，水平垂直方向への単純な位置ずれのほか，回転ずれや焦点ずれによる拡大縮小が考えられる。これらにおいては，画像全体に渡って信号品質の劣化を生じさせるために，元のデジタル信号にエラー訂正処理を用いたとしても修復が困難なほどのバーストエラーを発生させる場合がある。そこで本研究では，データページに位置検出用のマーカを配置し，その座標を検出し歪補正処理を行うことで光学系の歪の補正とピクセルずれを緩和させる。ここで，歪補正処理には線形補間法を用いるため，補正が可能となるのは線形な領域のみである。そこで，歪補正を施してもなお位置を合わせられない画素や，再生機構で生じる雑音に関しては，変調符号化さらには誤り訂正符号（ECC：Error Correction Code）を用いてエラー訂正を行うものとする。エラー訂正にはビタビ復号法[3]あるいはシャノン限界に近い誤り訂正能力を持つLDPC（Low Density Parity Check Code）符号が検討されている[4,5]。

3 信号品質の劣化に対する信号処理

3.1 歪補正

　光学的な歪や撮像素子とのピクセルずれを補正するために，2次元ディジタル情報を含んだデータページ中に歪を補正するために必要となる位置検出用のマーカを，図2に示すようにビットパターンの四隅に配置してある。歪補正を行うには，まず撮像素子で得られた画像から四隅のマーカに対してテンプレートマッチング処理により四隅のマーカの位置検出を行い，検出した座標値を用いて線形補間法により歪補正を行う。これは，画像の各ピクセルの濃度を周囲の格子点から濃度補間を行いつつ画像全体の形を整えるものであり，画像歪を補正し，ピクセルずれを緩和して画像を鮮明なものにする効果がある。

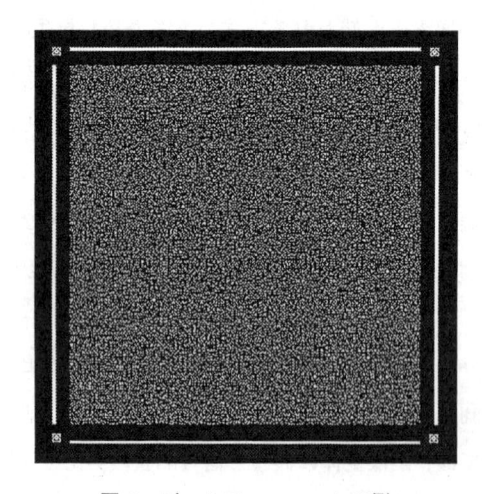

図2　データフォーマットの例

3.2 変調符号

　変調符号法とは，ディジタル情報をビットパターンに変換するための画像構成法である。通信路の雑音により劣化したビットパターンから正しくディジタル情報を抽出するために，符号化効率をさほど損なわずに符号誤り率を低減できることから様々な種類の2次元変調符号の研究が行われている[6]。ホログラフィックメモリーの信号は，理想的な状態において，光の当たっている撮像素子のピクセルをONビット，光の当たっていない撮像素子のピクセルをOFFビットとする。しかし実際は通信路で雑音を受けるため，ONとOFFの違いは明確ではなくなる。そこで変調符号法は，ONとOFFを組み合わせでビットパターンを形成し，各ピクセルの輝度の差を読み取ることにより，元のディジタル情報を抽出するというものである。

第4章　ホログラフィックメモリーの信号処理

"0"　　　"1"

差分符号

"00"　"01"　"10"　"11"

2/4変調符号

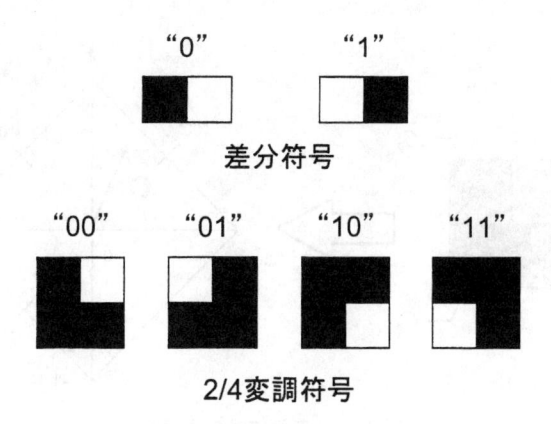

図3　2次元変調符号の例

　また，ホログラフィックメモリーでは光強度が強いデータを記録すると媒体飽和が発生する。その結果，ゴーストノイズなどが発生し，信号品質を著しく低下させる要因となる。そこで，ホログラフィックメモリーでは画像全体の光強度を小さくするようなデータの構成方法が必要となる。そのような方法によってディジタル情報を，全体に対してONビットの割合が少ない変調符号を用いて変調することにより，画像全体の光強度を抑えることができ，媒体飽和を回避することができる。このような目的においても変調符号法は，ホログラフィックメモリーにおいて有効な手法であるといえる。

　ここで本稿では，変調符号として一般的に使用されている差分符号と2/4変調符号を用いた（図3）。差分符号は1ビットのデータを2ピクセルで表現し，その符号化率は0.5である。差分符号は，輝度を左右のピクセルで比較し左側の輝度が高ければ"0"，右側の輝度が高ければ"1"というように，簡単にディジタル情報の復号ができることが特徴である。これは見方を変えると，2ピクセルのブロックに対して，ブロック毎に相対的に輝度を比較することでローカルな2値化を行っているように考えることもできる。

　一方，2/4変調符号は2ビットのデータを4ピクセルで表現したものであり，差分符号と同様で符号化率は0.5となる。この場合，明るさが最大となるピクセルを求めることで復号を行うことができる。

4　信頼度を用いた信号品質の評価

　変調符号は，信号品質が安定しない場合においても容易に復号を行うことができる画像の構成法である。ここで，変調符号の復号は画像の輝度の差で行うという性質に着目し，変調符号の復号プロセスに信頼度を定義しビット誤りとの関係について検討を行った。

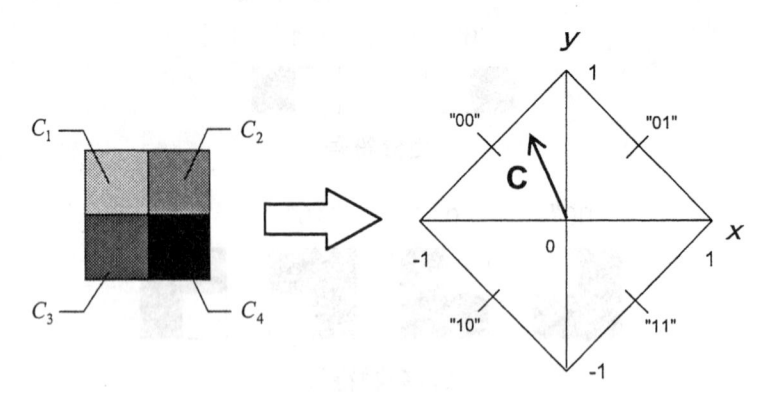

図4　2/4変調符号の信頼度

　信頼度とは変調符号の復号結果がどのくらい信頼できるかを表す値である。例えば，信頼度が高い変調符号を復号したデータはエラーである可能性が低く，信頼度が低い変調符号ほど復号したデータはエラーである可能性が高いということである。差分符号の復号は，符号ブロックの左右のピクセルの輝度値を比較することであった。そこで，差分符号では，左右のピクセルの差分の絶対値と定義することにより信頼度を定義できることができる。これは，信頼度が高い場合というのは左右のピクセルの輝度値が離れている場合であり，画像が鮮明であるということである。また，信頼度が低い場合というのは左右のピクセルの輝度値が近いということであり，ピクセルの輝度値の反転が起こりやすくなり，エラーが発生しやすい状態ということが言える。このように信頼度を定義することによって，信号品質の良し悪しとビットエラーとの関係を再生画像から判断することができるようになる。

　次に2/4変調符号の信頼度について考える。2/4変調符号は4つのピクセルを使用し最も高い輝度値を検出することで復号を行っていた。ここで2/4変調符号は4つのピクセルを持つために，差分符号のように単純に差を取ることができない。そこで，信頼度の定義には工夫が必要となる。2/4変調符号の信頼度は，図4に示すように各ピクセルの輝度値をC_1〜C_4としたとき，以下の式で定義される。

$$\mathbf{C} = \frac{1}{2}\left\{C_1\begin{bmatrix}-1\\1\end{bmatrix} + C_2\begin{bmatrix}1\\1\end{bmatrix} + C_3\begin{bmatrix}-1\\-1\end{bmatrix} + C_4\begin{bmatrix}1\\-1\end{bmatrix}\right\}$$

　ここで，この信頼度$\mathbf{C}$は2次元ベクトルであり，各ピクセルの輝度値が0.0〜1.0で表されるとすると，信頼度$\mathbf{C}$は図4に表されるような領域内の点を示すベクトルとなる。この図からわかるように信頼度$\mathbf{C}$は2/4変調符号の輝度の分布を表す。

　この信頼度$\mathbf{C}$は，その変調符号が表す情報ビットの方向性を持っている。図4の例では$\mathbf{C}$の

第4章　ホログラフィックメモリーの信号処理

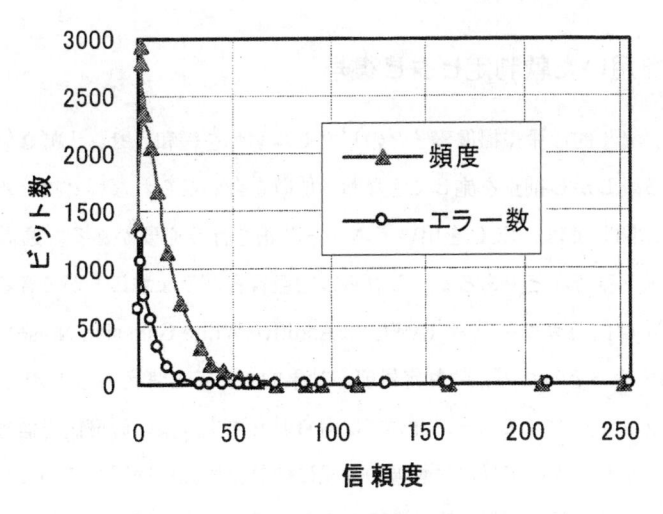

図5　信頼度とビット誤りの関係

x 成分は負，y 成分は正であるため，情報ビットは"00"を表すことがわかる。

　この2/4変調符号の信頼度から，差分符号で定義したような信頼度を得るには，いくつか方法が考えられるが，ここでは**C**のx成分とy成分を掛け合わせたものの絶対値を信頼度として用いている。このようにすることで，画像が鮮明なものほど信頼度が高くなるという性質を満たすことができる。

　差分符号についても2/4変調符号と同様で，信頼度を以下の式で定義することができる。

$$\mathbf{C} = C_1[-1] + C_2[1]$$

ここで，この信頼度の絶対値をとったもの(ベクトルの長さ)が，先ほど定義した差分符号の信頼度と一致することがわかる。

　次にこれらの信頼度がビット誤りとの相関性を持つか，実際に記録し，再生した画像をもとに評価を行った。使用した画像は差分符号で構成したビットパターンであり，画像の階調は8ビットであるため，信頼度の範囲は0～255となる。信頼度とビット誤りの関係を示すヒストグラムを図5に示す。ここで，これらの信頼度ヒストグラムは，再生した画像に含まれるすべての情報ビットに対して測定したものと，エラービットのみに対して測定したものを示している。

　図5に示すように信頼度が低いものほどエラーが発生し，信頼度が高いものほどエラーが発生しにくくなっていることがわかる。このように信頼度はビット誤りと密接に関係しており，信号品質の評価に有効である。

5 信頼度を用いた軟判定ビタビ復号

歪補正により，光学的な歪や撮像素子とのピクセルずれを緩和させ，大幅な信号品質の改善を図ることができる。しかし補正を施してもなお，位置を合わせられないピクセルや，通信路の雑音によるエラーに関しては，ECCを用いてエラー訂正を行う必要がある。通信路における雑音は熱雑音やショット雑音などであるが，これらは白色雑音とみなすことができるので，歪補正を行った後の通信路は白色ガウス雑音（AWGN：Additive White Gaussian Noise）通信路であるとみなすことができる。そのため，軟判定処理が効果的であると考えることができる。

通常，ホログラフィックメモリーにおいては得られた再生画像の輝度値を信号強度として軟判定処理を行う。しかし，本稿では再生画像の構成に変調符号法を適用しているために，画像の輝度値のかわりに，変調符号の信号強度が必要とされる。そこで本稿では，前節で示した信頼度を軟判定値として使用する軟判定ビタビ復号法を検討した結果を述べる。

軟判定ビタビ復号法における軟判定処理では，受信された信号と，ある法則により求められた2つの信号とのそれぞれユークリッド距離を求め，それらを比較する必要がある。差分符号においては，得られた変調符号の信頼度と，ある法則により求められた変調符号の信頼度の差の絶対値で，2つの変調符号のユークリッド距離を算出することができる。2/4変調符号の場合も同様であり，図6に示すように信頼度ベクトルとある法則により求められた変調符号の信頼度との差ベクトルの長さが，2つの変調符号のユークリッド距離を表す。

図6では，得られた変調符号と，"00"と"11"とのユークリッド距離を算出し，軟判定ビタビ復号におけるトレリス線図でのパスの取捨選択とパスメトリック算出の様子を表している。この図に示すように，得られた変調符号の信頼度と"00"と"11"との差ベクトルの長さ$d1$, $d2$を求め，その大小関係からパスの取捨選択，前段のパスメトリックの値bと生き残ったブランチのユークリッド距離$d1$（ブランチメトリック）を加算し，次段のパスメトリックcを得る。このように変調符号法を適用した場合においても，軟判定値として信頼度を用いることで軟判定ビタビ復号法を容易に実現することができる。

次に，これらの信頼度を用いた軟判定ビタビ復号が，ホログラフィックメモリーにおいて有効であるか検証する。ここで畳み込み符号は拘束長7，符号化効率1/2のものを使用した。

ディジタル情報に畳み込み符号を施し，差分符号と2/4変調符号を適用してそれぞれビットパターンを作成した。試験の方法は前節と同様で，画像に対してガウス雑音を加えてから，0.0°〜1.0°の範囲で回転を加え，歪補正処理，変調符号の復号，ビタビ復号という手順で検証を行った。

ここでは，新しく提案した2/4変調符号における軟判定ビタビ復号法の有効性を検証するために，実際に記録再生実験を行って得た測定結果を示す。

第4章 ホログラフィックメモリーの信号処理

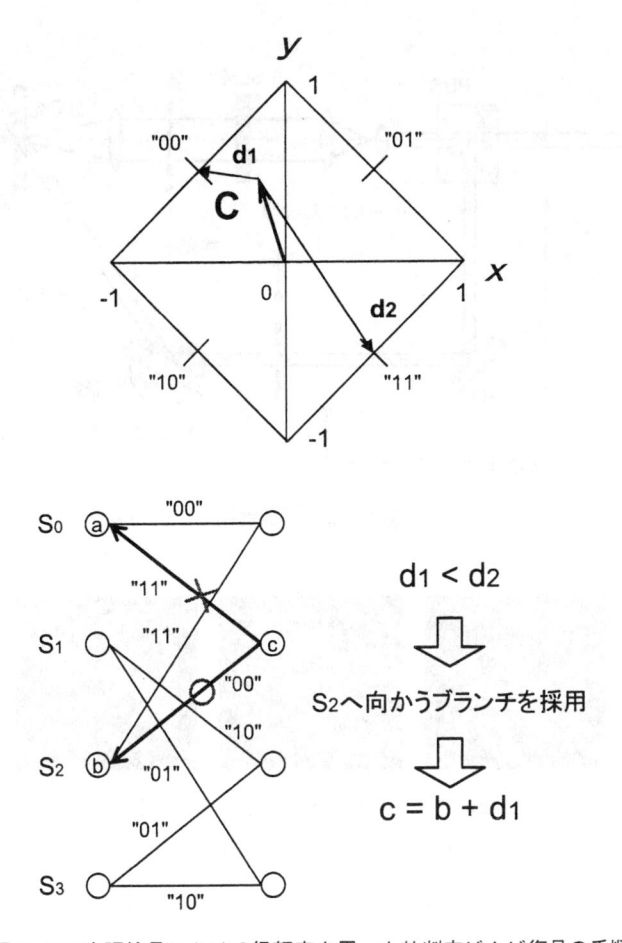

図6 2/4変調符号における信頼度を用いた軟判定ビタビ復号の手順

　図7に評価に使用した光学系の概要を示す．SLMは液晶型空間変調器で，検出器はCCDセンサである．光源には波長が532nmであるLD励起SHGレーザを使用している．記録媒体にはAprilis社の厚さ400μmのフォトポリマーを使用した．記録には参照光の入射角度を1度刻みで40度〜50度の範囲で多重記録して，記録後は定着処理を行った．

　図8に42.0度に記録を行ったビットパターンの再生像を示す．最良の再生像は参照光角度が42.15度のときであり，記録時の角度と0.15度ずれた結果となった．これは媒体が収縮したことに起因している．参照光角度が最適な角度からずれると再生像は暗くなり，クロストークによる干渉性ノイズも発生することからSNRは低下する．図9に参照光角度とSNR・エラー数の関係を示す．RawErrorとは2/4変調符号を硬判定で復号し，エラー訂正符号は使用しなかった場合のビットエラー数である．Soft Viterbi Errorは，本稿で提案した2/4変調における軟判定ビタビ復号を行った結果であり，RawErrorに比べ，より広い参照光角度の範囲でエラー数を0とする

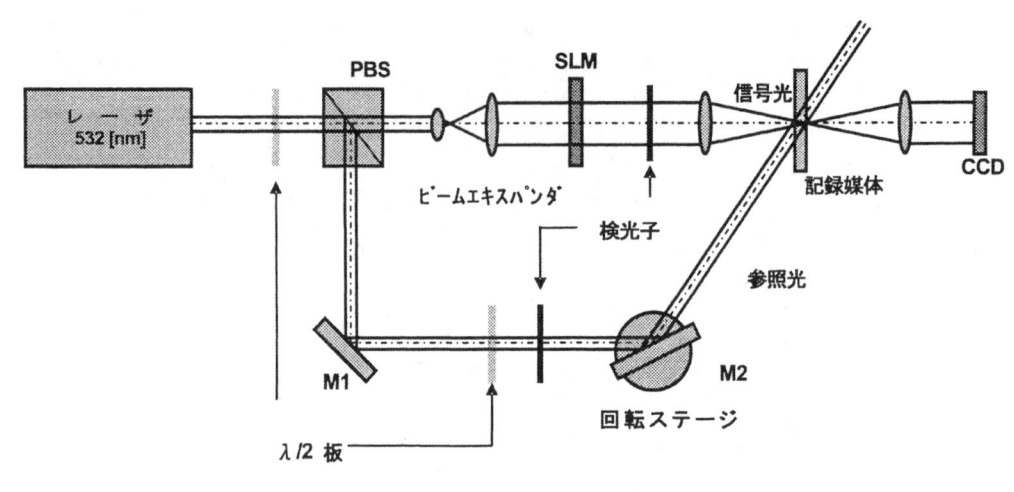

図7　実験系の構成

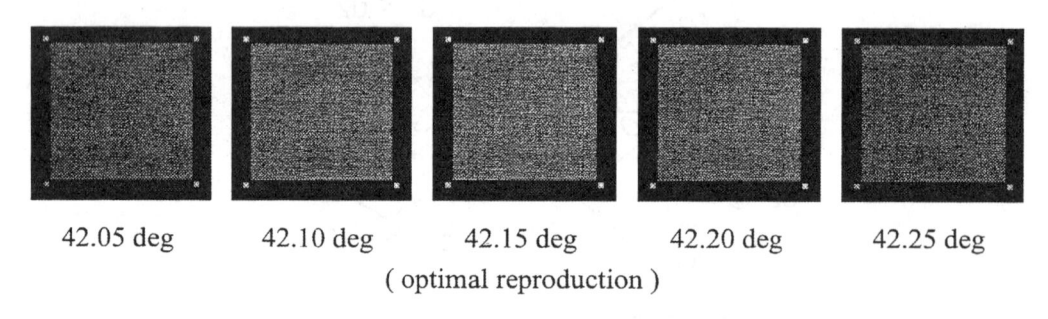

42.05 deg　　42.10 deg　　42.15 deg　　42.20 deg　　42.25 deg
(optimal reproduction)

図8　実験における再生像の角度依存性

ことができた。つまり，軟判定ビタビ復号を行った結果，広い参照光角度の範囲での再生を可能とし，参照光の角度決め精度を緩和することが可能であるといえる。

　図10は再生像のSNRに対するビットエラー率の関係を示す。2/4変調符号を硬判定復号したものはSNRが12 dB程度でエラーを発生させるのに対し，硬判定ビタビ復号を施したものは，およそ7 dBまでエラー発生のSNRを低減することに成功している。また，本稿で提案する軟判定ビタビ復号を実行した場合，エラー発生SNRをさらに1 dB低減させることに成功している。このことから，本稿で提案する2/4変調符号における軟判定ビタビ復号法は有効であることが確認された。

第4章 ホログラフィックメモリーの信号処理

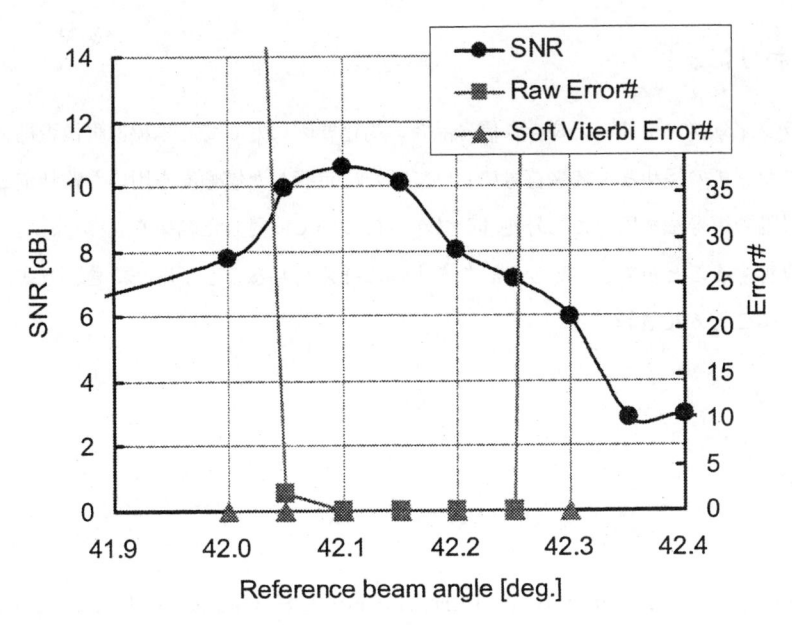

図9 SNRと参照光角度との関係

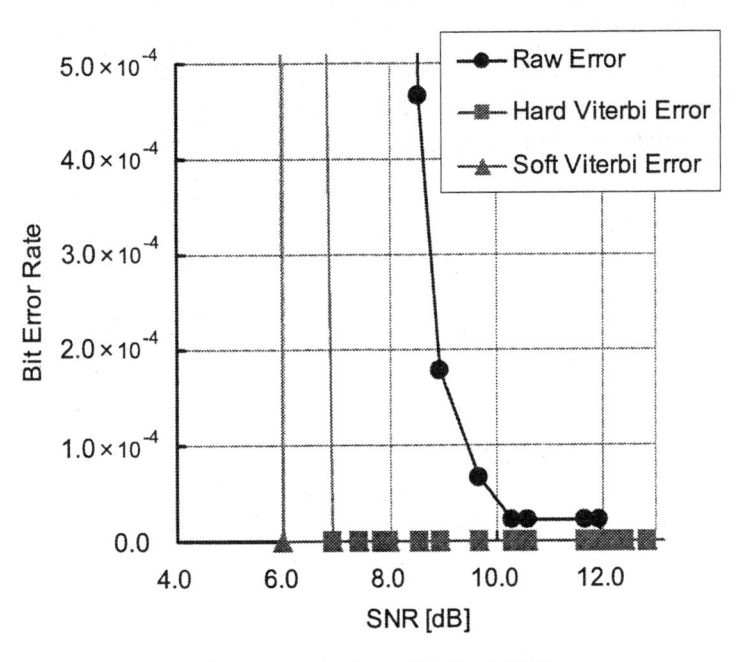

図10 SNRとビット誤り率との関係

6 おわりに

ホログラフィックメモリーの様々な信号品質の劣化要因に対して，本稿は画像歪補正によるピクセルミスマッチの緩和と，変調符号において新たに定義した信頼度を用いた軟判定ビタビ復号による2段階の復号法を用いた信号処理システムについて検討した結果を述べた．本方式では信号品質を改善することができ，ビット誤りを大幅に抑えられることが確認でき，方式の有効性を明らかにすることができた．

文　献

1) J. Ashley, M. -P. Bernal, G. W. Burr, H. Coufal, H. Guenther, J. A. Hoffnagle, C. M. Jefferson, B. Marcus, R. M. Macfarlane, R. M. Shelby and G. T. Sincerbox, Holographic data storage, *IBM J. REX. DEVELOP*, **44**, no.3, pp.341-368, May 2000.
2) G. W. Burr and T. Weiss, *OPTICS LETTERS*, **26**, no.8, pp.542-544, April 2001.
3) S. Jeon, S. Han, B. Yang, K. M. Byun and B. Lee, *Jpn. J. Appl. Phys.*, **40** (2001) 1741.
4) H. hayashi, Technical Digest of ISOM2004, We-G-08, pp.98-99.
5) L. D. Ramamoorthy and B. V. K. Vijaya Kumar, Technical Digest of ISOM2005, ThE7.
6) G. W. Burr, J. Ashley, H. Coufal, R. K. Graygier, J. A. Hoffnagle, C. M. Jefferson and B. Marcus, *OPTICS LETTERS*, **22**, no.9, pp.639-641, May 1996.

第5章 シミュレーション技術

1 デジタルホログラム再生のFDTDシミュレーション

木下延博[*]

1.1 はじめに

　ホログラムの再生特性解析について，古くはKogelnikが音響光学的なアプローチにより結合波解析（CWA：Coupled-Wave Analysis）を考案し[1]，さらに近似を取り去った厳密結合波解析（RCWA：Rigorous Coupled-Wave Analysis）がMoharamとGaylordによって構築された[2]。これらはシンプルな解析対象に対して精度よく高速に解を求めることができるため，今日でもHOEやDOEなどの設計によく用いられる。ここでいうシンプルな解析対象とは，ホログラム内部における干渉縞が一様な分布を持ち，ある関数で厳密に表現または近似的に表現されるものをいう。

　実際のホログラフィックメモリーにおいては，デジタル変調されたページデータが媒体中に干渉縞として高密度記録・保持される。従って干渉縞が信号光（情報光）で変調された形態をとるため，その分布は少し複雑な様相を呈す。この場合のシミュレーション手法として，厚いホログラムを層分割して積算する方法[3]，画素分布関数のコンボリューションとしてCWAをベースに解く方法[4]，不規則媒体からの光の多重散乱ととらえてBorn近似を用いる方法[5]，FDTD法を用いる手法[6]などが提案されている。

　本節では，FDTD法をホログラムのシミュレーション手法として用いた場合について，具体例を挙げながら基本的構成方法を述べる。

1.2 FDTD法

　FDTD法（Finite-Difference Time-Domain method，有限差分時間領域法）は1966年にK. S. Yeeによって考案された[7]電磁界の計算機シミュレーション手法で，マクスウェルの方程式を差分表現により離散化して直接的に解く陽解法である。解析領域全体は微小なセルで分割される。図1は一辺の長さがΔのセルにおける電磁界成分配置を示したものである。全セルの電磁界成分および誘電率などのパラメータは計算機メモリー上に展開され，電界は磁界のrotationから，磁界は電界のrotationから順次時間ステップに従って逐次更新を繰り返し，一定ステップの更新が終了した時点での電磁界分布が最終的に得られる。大まかな流れを図2に示した。FDTD法の定

---

[*] Nobuhiro Kinoshita　日本放送協会　放送技術研究所

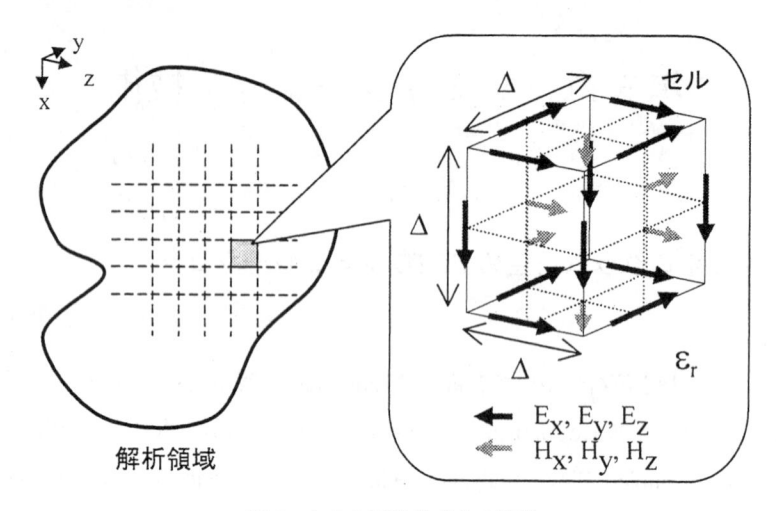

図1　セルと電磁界成分の配置

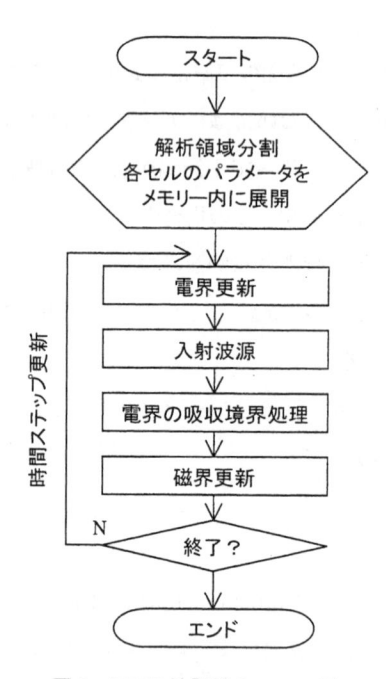

図2　FDTD法計算のフロー例

式化など詳細については，他の文献に詳しいので参照されたい[8]。

　解析対象領域の構造と電磁界成分を計算機メモリーに全て展開するため，計算コストという観点からすれば必ずしも効率的ではないが，①解の視覚化が容易でホログラム内部における回折・光伝搬をイメージしやすい，②解析対象の構造を任意に設定できるため，複雑な干渉縞分布やホログラム中の構造的欠陥などを容易にモデル化できる，といった特長がある。

第 5 章　シミュレーション技術

もともとマイクロ波・ミリ波の散乱や伝搬の問題に広く適用されており，近年では光の分野（フォトニック結晶[9]，光ディスク[10,11]，SuperRENS[12]など）の解析に用いられている。ホログラフィックメモリーへのFDTD法の適用は一般に解析領域を大きく確保する必要があるため，これまでの報告例は少ない。しかし近年の計算機性能の向上とPCクラスタなど低コストな並列計算手法の構築に後押しされ，魅力的な解法となりつつある。

1.3　一様なホログラムの二次元シミュレーション

ホログラフィックメモリーなどの体積ホログラムに不可欠な三次元シミュレーション手法について述べる前に，参照光・信号光とも平面波を用いた場合の一様なホログラムを例に二次元シミュレーション手法を解説する。ここではMoharamとGaylordがRCWAで取り扱った[13] 一様なホログラム（planar-grating）を解析モデルとして取り上げ，基本的なシミュレーションの流れを把握する。

1.3.1　解析モデル

図3に示すように，厚さtの透過型ホログラムがz方向に十分広く存在し，式(1)の比誘電率分布として表されているとする。どの位置zに対しても同一のxy面内分布を有するとし，二次元領域シミュレーションを行う。

$$\varepsilon_r(\mathbf{r}) = \varepsilon_{ave} + \varepsilon_{amp} \cdot \cos(\mathbf{K}_h \cdot \mathbf{r}) \tag{1}$$

$\mathbf{r}$はホログラム内の位置ベクトルである。縞ベクトル$\mathbf{K}_h$を

$$\mathbf{K}_h = (K_{hx}, K_{hy}) = \frac{2\pi}{\Lambda}(\cos 120°, \sin 120°) \tag{2}$$

で与え，比誘電率の平均値$\varepsilon_{ave}=2.25$，ホログラムの比誘電率振幅$\varepsilon_{amp}=0.27$，縞間隔$\Lambda=853$nm，$\Delta=8.4$nm，光の真空中波長$\lambda=532$nmにて計算を行う。簡単のため，ここではz方向の直線偏光の場合を考える。

図4は二次元解析領域全体を示す概念図である。中央部にあるホログラム領域の両側にそれぞれ波源面と観測面を配置し，解析領域全体を一辺の長さΔのセルで無数に分割する。最外周部での光波の反射を防ぐため領域全体を吸収境界で取り囲むことにより，本来開放領域の現象もシミュレートすることができる。吸収境界として，少し計算機メモリーを消費するが性能の良いPML（Perfectly Matched Layer）で取り囲んでいる。場所ごとの電磁界成分と比誘電率を計算機メモリー上に展開し，式(1)によりホログラムを比誘電率分布として与える。波源面から再生用参照光を伝搬させ，ある一定時間だけFDTD逐次計算を繰り返すと，再生された回折光の電磁界成分が観測面にて抽出される。最終的にはこの電磁界成分からポインティング・ベクトルを算出

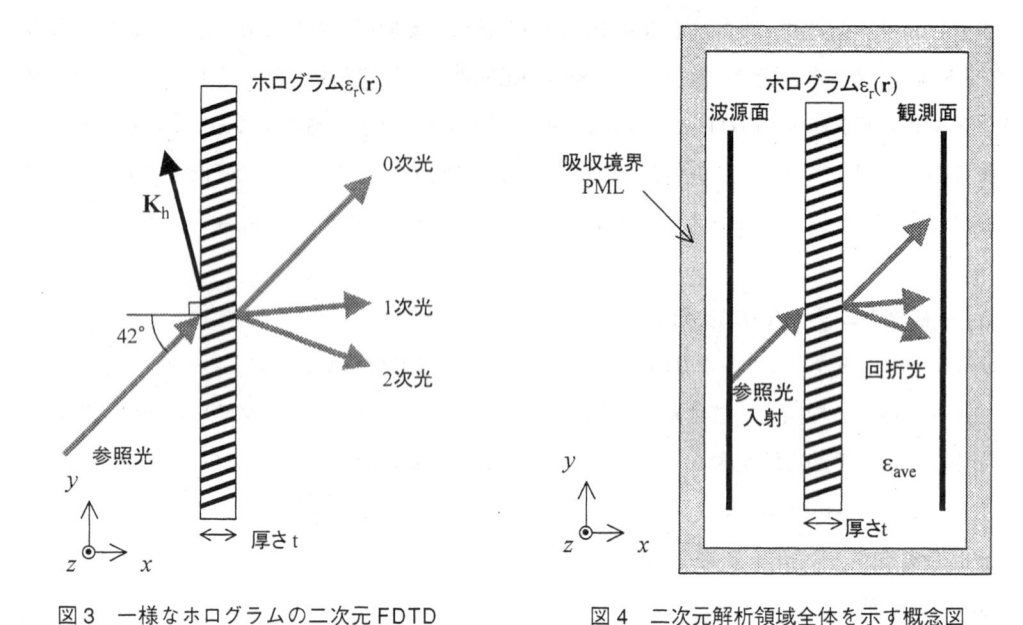

図3 一様なホログラムの二次元FDTD
シミュレーションモデル

図4 二次元解析領域全体を示す概念図

することで回折効率が求められる。

1.3.2 波源面

参照光をホログラムへ入射させるための波源面は，電界を励振する電圧源で構成される。波源面は任意の波面を生成させることができるが，ここではz方向直線偏光の平面波を励振させる。後述の三次元シミュレーションへの拡張を考えて記すと，x, y, z軸と為す角 α, β, γ とする方向へ出射される平面波 $\varphi(\mathbf{r})$ は，波源面上の位置 $\mathbf{r}$ において時間項を省略すれば，

$$\varphi(\mathbf{r}) = g(\mathbf{r}) \cdot \exp(-j\mathbf{k} \cdot \mathbf{r}) \tag{3}$$

$$\text{ただし，波数ベクトル } \mathbf{k} = \frac{2\pi}{\lambda_e}(\cos\alpha, \cos\beta, \cos\gamma) \tag{4}$$

λ_e は有効波長，$g(\mathbf{r})$ はビームプロファイルを与える強度分布関数である。xy平面内における二次元シミュレーションの場合は $\gamma = 90°$ として考えればよい。今回は参照光をx軸に対し42°で照射するので，$\alpha = 42°$, $\beta = 48°$ となる。

ビームエッジからの不要な回折パターンの影響を除去するために，付与するビームプロファイルに工夫が必要である。ここでは，ビームプロファイルを図5に示すようなflat cosine-squared window function [14] とし，次式で与えるものとする。

第 5 章　シミュレーション技術

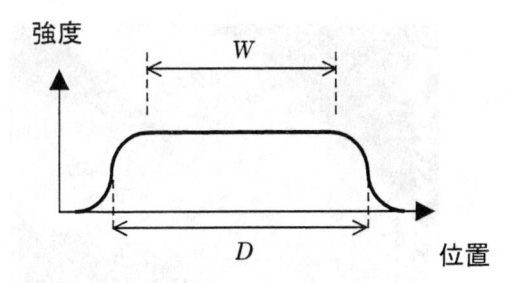

図 5　flat cosine-squared window function で与えられるビームプロファイル

$$g(\mathbf{r}) = \begin{cases} 1, & 0 \leq s(\mathbf{r}) \leq W/2 \\ \cos^2\left[\dfrac{s(\mathbf{r})-W/2}{2(D-W)}\pi\right], & W/2 \leq s(\mathbf{r}) \leq D-W/2 \\ 0, & D-W/2 \leq s(\mathbf{r}) \leq \infty \end{cases} \tag{5}$$

ここで，

$$s(\mathbf{r}) \equiv \frac{|(\mathbf{r}-\mathbf{r}_c)\times\mathbf{k}|}{|\mathbf{k}|} \tag{6}$$

また，$\mathbf{r}_c$ は任意のビーム中央点を表す位置ベクトル，W はビームプロファイルのフラット部分の幅，D はビーム半値幅である。

1.3.3　観測面での空間周波数領域への変換

図 6 は解析領域内に設置したホログラムへ参照光を入射させ，得られた回折光の伝搬の様子を電界強度分布として図示したものである。回折光は 0 次（透過光），1 次のみでなく，高次まで全て含んだ電磁界分布である。ただし，3 次以降は強度が小さいため図での確認は難しい。0 次から高次までの回折光を空間的に分離して算出するためには極めて大きな解析領域を必要とすることがわかる。従って実際の計算においては，図 6 の A-B 間に観測面を配置し，必要とされる解析領域を削減することで計算機資源を節約することができる。観測面で得られた高次まで全て含む電磁界分布を適当な窓関数により切り出したのちフーリエ変換することで，空間周波数成分のそれぞれ異なる回折光を分離，各々のポインティング・ベクトルを求めればよい。窓関数としては Hanning 窓，Hamming 窓，Blackman 窓などが使用される。数値計算におけるフーリエ変換は FFT（Fast Fourier Transform）が一般的である。

1.3.4　RCWA とのシミュレーション結果比較

FDTD 法を用いて計算した回折効率と Moharam，Gaylord の RCWA 計算結果[13)] と比較した例を紹介する。ホログラム厚さ t を変化させたときの 0 次光，1 次光，2 次光の回折効率を RCWA による結果とともに図 7 に示す。縦軸は回折効率 η，横軸は厚さ t を縞間隔 Λ で規格化している。

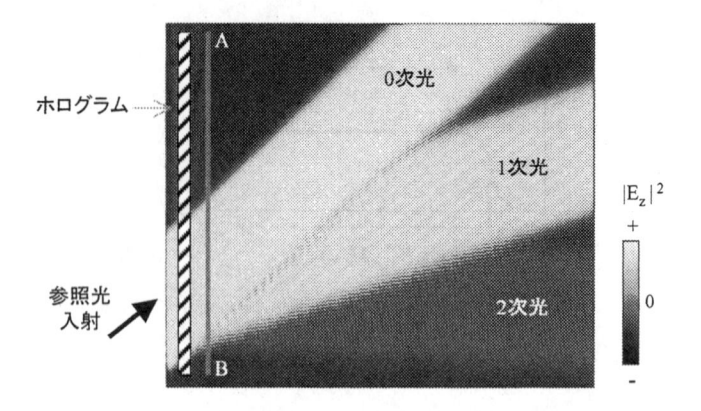

図6 二次元領域内での回折光シミュレーション例

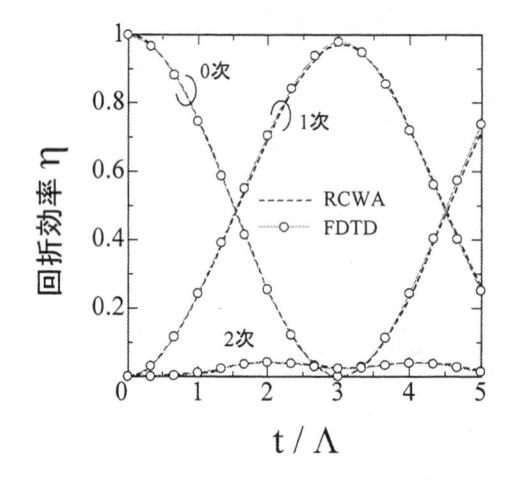

図7 ホログラム厚さtを変化させたときの回折効率計算例

FDTD法とRCWAの差は最大で2％程度である。ホログラムの厚さが厚くなるに従い，0次光（透過光）の強度が下がり1次光の強度が上昇する。1次光の回折効率が最大となるのはt/Λがおよそ3.0のときであり，97%に達している。KogelnikのCWAによれば位相ホログラムの1次光回折効率最大値は100%に達するとされているが，CWAは2次以上の高次回折光を省略するので図7の結果とは差異が生じる。さらにホログラムを厚くすると1次光の回折効率が下がるが，これはホログラムの浅い部分で生じた1次回折光が再回折により0次光側へ出射するためである。

1.4 デジタルホログラムの三次元シミュレーション

デジタルホログラフィックメモリーは媒体中のある体積にデジタル情報で変調された干渉縞を

第5章　シミュレーション技術

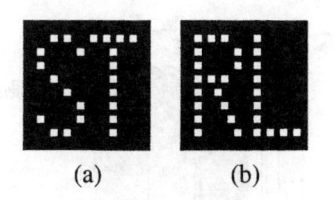

図8　二枚のページデータ「ST」と「RL」

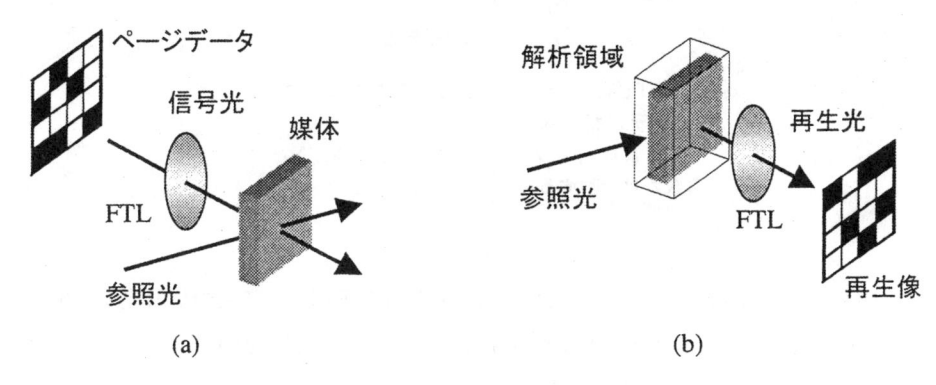

図9　対象とする光学配置　(a)記録過程，(b)再生過程

記録する。従って，本質的に解析領域として三次元領域を対象とする必要がある。ここでは，FDTD法を用いた三次元領域シミュレーションを，最も基本的な多重方法のひとつである角度多重を例として解説する[6]。

記録したいページデータは図8のごとく「ST」と「RL」と書かれた二枚の画像とする。信号光は媒体に垂直に入射，平面波である参照光の角度は信号光に対し「ST」の場合45度，「RL」の場合50度で多重されるようにホログラム干渉縞を構成する。ただし，媒体中の一箇所に信号光DC成分の強度ピークが出るのを避けるため，ページデータの各輝点はランダムな位相を有するとして計算を進める。

1.4.1　解析モデル

図9に対象とするフーリエ変換型ホログラフィックメモリーの光学配置を示す。図9(a)の記録過程において，二次元ページデータで変調された信号光がFTL (Fourier transform lens) を通り媒体へ照射される。この信号光と参照光との干渉によって生じる干渉縞が感光性媒体に誘電率分布などとして記録されるため，上で述べた一様な縞からなるホログラムよりも各セルに与える媒体パラメータ計算が複雑になる。FDTD法適用の準備段階として，媒体内部においてどのような誘電率分布が形成されるか計算し，その分布を計算機メモリー上に展開しておかなければならない。

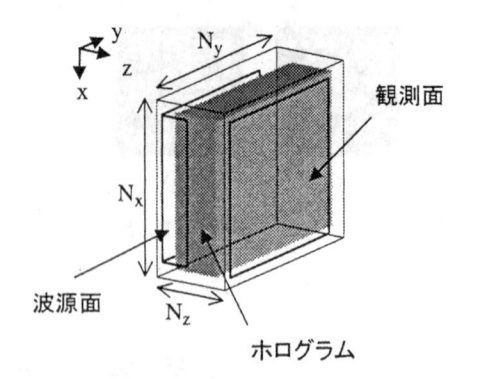

図10 FDTDシミュレーションのための三次
元解析領域
セルによりx, y, z方向にそれぞれN_x, N_y, N_z
の数だけ分割する

一方，図9(b)の再生過程において，参照光のみを媒体に照射することで信号光が再生されるから，計算機メモリー上に展開された誘電率分布，すなわち記録済みのホログラムに対して光がどのように伝搬し，どのような回折光が媒体から出射するかFDTD法を用いて計算することになる。

解析領域としては，媒体の記録領域とその近傍の光の入出力面を含む図9(b)ワイヤーフレーム部分を，図10のごとく設定すればよい。FDTD法は電磁界6成分によるフルベクトル計算とするが，解析領域の媒質は簡単のため非分散性かつ等方性であるとした。計算の大まかな流れを図11に示す。また，ここで紹介するシミュレーション例のパラメータ一覧を表1に示す。

1.4.2 デジタルホログラムの記録過程

図9(a)記録光学配置では二次元ページデータが空間光変調器（SLM：Spatial Light Modulator）に表示され，これにより信号光は空間的にデータで変調される。SLM上の各ピクセルは点灯／消灯（on／off）の二値で信号光を変調する。空間変調された信号光はFTLを通過し，ページデータのフーリエ変換像として媒体に照射される。

媒体中における信号光波面を計算するには，Fresnel-Kirchhoff回折積分を用いることができる。しかし，ページデータ（二次元）から媒体中（三次元）への寄与を全て数値計算するには，そのままプログラミングすると五重ループ演算となって膨大な計算時間を要することになる。これを回避する手法もいくつか提案があり，ここでは平面波展開[15, 16)]を用いた手法を取り上げる。平面波展開とは，ある光の波面を異なる角度，すなわち異なる空間周波数の平面波（スペクトル関数）による重ね合わせと考える。波面g_0が少し離れた場所でどのような波面g_1として記述されるかを次に述べる。

第 5 章　シミュレーション技術

```
    ┌─────────┐
    │ スタート │
    └────┬────┘
         ▼
   ╱─────────────╲
  ╱  解析領域分割  ╲
  ╲ ページデータ準備 ╱
   ╲─────────────╱
         ▼
   ┌─────────────┐
   │ 干渉縞分布計算 │
   └──────┬──────┘
          ▼
   ┌───────────────┐
   │ 比誘電率分布に変換 │
   └──────┬────────┘
          ▼
   ┌─────────────┐
   │ 参照光を照射 │
   └──────┬──────┘
          ▼
   ┌──────────┐
   │  FDTD法  │
   └─────┬────┘
         ▼
   ┌─────────────────┐
   │ 観測面にて電磁界抽出 │
   └────────┬────────┘
            ▼
       ┌────────┐
       │  逆FFT │
       └────┬───┘
            ▼
       ┌────────┐
       │  エンド │
       └────────┘
```

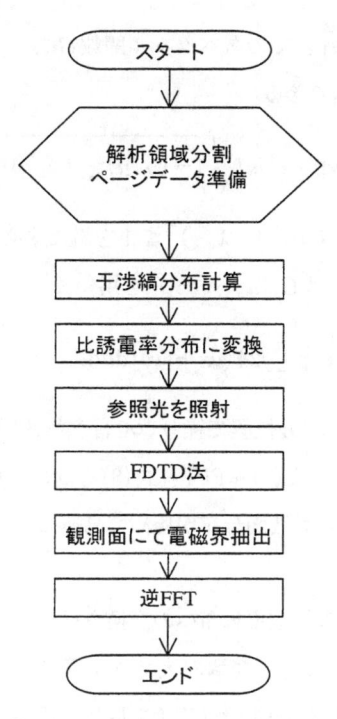

図 11　三次元 FDTD シミュレーションのフロー

表 1　三次元 FDTD シミュレーションに用いる各パラメータ例

ページデータ数	2
1 ページあたりのピクセル数	16×16
z 軸に対する参照光軸角度	$45°, 50°$
z 軸に対する信号光軸角度	$0°$
平均比誘電率	2.25
スペクトル関数あたりの比誘電率変調振幅	0.01
セル数（$N_x \times N_y \times N_z$）	$512 \times 512 \times 280$
解析領域	$21.6 \times 21.6 \times 11.8\ \mu m$
ホログラム領域	$20.8 \times 20.8 \times 10.8\ \mu m$
セル一辺の長さ Δ	42.2 nm
自由空間波長	532 nm
PML	16 層

媒体内部のある xy 面内（$z=z_0$）における信号光の複素振幅 $g_0(x, y, z_0)$ は，スペクトル関数 $G_0(u, \nu, z_0)$ に次のように変換される。

$$G_0(u, \nu, z_0) = \iint g_0(x, y, z_0) \exp\left[-j\,2\pi(ux+\nu y)\right] dxdy \tag{7}$$

z方向にz_0からLだけ離れた場所z_1でのスペクトル関数$G_1(u, \nu, z_1)$は，平面波の一定距離の伝搬と考えれば次のように記述できる．

$$G_1(u, \nu, z_1) = G_0(u, \nu, z_0) \exp\left[-jkL\sqrt{1-(\lambda_e u)^2-(\lambda_e \nu)^2}\right] \tag{8}$$

ただし，$k=2\pi/\lambda_e$であり，$(\lambda_e u)^2+(\lambda_e \nu)^2 \leq 1$を満たす必要がある．最終的に$z_1$における信号光の複素振幅$g_1(x, y, z_1)$は$G_1(u, \nu, z_1)$を用いて，

$$g_1(x, y, z_1) = \iint G_1(u, \nu, z_1) \exp\left[j2\pi(ux+\nu y)\right] du d\nu \tag{9}$$

により得られる．この計算を全てのz位置で繰り返せば，媒体内部における信号光波面分布が求められる．数値計算においては，式(7)をFFT，式(8)を簡単な位相操作，式(9)を逆FFTにより実行できるから，媒体内部の信号光波面分布が極めて高速に計算され，参照光と信号光の干渉縞分布も簡単に得られる．

次に干渉縞分布から媒体内部の誘電率分布への変換を行う．一般にフォトポリマーを用いたホログラフィックメモリーでは，屈折率変調の大きさが露光量に比例する線形領域を使用する．従って本計算例においても，媒体の屈折率（ここでは比誘電率）の変化が光量に比例すると仮定している．スペクトル関数$G(u, \nu)$あたりの干渉縞の比誘電率変調振幅ε_{amp}を0.01とする．各セルにおける比誘電率の初期値を実際のフォトポリマー媒体に近い値2.25とし，全てのスペクトル関数について比誘電率変調を積算すれば最終的な比誘電率分布が得られる．計算により得られた干渉縞分布の斜視図を図12に示す．ページデータ上の各ピクセルからの光がランダムな位相を有すると仮定しているので，媒体中で信号光DC成分の強度ピークはみられない．

実際の媒体構成によっては必ずしも光量に比例した比誘電率変調が得られるとは限らないので，より詳細な媒体条件を記述するためには例えば局所的な反応特性（拡散方程式など）を導入したり，既に記録済みの領域におけるモノマー残量を考慮したりするなど，興味深い問題も残されている．

1.4.3 デジタルホログラムの再生過程

ホログラムの再生過程では，先に求めた比誘電率分布に参照光をある角度で進入させて光の伝搬をFDTD法によりシミュレートする．実際に計算で求めたx方向電界成分E_xの分布を斜視図として図13に示す．

観測面では透過した参照光と再生光の両方を含んだ電磁界分布が得られる．一様なホログラムの例で述べたものと同様の手法で両者を分離できるが，特にフーリエ変換型ホログラムの場合には逆フーリエ変換または信号光のフーリエ変換面を基準とした平面波展開を再度適用するだけで再生像を得ることができる．

第5章　シミュレーション技術

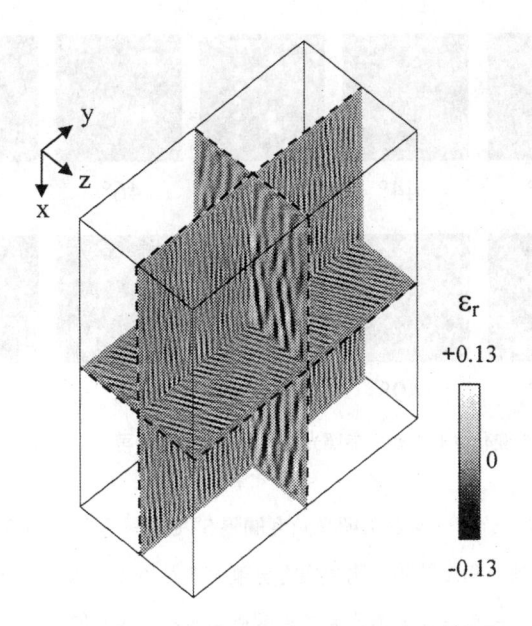

図12　計算により得られた比誘電率分布の斜視図

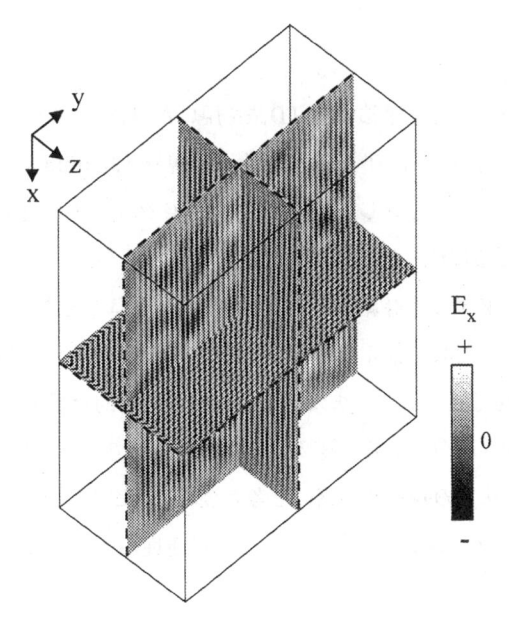

図13　計算により得られたx方向電界成分の斜視図

　以上で述べた手順に従い，参照光角度を43°から52°まで変化させて得られた再生像を図14に示す。記録したときと同じ角度45°と50°のときに，「ST」と「RL」像がそれぞれ分離され正しい位置に再生されていることがわかる。その他の角度では像強度も弱く，位置ずれを生じている。

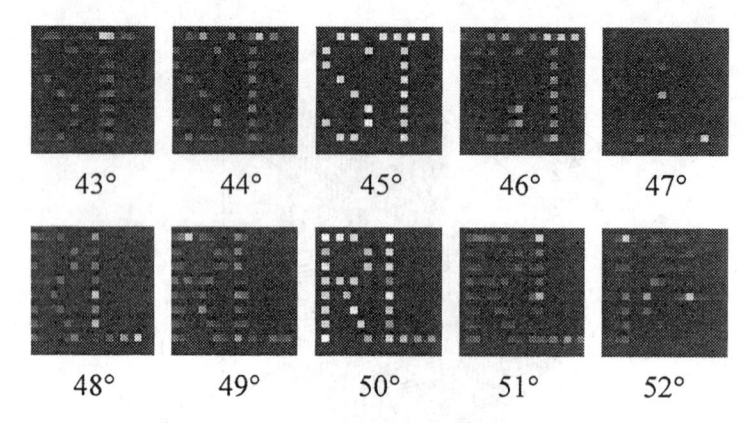

図14 角度を変化させながら参照光を照射した場合の再生シミュレーション結果

この例では二つのページデータが参照光角度間隔5°で記録されているとしてシミュレーションを行っている。より狭い角度間隔で再生像を分離するためにはホログラムの厚さを増加すればよく，すなわちシミュレーションするうえでも解析領域を拡大し厚いホログラムを扱えばよいことになる。

1.5 おわりに

ホログラムのシミュレーション手法にFDTD法を用いた場合について，具体例を挙げながら基本的構成方法を述べた。今回の計算例は全て1台の計算機(Pentium4，クロック3.2GHz，メモリー3.5GB)にてシミュレーションした結果である。PCクラスタなど複数台の計算機による並列計算を導入すれば，さらに広い領域を解析できるだろう。

他の解法と比較すると必ずしも計算効率という点で有利とは言えないが，解の視覚化や解析対象のモデル化が容易という特長を備えている。例えば，波源面のビームプロファイルを変更すると様々な多重方式に対応可能である。また，記録材料の局所的な反応特性(拡散方程式など)を差分形式で表現して比誘電率分布計算に導入することも容易で，もともと領域が無数のセルで分割されているからFDTD法との親和性が高いと考えられる。こういった発展的なアプローチにより，FDTD法によるホログラムシミュレーションの可能性が広がることを期待したい。

文　献

1) H. Kogelnik, *Bell Syst. Tech. J.*, **48**, 2909 (1969)

2) M. G. Moharam *et al.*, *J. Opt. Soc. Am.*, **71**, 811 (1981)
3) S. R. Lambourdiere *et al.*, Technical Digest of ISOM/ODS 2005, MB4 (2005)
4) 志村努ほか, Optics Japan 2005 講演予稿集, 25pD7, 682 (2005)
5) V. Markov *et al.*, *Opt. Lett.*, **24**, 265 (1999)
6) N. Kinoshita *et al.*, *Jpn. J. Appl. Phys.*, **44**, 3503 (2005)
7) K. S. Yee, *IEEE Trans. Antennas & Propag.*, **14**, 302 (1966)
8) 宇野亨, FDTD法による電磁界およびアンテナ解析, コロナ社, 東京 (1998)
9) T. Baba *et al.*, *Jpn. J. Appl. Phys.*, **40**, 5920 (2001)
10) J. Liu *et al.*, *Jpn. J. Appl. Phys.*, **39**, 687 (2000)
11) J. M. Li *et al.*, *Jpn. J. Appl. Phys.*, **43**, 4724 (2004)
12) K. Kataja *et al.*, *Jpn. J. Appl. Phys.*, **43**, 4718 (2004)
13) T. K.Gaylord *et al.*, *Proc. IEEE*, **73**, 894 (1985)
14) S.-D. Wu *et al.*, *J. Opt. Soc. Am. A*, **19**, 2018 (2002)
15) J. W.Goodman, "Introduction to Fourier Optics", Chap.3-7, McGraw-Hill, New York (1968)
16) K. Matsushima *et al.*, *J. Opt. Soc. Am. A*, **20**, 1755 (2003)

2 コアキシャルホログラムの記録再生シミュレーション

ステラ・ランボーディ[*1], 福本 敦[*2]

2.1 はじめに

今日，ホログラム記録は，次世代の大容量光メモリの有力な候補とされている。その中で特に，有望な方式はコアキシャルホログラム記録再生方式である[1]。この方式によれば，ホログラムの記録再生に用いられる参照光と信号光が同軸上に配置され，1つの対物レンズを通して記録再生される。すなわち本方式は，現行の光ディスク技術との親和性に優れ，高いデータ転送レートを有する大容量メモリの実現を可能にする。

我々は，任意の1ページのホログラムの全データを取り扱うことのできる，コアキシャルホログラム記録再生シミュレーションの開発を行った。その特徴は，ボリュームホログラムにスカラーの回折理論を適用させた事である[2]。そのため大量のデータを比較的短時間で処理する事が可能となった。今回は，透過型の光学系への適用に特化した。このシミュレーションにより，再生像はもとより，ピクセル単位の強度ヒストグラムとその結果得られるSNRが得られる。

本シミュレーションを用いて，コアキシャルホログラム記録再生方式のホログラム媒体の位置，厚みに対するSNRを求め最適条件を議論した。また計算されたSNRを用いてホログラム媒体面内，面の法線方向の位置トレランス，および記録波長依存性など記録再生に関するトレランスを評価した。以下にその内容を報告する。

2.2 シミュレーションの手法

2.2.1 シミュレーション条件

シミュレーションに用いた光学系を図1に示す。この光学系は，2次元の空間変調器（SLM），一対のフーリエ変換レンズ（FTレンズ），2次元のイメージャが，いわゆる$4f$配置を有し，SLMのフーリエ像が光学軸方向にデフォーカスした位置に置かれたホログラム媒体に記録される。図2に計算に用いたSLMの入力データを示す。信号光領域は，直径2.37mmの内円の内部である。一方，参照光領域は，外側の幅0.752mmのリング形状の部分である。信号光と参照光の領域は幅1.128mmのギャップ部で分割されている。シミュレーションにおいて，SLMのパターン（U_{SLM}）に，ピクセル単位で"ON"または"OFF"すなわち1または0の任意の振幅分布を設定する。図2においては，信号光，参照光ともに"ON"ピクセルの数を制限したランダムなパター

[*1] Stella Romaine LAMBOURDIERE （元）ソニー㈱
[*2] Atsushi Fukumoto ソニー㈱ コアコンポーネント事業グループ コアテクノロジー開発本部 テラバイトメモリー開発部

第5章　シュミレーション技術

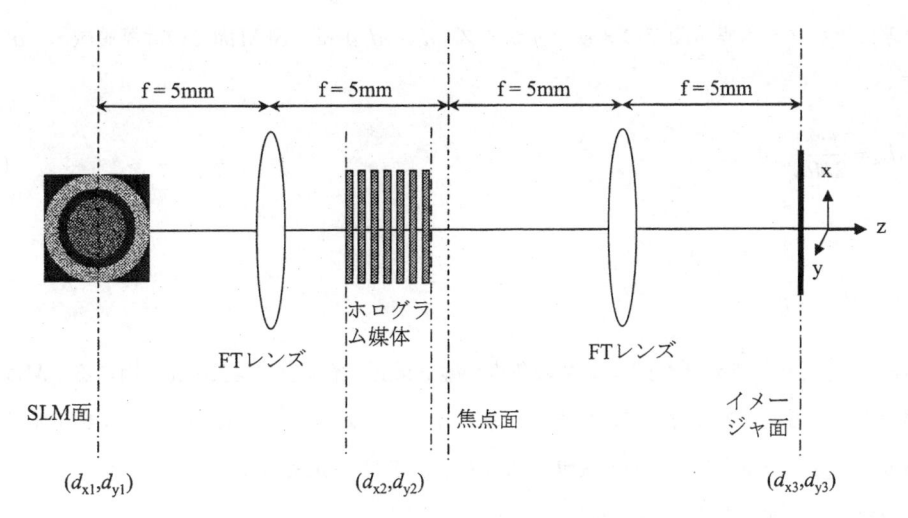

図1　シミュレーションに用いる光学系

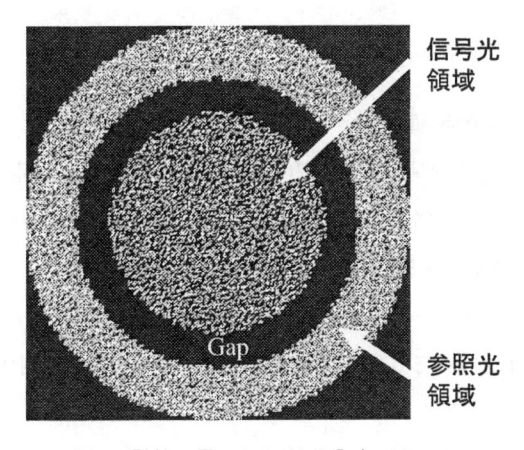

図2　計算に用いたSLMの入力パターン

ンを用いている。信号光の"ON"ピクセル率は3/16,参照光は1/3〜1/2を用いている。尚,ピクセルサイズはx方向 (d_{x_pixel}),y方向 (d_{y_pixel}) ともに13.68μmである。

次に,図1に示すSLM面,ホログラム媒体面,およびイメージャ面におけるメッシュサイズを定める。尚,式はx方向のみ記述するが,y方向も同様に記述することができる。

まずSLM面におけるメッシュサイズ (d_{x1}, d_{y1}) は,計算の精度をあげるために,ピクセルサイズよりも小さく設定する。すなわち,

$$d_{x1} = \frac{d_{x\_pixel}}{n_1} \tag{1}$$

n_1は任意の整数である。

つぎにホログラム媒体面でのメッシュサイズ (d_{x2}, d_{y2}) は，SLM面での計算領域 a_x, a_y を用いて，

$$d_{x2} = \frac{f \cdot \lambda}{2 M a_x} \tag{2}$$

ここに

$$a_x = d_{x\_pixel} \cdot n_{x\_pixel} \tag{3}$$

である。f と λ は，それぞれFTレンズの焦点距離5 mm，光源の波長410nmを用いる。M は，計算精度を上げるための任意の整数である。また n_{x_pixel} は x 方向の SLM のピクセル数である。

最後にイメージャ面でのメッシュサイズ (d_{x3}, d_{y3}) は，SLM面におけるメッシュサイズと同等に設定する。すなわち，

$$d_{x3} = d_{x1} \tag{4}$$

とする。

2.2.2 シミュレーションの手順

シミュレーションは，記録過程と再生過程に分けられる。スカラー回折計算の条件を満たすため，前提としてホログラム媒体を光軸方向に充分に薄い厚さ d の個々のレイヤーに分割して（図1），各レイヤーごとに記録過程と再生過程の一連の計算を行い，イメージャ面上のホログラム再生像振幅を求める。各レイヤーから求められた再生像振幅を足し合わせて，強度分布すなわち求めたいホログラム再生像を得る。そこで以下は，1つのレイヤーに対するシミュレーションの過程のみを説明する。

まず記録過程の説明を行う。SLMは波長410nmのコヒーレント光の平面波で照明される。SLMで変調された光の第1のFTレンズを介したホログラム媒体の目標レイヤー面上での光振幅分布は，FFTを用いて，

$$U_{diffract\_SLM}(x2, y2, z\_medium) = \text{FFT}\left[U_{SLM} \exp\left(jz\_medium \frac{\lambda}{2\pi} \right) \right. \\ \left. \times \exp\left(\frac{-jz\_medium \frac{\lambda}{2\pi}}{2} \cdot \frac{x1^2 + y1^2}{f^2} \right) \right] \tag{5}$$

と，表される[2,6]。ここで z_medium はホログラム媒体の目標レイヤーのFTレンズの焦点面を基準とする z 方向の位置座標を示す。ここで得られた目標レイヤー上のSLMで変調された光のスペクトラム $U_{diffract\_SLM}(x2, y2, z2)$ の強度分布

第5章 シュミレーション技術

$$I_{diffract\_SLM}(x2, y2, z\_medium) = U_{diffract\_SLM}(x2, y2, z\_medium) \\ \times U^*_{diffract\_SLM}(x2, y2, z\_medium) \tag{6}$$

がホログラムを形成する[3]。次に，記録されるホログラムすなわち位相分布を得るために，まず屈折率分布を求める。ホログラム媒体にフォトポリマーを考え，屈折率の変化は照射された光強度に比例すると仮定した。すなわち目標レイヤー上の屈折率分布は，

$$n(x2, y2, z\_medium) = n_{0\_medium} + I_{diffract\_SLM}(x2, y2, z\_medium)/(I_{max\_diffract\_SLM}\Delta n_{max}) \tag{7}$$

と記述できる。ここで実際の計算には屈折率変化のダイナミックレンジΔn_{max}を10^{-4}，ホログラム媒体の未記録部の屈折率n_{0_media}を1.5とした。求められた屈折率分布$n(x2, y2, z\_medium)$より目標レイヤー上の位相分布は，

$$\beta(x2, y2, z\_medium) = \exp\left[(2\pi j/\lambda)\cdot d\cdot n(x2, y2, z\_medium)\right] \tag{8}$$

と，求められる。以上が，記録過程で記録されたホログラムの記述ができた。

次に，再生過程の説明を行う。再生時には，SLM上の参照光領域のみで照明する。目標レイヤー上までのビーム伝播は，記録過程と同じ手法を用いて目標レイヤー上での光振幅分布を求める。この再生光の光振幅分布と記録されたホログラムのインタラクションすなわち目標レイヤー透過直後の光振幅分布は，スカラー近似の下で，再生光の光振幅分布と先に求めた式(8)で表される位相分布$\beta(x2, y2, z\_medium)$の積で与えられる。得られた目標レイヤー透過直後の光振幅分布は次式に示すAnglar Spectrum法を用いて，第1のFTレンズの焦点面までの伝播を計算し，一旦，焦点面での光振幅分布を得る[4]。

$$U(x2, y2, z\_focal) = \iint A(\nu_x, \nu_y, z\_medium)\exp\left[jz\_focal\cdot 2\pi\sqrt{\frac{1}{\lambda}-\nu_x^2-\nu_y^2}\right] \\ \times \exp\left[j\cdot 2\pi(\nu_x x2+\nu_y y2)\right]\partial\nu_x\partial\nu_y \tag{9}$$

ここに$A(\nu_x, \nu_y, z\_medium)$は，角周波数$\nu_x, \nu_y$に展開された入力光振幅分布の2次元のフーリエ変換を表す。また右辺第1の位相項は，焦点面までの伝播により生じる伝達関数である。最後に，求められた焦点面での光振幅分布$U(x2, y2, z\_focal)$の第2のFTレンズの焦点面に置かれたイメージャまでの伝播を，FFTを用いて計算を行い，イメージャ面上のホログラム再生像振幅を得る。

以上の一連の計算をすべてのレイヤーに対して行い，各レイヤーから求められた再生像振幅を足し合わせて，強度分布，すなわちホログラム再生像が得られる。図3，4に以上の記録および

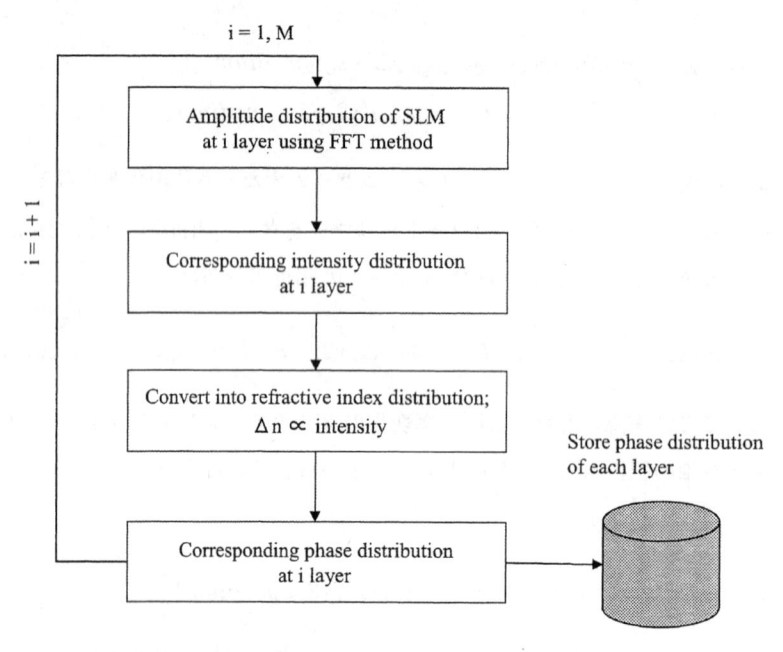

ホログラフィックメモリーのシステムと材料

図3 記録過程の計算のフローチャート

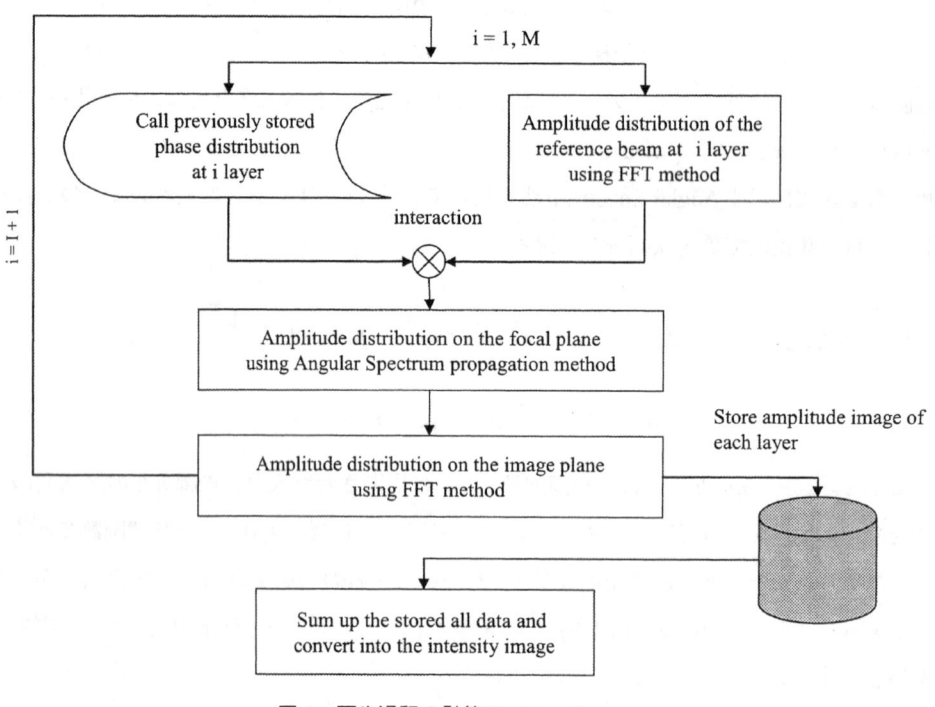

図4 再生過程の計算のフローチャート

第5章 シュミレーション技術

再生過程の計算のフローチャートを示す。

2.2.3 SNRの計算

SLMとイメージャが1対1にピクセルマッチングした系を仮定して、ホログラム再生像の各ピクセルの出力を、入力のSLMのピクセルが"ON"または"OFF"で、2つのグループに分け、各々の出力分布を求め、ヒストグラムが作成される。またSNRは、ホログラム再生像の各ピクセルの出力の"ON"グループ、"OFF"グループでそれぞれの統計処理を行い以下の式で求められる。

$$SNR = \frac{mean\_ON - mean\_OFF}{\sqrt{std\_ON^2 + std\_OFF^2}} \qquad (10)$$

ここで $mean\_ON$，および std_ON はそれぞれ"ON"グループの平均出力，"ON"グループの出力の標準偏差を表す。"OFF"グループに対しても同じである。

2.3 シミュレーション結果と考察

2.3.1 シミュレーションプログラムと数値パラメータの検証

まず最初にホログラム記録媒体を除いた状態でシミュレーションを実行して、ホログラム記録媒体のない状態でのSNRを計算する事によりプログラムの検証を行った。理想的には無限大のSNRが得られるはずである。計算の結果、充分に高い $SNR = 1.76 \times 10^8$ が得られた。

次に、ホログラム記録媒体を考慮し、数値パラメータの検証を行った。すでに述べたようにホログラム記録媒体を多数のレイヤーに分割して計算を行う。そこでその分割数を変えてSNRを求める事により、計算の精度を評価した。計算に用いたホログラム記録媒体はz方向の位置座標で $100\mu m$ から $500\mu m$ まで、すなわち $400\mu m$ 厚である。結果として得られたSNRは、少ないレイヤー数では充分な値が得られなく、50レイヤー付近で飽和し始め、50レイヤーにて6.28，1,400レイヤーにて6.4，5,600レイヤーで6.46であった。以上より1,400レイヤーでほぼ十分な計算精度が得られると判断した。図5に1,400レイヤーに分割したときのa) SLM入力，b) ホログラム再生像，そしてc) ヒストグラムを示す。得られたホログラム再生像は、正確にSLM入力パターンを反映している事が確認できる。また、"ON"，"OFF"成分が充分に分離された良好なヒストグラムが得られている。以上より、このシミュレーションはコアキシャルホログラム記録再生方式の評価に充分に適用できると判断した。

2.3.2 z方向のホログラム媒体位置，厚み依存性の評価

ここではホログラム記録媒体のz方向位置およびその厚みがSNRに与える影響を調べ、SNRを評価関数にしてこれらの最適値を見つけることを目的とする。ここでFTレンズ焦点面からホログラム記録媒体底面までの距離をギャップと呼ぶ事にする。図6に、ギャップをパラメータに

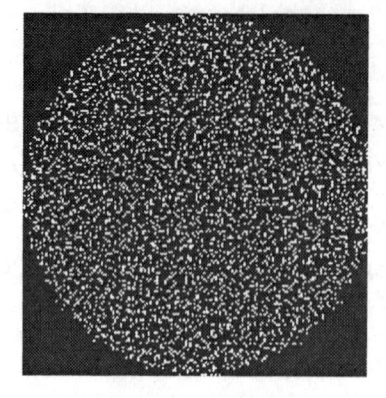

a) SLM入力（信号光）

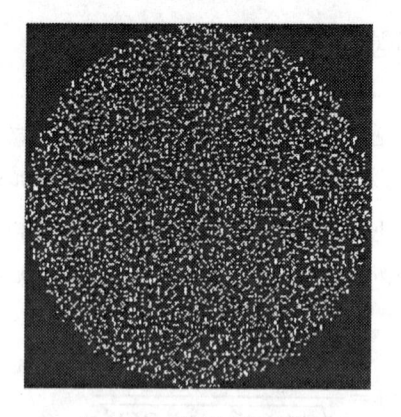

b) ホログラム再生像（信号光）

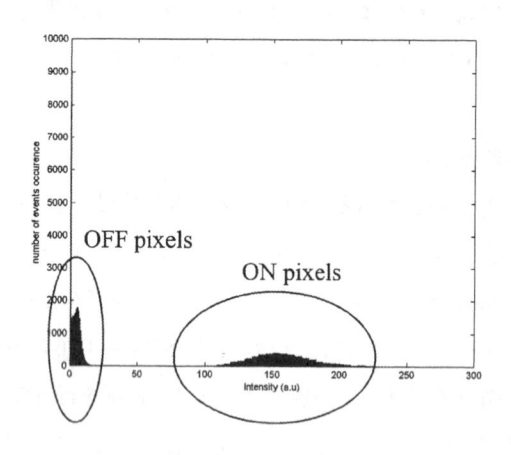

c) 再生像のヒストグラム

図5　計算結果例（1,400レイヤー）

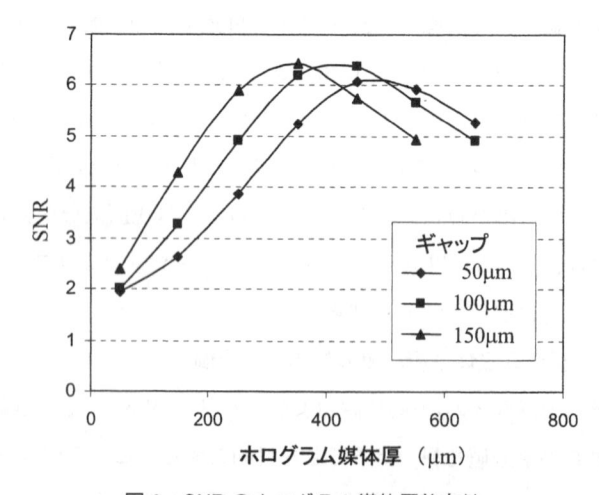

図6　SNRのホログラム媒体厚依存性

第5章　シュミレーション技術

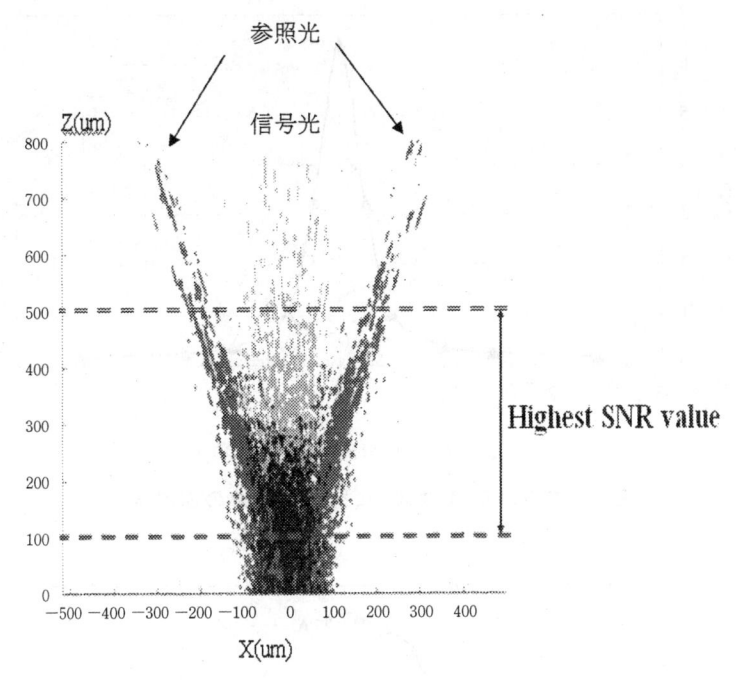

図7　記録時のFTレンズ焦点近傍の光の断面強度分布

SNRのホログラム記録媒体厚依存性を示す。すべてのギャップ条件に対して，SNRはホログラム記録媒体の厚みの増加とともに増加するが，やがて厚みの増加に反してSNRは現象傾向を示す。そしてその最大値をあたえるホログラム記録媒体の厚みは，ギャップが大きいほど小さくなることがわかる。また結果として得られるSNRの最大値は，いずれの条件でもほとんど同じである。図7に以上の結果を説明するべく，記録時のFTレンズ焦点近傍の光の断面強度分布を示す。中央部が信号光，周辺部が参照光を示す。計算結果から最も高いSNR＝6.4は$100\mu m$から$500\mu m$の領域に対応する$100\mu m$のギャップと$400\mu m$のホログラム記録媒体厚みで得られている。この理由は，両者の干渉領域を考慮すると，まず$500\mu m$を越える部分では，干渉領域が減少し，それに伴いSNRも減少すると考えられる。一方，$100\mu m$以下の領域では，光軸上にエネルギー集中した強度分布の干渉により，ホログラム再生像の品質の低下が予想され，結果としてSNRも減少すると考えられる[5]。以上のように，コアキシャルホログラム記録再生方式において最適なギャップ厚とホログラム記録媒体厚が存在する事が計算により指摘された事が興味深い。

2.3.3　記録再生トレランスの評価

記録再生トレランスの評価として，再生時の面内の位置選択性，z方向の位置選択性，および記録時のレーザー波長変動依存性のシミュレーションを行った。

まず再生時の面内の位置選択性の評価として，記録されたホログラムに対してx方向の再生位

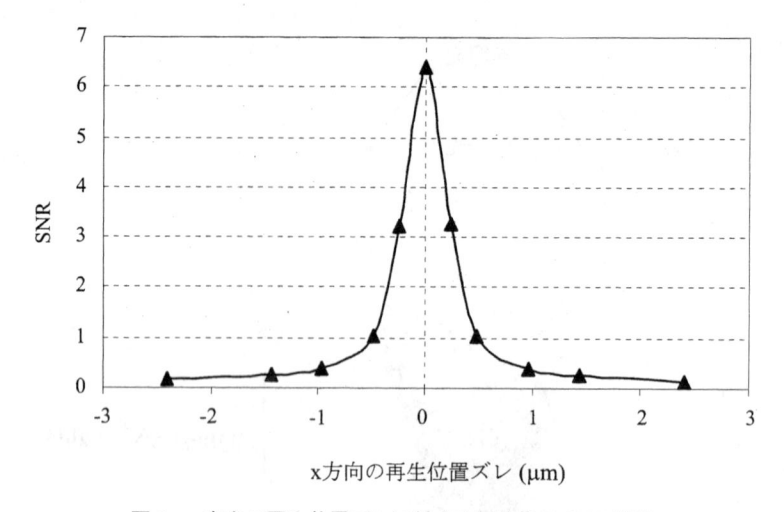

図8　x方向の再生位置ズレに対する再生像のSNR特性

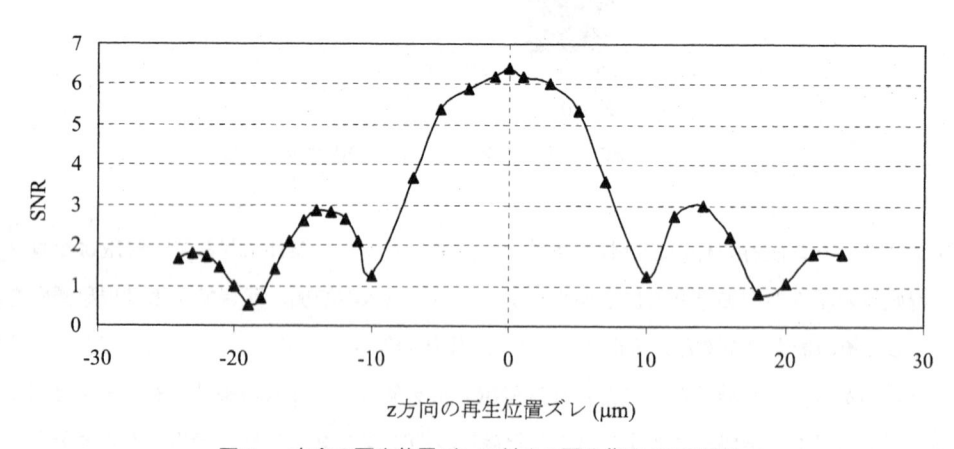

図9　z方向の再生位置ズレに対する再生像のSNR特性

置ズレに対する再生像のSNRを計算した。図8に示す結果よりSNR特性の半値全幅は約0.5μmが得られた。先に述べたように，参照光にはSLMピクセル単位のランダムパターンを用いている。そこでこの結果を，スペックル理論で扱われる平均スペックルサイズの理論式

$$\Delta x = \frac{1.22\lambda}{(2NA)} \tag{11}$$

と比較した[7,8]。SNR特性の半値全幅は約0.5μmに対して，式(11)に計算で用いた$\lambda=0.41\mu m$，$NA=0.425$を代入すると$\Delta x=0.562\mu m$が得られ，ほぼ一致を示すことがわかった。

次に再生時のz方向の位置選択性の評価として，記録されたホログラムに対してz方向の再生位置ズレに対する再生像のSNRを計算した。図9に示す結果よりSNR特性の半値全幅は約16μmが得られた。スペックル理論で扱われる長手方向の平均スペックルサイズよりかなり大きな値が

第 5 章　シュミレーション技術

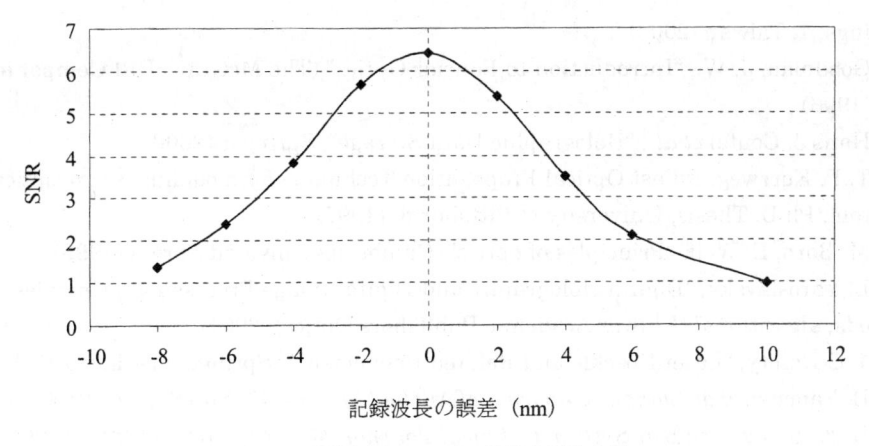

図 10　記録時のレーザー波長変動依存性

得られた[8]。ピクセル単位で制限されたランダムパターンの影響と考えられる。

　最後に，記録時のレーザー波長変動依存性を調べた。波長を400nmから418nmまで変化させて記録し，410nmに固定して再生する。計算の結果を図10に示す。SNR特性の半値全幅約10nmが得られた。通常の2光束角度多重方式の場合，ブラッグ条件より400μm厚のホログラム記録媒体の記録再生の波長差トレランスは，評価関数が回折効率ではあるが半値全幅で1.7nmである[9]。結果としてコアキシャルホログラム記録再生方式は，通常の2光束角度多重方式に比べて約6倍の記録再生の波長差トレランスを有する事がシミュレーションにより得られた。

2.4　まとめ

　透過型コアキシャルホログラム記録再生方式のシミュレーションの開発を行った。本方式において有効全ピクセルを対象にしたシミュレーションは世の中で初めての試みである。スカラー近似による回折計算を用いた事が，実用的な計算時間を可能にした。計算の結果として，SNRが得られる。そこでSNRを評価関数として，種々の記録再生トレランスの評価を行った。本シミュレーションは，具体的な信号変復調および信号検出方式を適用する事により，より実用的な多重記録時のビット誤り率の評価も可能であり，広い汎用性を有する。

文　　献

1)　H. Horimai, the 5th Pacific Rim Conference on Lasers and Electro-Optics, Proceed-

ings, **1**, Taiwan (2003)
2) Goodman, J. W., "Introduction to Fourier Optics" (The McGraw-Hill Companies, Inc (1996)
3) Hans J. Coufal *et al.*, "Holographic Data Storage", Springer (2000)
4) T. P. Kurzweg, A Fast Optical Propagation Technique for modeling micro-optical system, Ph.D. Thesis, University of Pittsburgh (1997)
5) M. Born, E. Wolf, "Principles of optics", Cambridge university press (1999)
6) L. Yaroslavsky, "Digital Holography and Digital Image Processing: principles, methods, algorithms" (Kluwer Academic Publishers Optics) (2004)
7) J. C Dainty, "Laser Speckle and Related Phenomena", Springer-Verlag (1984)
8) H. Yamatsu *et al.*, *Japanese Journal of Applied Physics*, **43**, No.7B, pp.4949-4953 (2004)
9) H. Kogelnik, *The Bell System Technical Journal*, **48**, No.9, pp.2909-2947 (1969)

第6章　光源技術

1　ホログラフィックメモリー用光源技術

山本和久[*]

1.1　はじめに

アナログ機器からデジタル機器への移行，インターネットさらにはブロードバンド時代の到来と，世の中がめまぐるしく変化している。情報通信・記録の世界が飛躍的発展を遂げ今日に至っているのはレーザの発明によるところが大きい。この勢いは止まりそうにもなく，21世紀においてもレーザが生活全般に広く普及することが予想されている。レーザ研究誌に掲載された21世紀中盤の世界イメージ[1]によれば数十年もすれば，レーザを用いたペタバイト光ディスクサーバー（ペタ／P：10^{15}）の実現が予想されている。ホログラフィックメモリーはテラバイト以上の容量を持った光メモリーを実現でき，その期待は大きい。本節では重要要素技術であるホログラフィックメモリー用光源であるレーザについて述べる。

1.2　ホログラフィックメモリーに求められるもの

赤色レーザを用いたDVDに引き続き，さらに画質の高品位化が可能な青色光ディスク装置[2]が実用化された。容量としては50GBとなり，400nm前半の発振波長を持つ青紫色レーザが搭載されている。

DVD系等の従来のビットバイビット光ディスク装置においては，光源として要求されるものとしては第一に低ノイズがあった。また，回折限界までの集光性に加えて記録用としては，数十mWの出力，高速変調特性が焦点であった。では，ホログラフィックメモリー用（構成を図1に示す）としてはどうであろうか？　基本的に高速変調は不要である。何故なら空間変調素子（SLM）を用いてページデータを一括書き込みができるため連続動作（CW）で使用，もしくは変調したとしてもせいぜいkHzオーダーで良いということになる。一方光の干渉を利用しているためコヒーレンス性については，ヘッド構成により異なるが従来のDVD系に対して相当厳しいものが要望される。当然マルチモードの半導体レーザの使用は許されないこととなる。表1に光源への要望値を示す。システム，材料等により変化するため，開発が進めば仕様が明確化されていくと思われる。

---

[*] Kazuhisa Yamamoto　松下電器産業㈱　AVコア技術　開発センター　主幹技師

ホログラフィックメモリーのシステムと材料

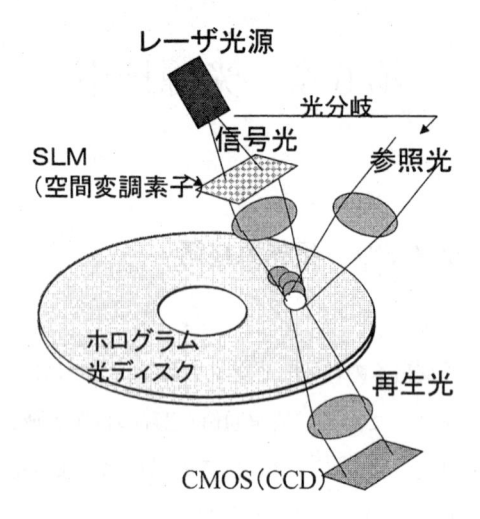

図1 ボリュームホログラフィックメモリー光学系基本構成

表1 光源への要望例

	要望値	備考
波長	405nm, 532nm	光源方式で異なる（GaN半導体レーザ，またはSHG）
波長ばらつき	＜0.2nm	多重度等で異なる
コヒーレンス長	＞20cm	システム構成で異なる
変調	CW～kHz	多重方式で異なる
出力	＞100mW（平均）	材料との兼ね合いで決まる

1.3 小型短波長レーザとホログラフィックメモリーへの適用性

　半導体レーザは現行光ディスクのキーデバイスである。半導体レーザチップの大きさはたかだか1mm角以下であるが極めて優れた特徴を有している。超小型，軽量，直接変調容易でかつ大量生産可能であり，応用分野が着実に広がっている。1962年に低温パルス発振，そして1970年に室温連続発振が達成され，1982年CDに搭載された。今日では光ディスクの大量使用を中心に幅広いアプリケーションがある。しかし現状の半導体レーザをそのままホログラフィックメモリーに適用することは困難である。その理由は個体ごとに波長がばらつくこと，また電流値，温度等による発振波長が変化することにある。光帰還による半導体レーザの波長ロック[3]はそれを解決する有効な方法である。

　一方，SHG（Second Harmonic Generation：2次高調波発生）を用いると，光の波長を半分にできるため，長寿命，高出力化容易な赤外半導体レーザと組み合わせて青紫色レーザが実現できる[4〜7]。また半導体レーザ励起固体レーザと組み合わせて高出力な緑色SHGレーザが実現が可能である。

第 6 章　光源技術

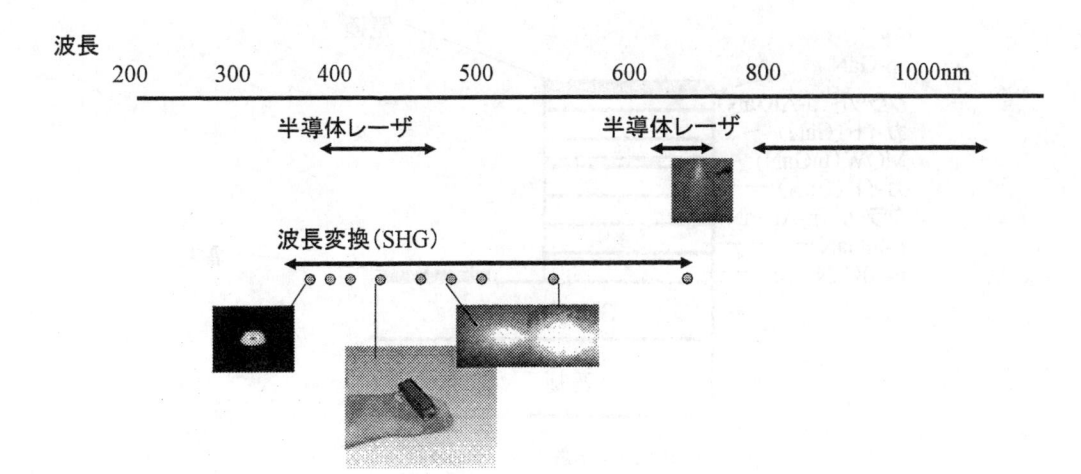

図 2　レーザの波長域の拡大

　現在，半導体レーザは青紫色の GaN 半導体レーザが 1999 年より市販されるに至っている[8, 9]。その後 400nm 後半の波長のものまで開発されている。これにより可視域は緑色域から黄色の領域を除き半導体レーザで発振が可能となった。図 2 に波長に対する半導体レーザの実用波長範囲を示す。また半導体レーザの波長変換(SHG)についても同図に示す。SHG レーザは半導体レーザと組み合わせることで波長幅を大幅に拡大できる。特に最近進展が激しい赤外高出力半導体レーザが利用でき緑，青の発生が容易となっている。
　このように青紫色 GaN 半導体レーザ，または SHG レーザ光源がホログラムに適用可能性を有する。以下それぞれの現状および課題について詳細に述べる。

1.4　半導体レーザ

　ホログラフィックメモリー用に期待されている GaN 半導体レーザおよび半導体レーザの波長ロック技術について紹介する。

1.4.1　GaN 半導体レーザ

　GaN 半導体レーザは日亜化学工業により 100mW 級が製品化されている[9]。典型的な構造を図 3 に，特性を表 2 に示す。図 3 は ELOG（Epitaxial Lateral Over Growth）基板上に成長された GaN レーザである。ELOG した GaN 上に InGaN の活性層を多重量子井戸構造で形成し，導波させるための GaN およびクラッド層（AlGaN と GaN の超格子）でサンドイッチしている。また，横方向に光を閉じこめるためエッチングによりリッジ化している。電流 230mA，電圧は 4.2V で出力 200mW が得られている。青色光ディスクに用いる場合は戻り光対策のため RF 重畳が行われており，その際の RIN は-120〜-125dB/Hz 程度（読みとりパワー mW にて）である。拡がり

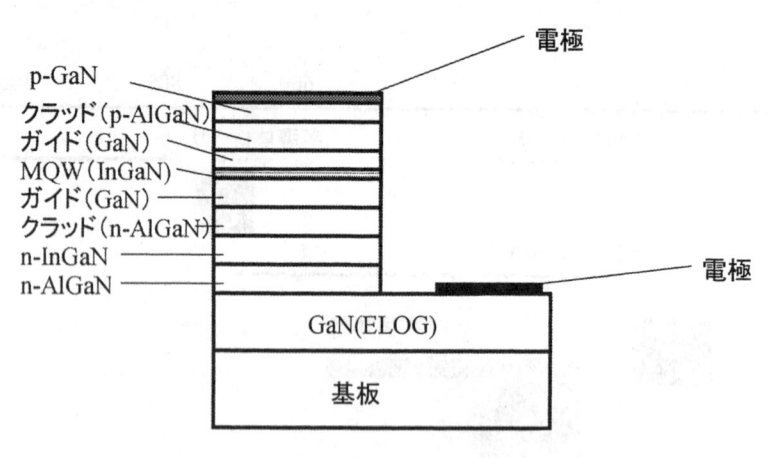

図3 GaN半導体レーザの構造例

表2 GaN半導体レーザの特性例

波長	405nm
出力	200mW
広がり角	10×20度
RINノイズ	−125dB/Hz
波長ばらつき	10nm
縦モード	マルチ
応答周波数	1GHz

角のアスペクト比は2.5程度である。変調特性としては応答周波数が1GHzを越えており1ns以下の立ち上がり特性が得られている。

　出力向上および歩留まり向上が現在の開発課題である。寿命としてはトップデータでは60℃で1万時間以上に延びている。さらなる寿命向上および歩留まり向上には欠陥低減が必要である。主として貫通転移が寿命，歩留まりに大きく影響するため，この欠陥低減のアプローチとして種々の方法が検討されている。ELOG法に加え，SiC基板上への成長法，MOVPEによる厚膜GaN成長法，等のアプローチがあり，これらはそれぞれの方法で，GaNの欠陥密度はサファイア基板に直接成長した場合の$10^{10}/cm^2$から$10^5 \sim 10^7/cm^2$程度に低減されており，一部の方法で作製した基板が市販されている。一方低欠陥GaN単結晶育成が望まれる。高温（1,400～1,500℃），高圧（1GPa）での育成により小型結晶が育成されている。育成時間がかかるが今後の改善が注目されている。

　ホログラフィックメモリー用としては波長ばらつきおよび縦モードマルチ化が問題であり，波長ロック技術の導入が不可欠となっている。

第 6 章　光源技術

1.4.2　半導体レーザの波長ロック技術

本項では半導体レーザのホログラフィックメモリーへの応用のための付加技術について説明する。外部光帰還による単一モード化，加えて波長選択された光を帰還することによる波長ロック，波長可変等の波長制御技術を取り上げる。ファブリーペロ型半導体レーザ単体では実現困難な性能，機能がこのような技術により簡便に実現される。

ファブリーペロ型半導体レーザは温度，戻り光の変化により発振波長が変化する。これを防ぐためには光帰還による半導体レーザの波長ロックが効果的である。ミラーで外部光を帰還することでモードを選択し単一モード化できる。これに波長選択性を持たせた光を帰還することで半導体レーザの発振波長を制御することができる。図4に波長と利得カーブ，損失の関係を示すが，損失が波長選択され，利得カーブとの関係で発振波長 $\lambda 1$ が選択される。本項では外部からの光帰還による波長制御技術，また集積されたものとして DFB (Distributed Feed Back) および DBR (Distributed Bragg Reflector) 半導体レーザについて概説する。

(1)　グレーティングによる波長制御技術

外部グレーティングを用いた光帰還は最も広く用いられている方法である[10]。図5(a)に示すように，反射型グレーティングの1次回折光を半導体レーザに光帰還することで安定化が図れ，さらにグレーティングの角度を変えることで半導体レーザの発振波長を可変できる[3]。グレーティングの周期 Λ，光軸に対する角度 θ とすると，$\lambda = 2\Lambda \sin\theta$ で発振波長 λ が決まる。縦モードは，サイドモードサプレッションを30dB以上にすることもでき，また波長変化幅数十nmの広い範囲で単一モード発振が可能である。

ホログラフィック光メモリー装置に対し実際検討が行われているのがこの方法である。GaNのファブリーペロ半導体レーザに外部グレーティング光帰還による波長ロックが行われ，モジュー

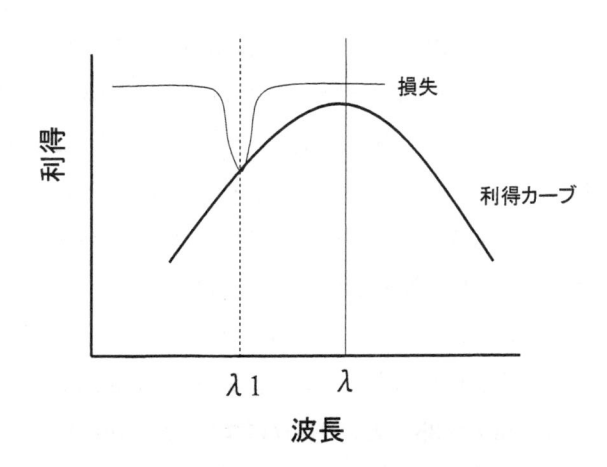

図4　半導体レーザのゲインと光帰還

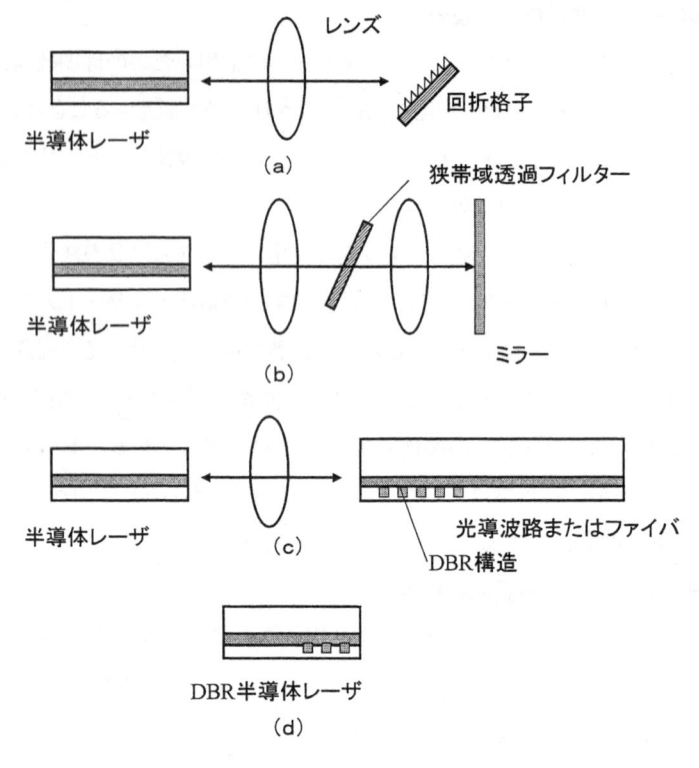

図5 光帰還構成例

ルが製作されている[11]。

(2) **狭帯域波長フィルターを用いた波長制御**

　ミラーを用いた共焦点光学系の平行部分に狭帯域波長フィルターを挿入することでも波長安定化および波長可変が可能である[12]。単一モード化を図るため狭帯域波長フィルターは波長半値幅が0.2nm程度のものも実現され使用されている。SiO_2とTiO_2の多層コーティングにより作製でき，イオンアシスト法を用いることで膜厚制御性が高められ，超狭幅化だけでなく温度安定性も向上している。図5(b)に示すように，狭帯域波長フィルターは平行光路に挿入すれば良く，また共焦点光学系が位置ずれに対して強いことから機器への組み込みが容易な方法である[3]。狭帯域波長フィルターの角度を変えることで発振波長を変えることができる。

(3) **外部ブラッグ反射器を持つ導波路を用いた波長制御**

　光導波路や光ファイバーにグレーティングを形成し外部ブラッグ反射器(DBR)とし波長安定化に用いる方法がある[13]。図5(c)に示すように，導波モードの実行屈折率N，グレーティングの周期Λ，次数mとすると$m\lambda=2N\Lambda$という関係になる。mは通常1，3，5等の奇数であるがグレーティングのON/OFFを非対称にすることで2，4次等の偶数次が使用できる。光ファイバー

第6章 光源技術

($N=1.45$)に2光束干渉露光を行い[14],グレーティング周期0.54 μmを形成したファイバーブラッググレーティング(FBG)にて1.56 μmの波長ロックを行っている。長さ数cmで100%の反射戻り光が得られる。またLiNbO$_3$導波路上にSiO$_2$グレーティング(2次)を形成し,0.86 μmの波長ロックを行っている[3]。外部DBRは作製されたデバイスの波長可変が難しい,もしくは波長可変幅が小さいが,その反面安定である。

(4) DFBおよびDBR半導体レーザ

集積されたものとしてDFB(Distributed Feed Back)およびDBR(Distributed Bragg Reflector)半導体レーザがある[15]。図5(d)にDBR半導体レーザの構造を示す。DBR半導体レーザは出力と別に独立で波長を制御できる。一方のDFBは電流注入で出力とともに波長も変化してしまうため使いこなしが難しい。

GaN半導体レーザをDBR化することで,小型かつ低コスト化ができるが,グレーティング周期が細かくなるため技術的ハードルは高い。1次周期構造として0.1 μmレベルの均一グレーティングが必要だからである。

1.5 SHGレーザ

SHG(Second Harmonic Generation:2次高調波発生)を用いると,光の波長を半分にできるため,長寿命,高出力化が容易な赤外半導体レーザと組み合わせて短波長SHGレーザが実現できる[7]。ここでは半導体レーザをベースとしたバルク型SHGレーザおよび光導波路型SHGレーザについて述べる。

半導体レーザレベルの低パワー域では一般にSHG光は位相整合状態でも小さく,さらに2～4桁程度高効率化する必要がある。SHG高効率化としては大きく分けて図6に示すようにバルク形状の共振器を用いるもの,光導波路を用いるものがある。固体レーザをベースとしたバルク共振器型は高速変調が困難ということで光情報処理にはあまり適さないと言われているがホログラフィックメモリーには高速変調は不要である。また端面でのパワー密度がそれ程高くないために光損傷,端面破壊が生じにくく,高出力化に適している。光導波路型SHGは,非線形光学材料に光導波路を形成し,その中に基本波を閉じこめることで高効率化が可能である。小さなビーム面積を保ったまま,長い相互作用長をとれるからである。また,光導波路デバイスは通常の半導体プロセスを用いて量産可能であり,基板材料を選ぶことで,十分な低コスト化が図れる。半導体レーザと同じ平面導波路デバイスであるためモードの相性も良く,レンズレス結合が可能である。これにより,究極の小型・低コスト化が達成できるが,一方でWクラスのハイパワー化は困難であり,バルク型デバイスとの使い分けが必要である。

擬似位相整合方式は非線形材料の応用幅を飛躍的に広げるものである。図7にこの原理を示

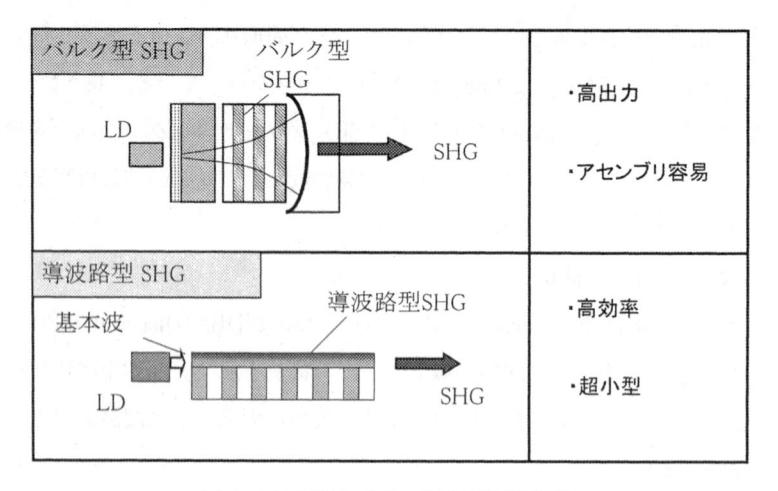

図6 SHG構成（バルク型と導波路型）

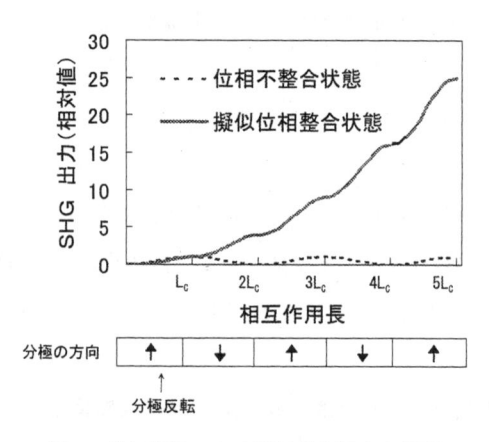

図7 分極反転による擬似位相整合の原理

す。通常ではコヒーレンス長（L_c）の2倍ごとにSHGは打ち消されてしまいなくなるが，分極を反転することで擬似的に打ち消しを防止し位相整合を行うことができる。この方式の特長としては周期設計により任意の波長が変換できることに加え，通常の位相整合では利用できないd_{33}等のテンソルを用いることができ，大きな非線形効果が得られるということがある。

1.5.1 分極反転とバルク型SHG素子

周期状分極反転は$LiNbO_3$，$LiTaO_3$そしてKTP結晶で主に良好な反転形状が得られている。図8に無機非線形材料の非線形定数と吸収端波長の関係を示す。$MgO:LiNbO_3$は非線形定数（d_{33}）が大きく，また320nm程度まで透明であり，最も有望な材料である。分極反転の方法としては，拡散法，電子ビーム描画法，最近では電界印加法[16]が主流である。均一な反転構造を量産性良く得ることができるからである。

第6章 光源技術

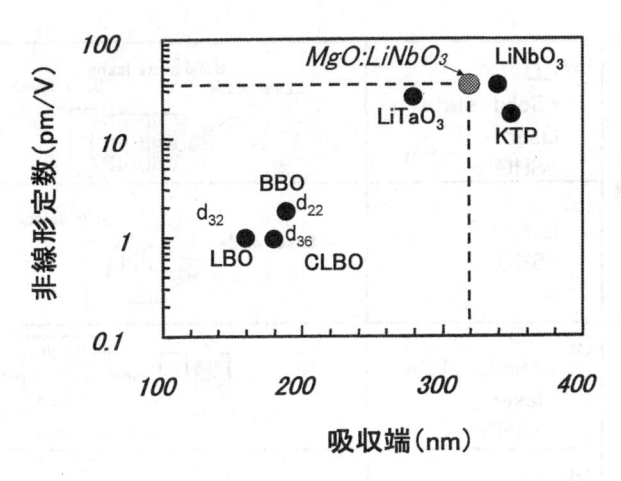

図8 波長変換材料の特性

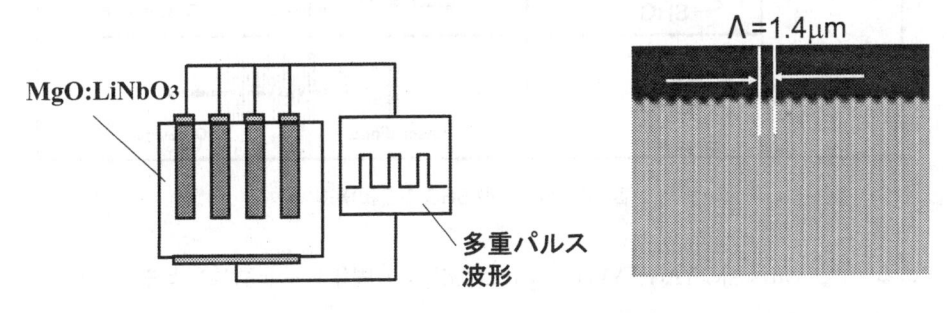

図9 分極反転形成プロセスと反転写真

　光損傷に強いMgO:LiNbO$_3$に直接電界印加することにより短周期分極反転できる[17]。図9に電界印加方法および得られた反転断面写真を示す。多重パルス印加法により熱発生を抑え周期1.4 μmにおいても均一な反転が得られている。この周期においても深さ0.2mmまで均一反転が広がっている[18]。

　今後有望と考えられるバルク分極反転結晶を用いた1パスの波長変換系を図10(c〜e)に示す。なお図10(a)(b)は従来より主流の内部共振器方法であり，共振安定性が課題である。一方，安定性の点で優れているのが1パスの波長変換系である。この1パスの波長変換系で9%/Wの換算効率で342nmの紫外光が得られている。通常紫外域で用いられているLBO，BBOに比べ2桁高い効率である。また得られたSHG効率は基本光の2乗に比例し，光損傷のない安定な波長変換特性が得られている。なお同様のプロセスにより340〜532nm（SHGとして）の波長変換デバイスが実現できており，372nm発生では図11に示されるように1パスの波長変換系で約20%/Wの高効率変換が達成できている[18]。

　波長変換用基本波光源としてNdまたはYbが添加された固体レーザやファイバーレーザが有

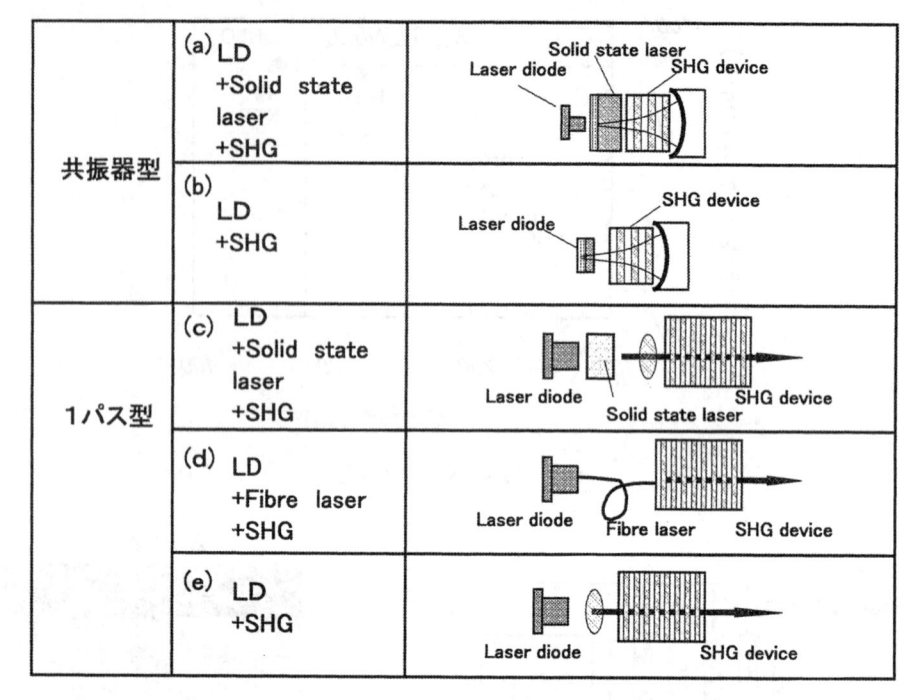

図10 バルク型SHGの各種構造

望である[18, 19]。Nd添加のYAG, YVO$_4$, またはGdVO$_4$の固体レーザ結晶による共振器を形成し内部パワー密度を向上させ，共振器内部に挿入したバルク型SHGの効率を大幅に向上することができる。固体レーザの励起用にはワイドストライプの半導体レーザを使用する。固体レーザの縦モードコントロールを厳密にすることで安定な出力光が得られている。一方，図10(c)に示すように外部に結晶を置く1パス構成は簡便で安定性に優れている[18]。SHG素子が極めて高効率であることが必要なためMgO:LiNbO$_3$(d_{33})が用いられている。MgO:LiNbO$_3$には周期状分極反転層が形成されており，擬似位相整合SHG方式にて基本波6Wより1Wの緑色光が得られている。マイクロチップ化による小型光源の実現も近いと思われる。

ファイバーレーザの進展は著しく，高出力でかつ均一なビームが得られるようになってきたため，図10(d)の構成に示すように1パス波長変換との組み合わせができる。図12に示されるように1パスの波長変換系で8Wの基本波（1,080nm）より3Wの緑色光が得られている[19]。

分極反転波長変換デバイスを用いた青色レーザ光源も実現されている。Nd:GdVO$_4$固体レーザのバルク波長変換により波長456nmが高効率で発生している。2W入力に対し167mWの青色光出力が得られており，6〜7W入射でWクラスが実現できるところまで来ている[18]。またこれ以外にも図10(b)に示す構成のように面発光半導体レーザの共振器内にSHGを挿入する構成が実現されている[20]。

第6章　光源技術

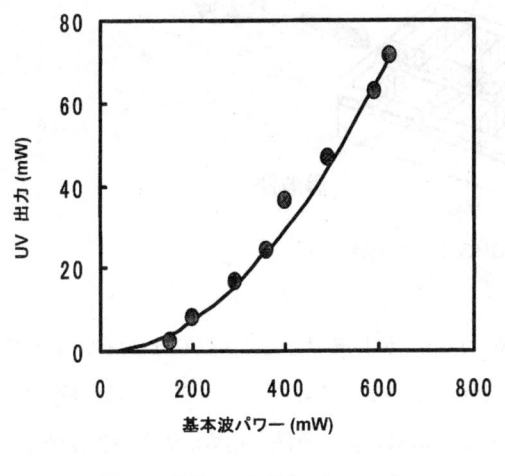

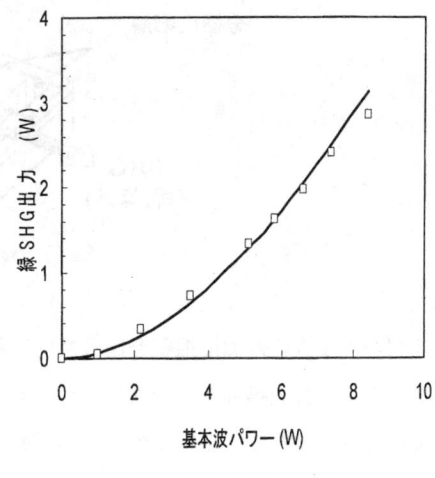

図11　紫外SHG発生（372nm）

図12　緑色SHG光発生

Qスイッチレーザは高出力パルス列動作を行うのに都合が良い[21]。手の平サイズでWクラスのピーク出力を持つ固体レーザのQスイッチによる単一パルス列光源が実現されている。SHGは共振器内に挿入されており，またCr:YAGを用いた過飽和吸収体を用いパッシブQスイッチを行っている。

1.5.2　導波路型SHGデバイス

光導波路を利用した位相整合方法は古くから提案されてきたが，それを実現する光導波路形成技術，結晶成長技術等が大幅に進展したためデバイス化が可能となった。最近は大きな非線形光学定数を用いることができる周期状分極反転構造と組み合わせて用いられている[7]。以下，導波路を用いたSHG素子および半導体レーザの波長変換技術について述べる。

(1)　導波路型SHG素子

非線形結晶の中でも周期状分極反転が可能な材料は限られている。分極反転が可能な材料の中で，大型結晶で量産可能，かつ非線形定数も大きく，耐光損傷性も大きな$MgO:LiNbO_3$が有望である。耐光損傷性は重要なファクターで，光損傷を生じると，変換効率の時間的変動，出力ビームのマルチモード化等，光メモリー用として大きな問題となる。そのため，$LiNbO_3$結晶においては，MgOを添加することで，飛躍的に耐損傷性が改善された。分極反転の方法としては，大面積に対し短時間で反転可能なため量産化が容易な電界印加方法が主流である。以下，周期状分極反転構造を有する光導波路型SHGデバイスについて説明する。

図13に光導波路型SHGの基本構造を示す。SHGデバイスの構造としては，周期状に形成した分極反転層と直交して光導波路が形成されている。以下，均質でかつ閉じ込めの良い導波路形成が可能なプロトン交換導波路およびリッジ導波路について述べる。$MgO:LiNbO_3$に電界印加法

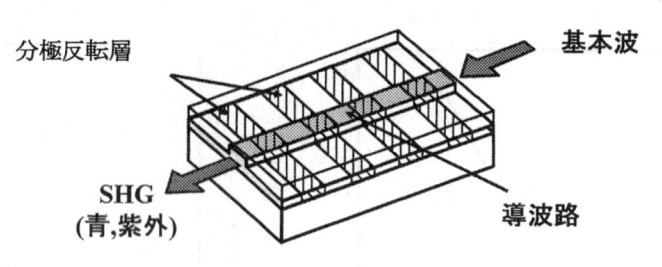

図13 導波路型SHG素子の構造

を用いて1次の擬似位相整合用分極反転層（周期3.2μm）が形成できる[7]。この分極反転層上にプロトン交換光導波路を形成しSHGデバイスを実現している。このプロトン交換法は，低温で光導波路を形成できる方法で分極反転層を破壊することはない。より閉じ込めが大きい光導波路，および深い分極反転層を形成することで大幅に効率が向上している。光導波路のサイズは幅4μm，厚み2μm，長さ10mmのもので，Tiサファイアレーザの基本波20mWのパワーに対して，最大6mWのSHG出力が得られている（波長426nm）。また，換算効率は15%/10mWの値が得られている。

また光導波層として結晶そのままを用いるリッジ構造アプローチもある[7]。リッジ導波路を用いたQPM-SHGデバイスは，対称なステップ型屈折率分布を有するため基本波との結合効率が高く，また非線形性の劣化がないため，高効率の波長変換が期待できる（図13）。MgO：LiNbO$_3$基板の＋X面に櫛形電極を形成し，電界を印加することにより，周期2.8μmの分極反転領域を形成した。反転形成したMgO：LiNbO$_3$基板をLiNbO$_3$基板に張り合わせ，研磨によりMgO：LiNbO$_3$基板の厚みを制御しその後，3次元光導波路を切削により形成している。光導波路のサイズは幅4μm，厚み2.5μm，長さ12mmのもので，基本波の光導波路出射パワー210mWに対して，SHG出力132mWが得られた（波長410nm）。

(2) 半導体レーザの波長変換技術

分極反転をベースとした擬似位相整合SHGの基本波波長に対する許容幅は0.1nm程度と小さい。これに対して半導体レーザは温度，戻り光の変化により発振波長が変化する。これを防ぐためには光フィードバックによる半導体レーザの波長ロックが効果的である。

半導体レーザの波長ロックは，レーザ光の一部を波長選択し帰還することで達成される。外部から光を戻す方法としてはグレーティング型，透過フィルター型等[3]があり，盛んに研究された。その中で光通信分野で用いられてきたDBR（Distributed Bragg Reflector）半導体レーザ技術が転用されている。半導体レーザそのものが選択性グレーティングにより波長ロックされており，最も小型化が容易である[22]。また，波長可変部をもつDBR半導体レーザも開発されており，100mW出力，かつ2nmの波長可変が可能であり，これを用いることでSHG波長への整合が容

第 6 章　光源技術

(3) **SHG レーザモジュール**

SHG レーザモジュールとして，DBR 半導体レーザと SHG デバイスを Si サブマウント上で高精度の光結合が行われている。この際半導体レーザの活性層面と SHG デバイスの光導波路面がサブマウントに対向するように 100nm 高精度実装技術を用い固定することで厚み方向位置決めが容易となる。図14にプレーナ方式の直接結合 SHG レーザモジュールを示す[22]。この構成は，機械的にも安定になり長期信頼性に優れている。

試作された SHG レーザを図15に示す。容量は0.3cc（幅5 mm，長さ18mm，高さ3 mm）で，重さは0.9gである。特性を表3に示す。波長は410nmである。横モードはシングルで，その広がり角は垂直方向が9度，水平方向が5度であった。青色 SHG レーザの特性を表3に示す。ノイズ特性も，相対雑音強度が－145dB/Hz と小さい。変調しても波長広がりは抑制され，変調SHG 出力として62mW が得られている。図16に SHG の制御の概念を示す。DBR 半導体レーザの波長制御とパワー制御を独立に行い，常に発振波長が SHG 波長に一致させた状態で出力制御

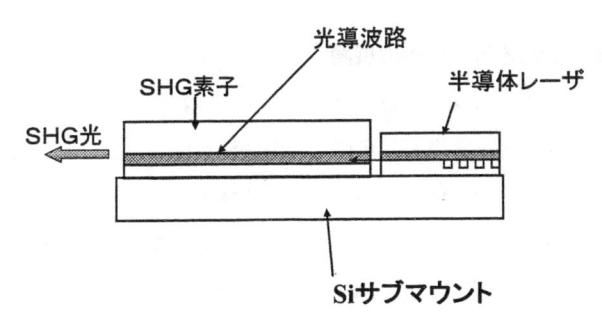

図14　直接結合 SHG モジュールの断面

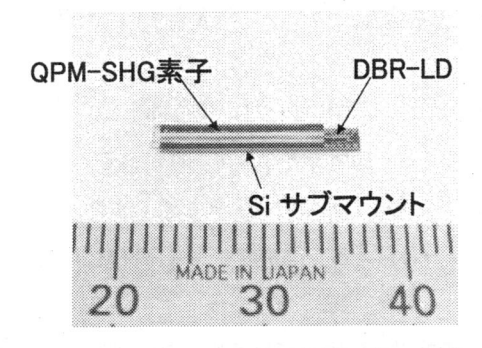

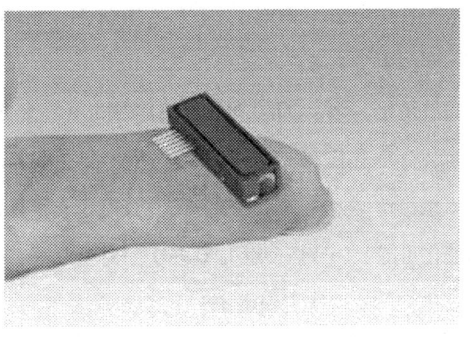

Package size : 0.3 cc （5$^{(W)}$×18$^{(L)}$×3$^{(H)}$ mm^3）
Weight　　　 : 0.9 g

図15　超小型 SHG レーザモジュール写真

ホログラフィックメモリーのシステムと材料

表3 超小型SHGレーザの特性

波長	410nm
ノイズ	−140dB/Hz
戻り光の影響	なし
出力	62mW
サイズ	0.3cc
重量	0.9g

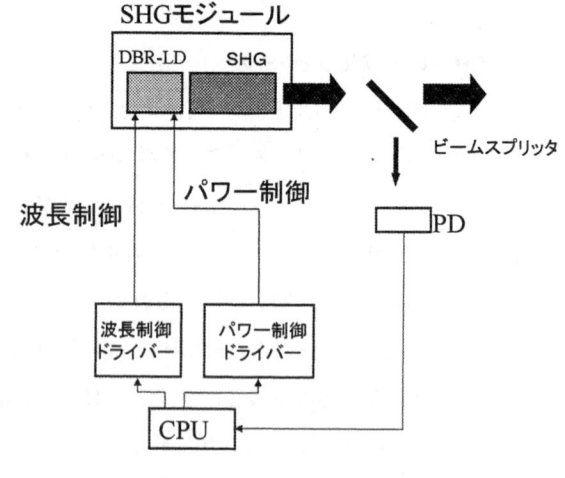

図16 SHGレーザ波長制御

を行っている。

1.6 ホログラフィック光メモリーへの展開

ハードディスク，半導体メモリーは着々と容量向上が行われており，データアクセスおよび転送速度で劣る光ディスクはビット当たり単価での優位性を保つために，さらなる高密度化へのステップアップが必要である。次世代においてもレーザ技術がその鍵を握っている。レーザが赤から青〜紫外に変わることで，熱モード記録を光モード記録に変えることが可能となる。これにより，化学変化を用いた低出力記録，超高速化も夢ではない。

システムとしては，現行のNTSCレベル2時間記録・再生から，HDTV（High Definition TV）レベル2〜4時間，そして光ディスクを用いたホームサーバーへと展開する見込みである。密度は4.7GBから25〜50GB，そして100GB，1TBへと増大していく。この大容量化を支えるのがレーザ技術である。

短波長化，および開口数（NA）の向上による集光ビームの小径化での密度向上は今までの光ディスクの王道であるが，この技術が展開限界に来ており適用できない可能性がある。ボリュームホログラフィックメモリーは冗長度を有するという意味で他の方式と異なる。また，大容量，高速化可能という点で魅力であり，究極の光メモリーと言える。高密度，長寿命材料および波長安定化レーザの実現がポイントである。

SHGレーザを用いたホログラフィク光メモリーの検討が始まっている[23]。CD，DVDと同じ円盤状の媒体を用いて基礎検討が行われている。表3に示されるようにSHGレーザは低ノイズ，かつ波長も一定しており，さらに非点隔差もなく，良好な特性が得られる。コリニアヘッドに緑

第6章 光源技術

色SHGレーザを搭載し,ホログラム記録を行っている[24]。固体レーザの共振器に挿入したSHG素子を用いた532nmの光源を搭載したヘッドにて100GB級の記録再生に成功している。一方,角度多重方式の1つであるポリトピック多重方式[25]により波長ロックされた青紫色GaN半導体レーザを用いても同様に100GB級の密度が達成されている。

1.7 将来光源技術

レーザの紫外化は,体積記録方式における密度が$(1/\lambda^3)$に比例し増大するだけでなく,材料の選択幅を広げる可能性があり期待が大きい。図17に光源波長と相対容量との関係を示す。530nmを320nmにすることで5倍程度の向上が見込める。光学系の選択幅が狭まるという欠点はあるが高出力・波長安定な紫外レーザの実現が待たれる。

GaN半導体レーザはエピ構造へのクラックが入るのを防止することによって365nm程度までの発振が得られている[26]。紫外化にともない寿命が短くなり出力向上も困難となるためこれらの改善が課題となる。

一方,分極反転波長変換により赤色半導体レーザの波長変換による紫外光発生も可能となる。680nmの赤色半導体レーザより,340nmの紫外光発生が報告されている。繰り返しパルス印加による電界印加法による分極反転にて1.4μmまでの周期状反転が達成された(図18)。MgO:LiNbO$_3$基板を用いたリッジ光導波路を用いて343nm,22mW出力が効率約30%で得られている[27]。分極反転波長変換は波長安定化半導体レーザとの組み合わせが必須ではあるが,反面低ノイズであり,戻り光にも強い,また波長ばらつき・変動が極めて小さい,という特徴を有している。今後のホログラム記録においても重要な役割を果たすと考えられる。

半導体レーザを波長可変できれば,システム補正が可能,また将来としては波長多重への展開

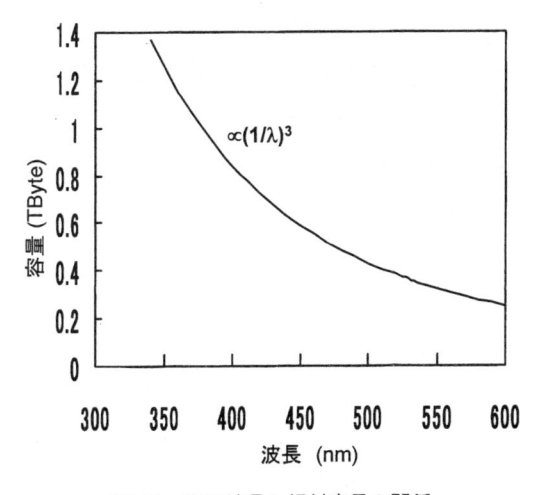

図17 光源波長と相対容量の関係

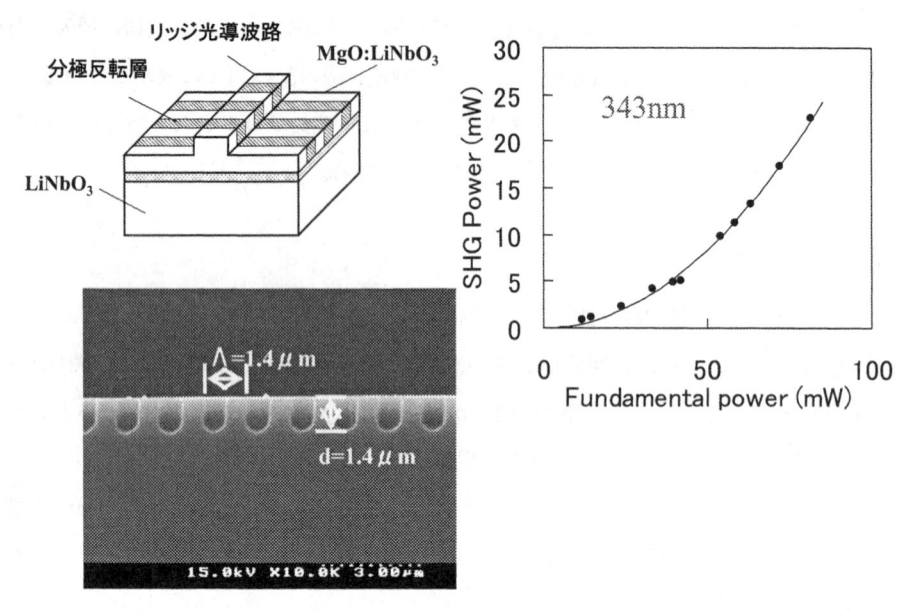

図18 紫外光発生SHGデバイスと波長変換特性

も期待できる。現状外部フィードバックにより波長が可変できているが，今後波長可変DBRレーザの実現が待たれる。

1.8 おわりに

　短波長コヒーレント光源は，次世代大容量光ディスクには必要不可欠である。ホログラフィック光メモリーに適用するためには絶対波長の安定化が必要であるため，半導体レーザへの光帰還技術が不可欠であり様々な手法が検討されつつある。またもう1つのアプローチとして半導体レーザをベースとしたSHGレーザへの期待が大きい。SHGは，波長が一定であり，また高いコヒーレンシィを有すること，および半導体レーザの波長範囲を拡大できるため紫外光発生可能という特長もあり，ホログラフィック光メモリーに適していると言える。課題としては高出力でかつ小型化があり今後の進展が期待される。以上のようにレーザ光源の課題が今後解決されていけばTB級の大容量，Gbps級の転送速度を持つホログラフィックメモリーが実現されていくと思う。

第6章 光源技術

文　献

1) レーザ学会編集委員会，レーザ研究, **29**, 4 (2001)
2) Ichimura et al., ISOM/ODS'99, WC1, p.228 (1999)
3) レーザハンドブック第2版，オーム社，p.280 (2005)
4) 山本和久，レーザー研究, **19**, 403 (1991) および **21**, 1089 (1993)
5) 伊藤弘昌，レーザー研究, **20**, 236 (1992)
6) 栖原敏明ほか，レーザー研究, **21**, 1097 (1993)
7) 山本和久，レーザ研究, **28**, 576 (2000)
8) S. Nakamura et al., *Jpn. J. Appl. Phys.* **37**, L1020 (1998)
9) http://www.nichia.co.jp
10) H. Sato et al., *IEEE J. Quantum Electron.* QE-**18**, 328 (1982)
11) K. Takasaki et al., ISOM Tech. Digest, 264 (2004)
12) P. Zorabedian et al., *Opt. Lett.* **13**, 826 (1998)
13) K. Shinozaki et al., *Appl. Phys. Lett.*, **59**, 510 (1991)
14) G. Meltz et al., *Opt. Lett.*, **14**, 823 (1989)
15) レーザーハンドブック第2版，オーム社，p.258 (2005)
16) 山田正裕ほか，電子通信学会論文誌，C-I, J77-C-I, 206 (1994)
17) K. Mizuuchi et al., *Electron Lett.*, **32**, 2091 (1996)
18) 森川顕洋ほか，レーザー研究, **32**, 191 (2004), および **33**, 671 (2005)
19) H. Furuya et al., MOC05 Tech. Digest, 318 (2005)
20) A. Mooradian et al., MOC05 Tech. Digest, 298 (2005)
21) 平等拓範，分子研レターズ, 51, 4 (2004)
22) 北岡康夫ほか，レーザー研究, **30**, 676 (2002)
23) 山本学，レーザー研究, **32**, 5 (2004)
24) H. Horimai et al., ISOM/ODS05 Tech. Digest, ThD6 (2005)
25) E. Fotheringham et al., ISOM/ODS05 Tech. Digest, ThD 2 (2005)
26) S. Masui et al., *Jpn. J. Appl. Phys.*, **42**, L1318 (2003)
27) K. Mizuuchi et al., *Opt. Lett.*, **28**, 1344 (2003)

2 単一周波数マイクロ固体レーザー

平等拓範*

ホログラフィックメモリーには，単一周波数の青緑色光源が望ましく，従来は装置が大掛かりになり小型で実用的なシステム構築は困難とされてきた。しかし，最近の半導体レーザー(diode laser；本来であればDLとすべきであるがLDとの名称が一般化している)，励起固体レーザー(diode pumped solid-state laser；DPSSL)および非線形光学波長変換の進展は目覚ましく，この分野でも新たな動きが見えつつある。本節では，Nd^{3+}やYb^{3+}イオンなどの希土類DPSSLにおける第二高調波発生(SHG)を概観し，話題の単一周波数マイクロ固体レーザーにつき紹介したい。

2.1 レーザー光の指標

レーザー光を取り扱う際に，収差などを考慮しても計算通りのスポットサイズが得られないことが多々ある。その理由は，TEM_{00}基本横モードレーザーとされていても，多くの装置は高次横モードが混入しビーム品質を劣化させているからである。この様な混乱を避けるため標準化が進められているM^2因子について，まず説明する[1,2]。

一般に，伝搬軸上の任意の位置zにおけるビーム直径は，$d^2(z)=d_0^2+(z-z_0)^2\cdot\Theta^2$として求められる。ここで$d_0$はウェイスト直径，$z_0$はその位置，$\Theta$は遠視野拡がり角(全角)である。ところで，幾何光学におけるクラジウス(Clausius)の関係より，無収差で開口の蹴られのない理想光学系を用いた像変換では，エタンデュ(etendu)が保存される。ビーム伝搬でも同様に，ビームウェイストにおける直径と遠視野での拡がり角の積は，像変換の際に不変である。M^2因子とは，回折限界のTEM_{00}ガウシャンビームにおける積$d_0\Theta=4\lambda/\pi$を基準とした横モード品質であり，次式で与えられる。

$$M^2 = \frac{\pi}{4\lambda} d_0 \Theta \tag{1}$$

ここで，λ_0は真空中での波長，λは屈折率nの媒質中における波長である。式(1)は，対象とするビームの積が回折限界のビームに比べて何倍であるかを示す物理量TDL (times diffraction-limited)そのものである。次に，レーザーの集光特性である輝度(brightness)を，この因子を用いて，書き改める[2]。

---

* Takunori Taira 自然科学研究機構分子科学研究所 分子制御レーザー開発研究センター 助教授

第6章 光源技術

$$B = \frac{P}{S\Omega} = \frac{P}{(M^2\lambda)^2} \tag{2}$$

ここで，Pはレーザーのパワー，$S=\pi(d_0/2)^2$は面積，$\Omega=\pi(\Theta/2)^2$はその立体角である。輝度は単位立体角当りの光度であり，準単色光については強度に比例する。レーザー光の特長は，コヒーレンスが高く，パワーが大きい事であろう。これはまた，輝度温度（brightness temperature）[3,4]が高いと表現できる。光源の輝度温度とは，それと同じ輝度で熱放射する黒体の温度と定義される。言うならその光源の光照射による物質加熱において到達可能な理論限界温度と理解される。いま，周波数ν，スペクトル幅$\Delta\nu$の，ある偏りを持つ光を考え，それが同じスペクトル範囲内の黒体輻射（温度T_B）と同じ輝度であるとする。黒体表面の単位面積当り，単位立体角内に放出される，ある偏りを持つ光のパワーは$cU(\nu)\Delta\nu/8\pi$[注1]で与えられるから，

$$\frac{P}{S\Omega} = \frac{h\nu^3}{c^2\{\exp(h\nu/k_B T_B)-1\}}\Delta\nu \tag{3}$$

が成立する。ここで，k_Bはボルツマン因子，hはプランク定数である。式(2)の関係とレーザー光の輝度温度が極めて高い事を（$k_B T_B \gg h\nu$）考慮するなら輝度温度は，次式で与えられる。

$$T_B = \frac{P}{(M^2)^2 k_B \Delta\nu} \tag{4}$$

すなわち，横モード品質が高く，スペクトル幅が狭く，さらにパワーが大きいほど，その輝度温度は高くなる。誘導吸収・放出の考え方より，このレーザーを物質に照射する場合，物質温度がレーザーの輝度温度に達するまでは吸収され続けると理解される。ちなみに太陽表面温度でも約6,000Kであるが，レーザーは上回る値を容易に達成できる。それゆえに，レーザーによる金属加工や，ブレークダウンなども可能になる。また，高輝度温度の光は，物質との強い相互作用が可能であるため，当然，非線形光学効果なども顕著となる。今回，輝度，輝度温度をM^2因子を用いて表記する事でレーザーの性能評価の指標とする事を試みた。

2.2 固体レーザー材料

可視域，特に青緑色光源の全固体化は長らくレーザー研究の大きな課題であった。GaN等の短

注1) $U(\nu)$は単位周波数当りの黒体エネルギー密度であり，$U(\nu)=8\pi h\nu^3/c^3(e^{h\nu/k_B T_B}-1)$として与えられる。

波長LDの開発意義は大きいが，その高出力化は問題とされている。さらに，緑色に関しては可能性すら見えていない。ここでは，窒化系LDの将来性を信じ，緑色域の全固体光源に話題を絞り Nd^{3+} や Yb^{3+} 系固体レーザー材料につき紹介したい。

表1に代表的 Nd^{3+} 系材料の光学特性を示す[5〜15]。Ndでは $^4F_{3/2} \to {}^4I_{9/2}$ 遷移（0.9μm），$^4F_{3/2} \to {}^4I_{11/2}$ 遷移（1μm），$^4F_{3/2} \to {}^4I_{13/2}$ 遷移（1.3μm）にもとづく強い発光が存在し，これらのSHGによって青，緑，赤色の発生が可能となる。また，1μmと1.3μmの和周波混合による黄色発生も望めるので自由度も高い。一般に励起には $^4I_{9/2} \to {}^4F_{5/2}$ 遷移（〜808 nm）が用いられるが，最近は $^4I_{9/2} \to {}^4F_{3/2}$ 遷移（870〜885 nm）を利用したレーザー上準位直接励起法が励起に伴う発熱を低減できるため話題となっている[16〜20]。ところで，装置の小型化には，吸収係数の大きな材料が適している。$Nd:YVO_4$ は，$Nd:YAG$ と比較し吸収係数が数倍以上高いだけでなく，誘導放出断面積 σ_e も数倍大きいため蛍光寿命 τ_f が短くとも，その積 $\sigma_e \tau_f$ は $Nd:YAG$ を上回っており低閾値化が可能となる[注2]。加えて，YVO_4 はジルコン（$ZrSiO_4$）正方晶形（D_{4h}^{19}）に属するため光学的には一軸性を示し，結晶のc軸に対して平行（π）成分の吸収・蛍光が強く現れ，直線偏光出力を得るのが容易となる。欠点として，熱伝導率がYAGの半分程度であるなど熱機械特性が低いため高出力化には限界があるとされていた。それに対し，$Nd:GdVO_4$ は YVO_4 に近い大きな誘導放出断面積と，YAGに匹敵する熱伝導率を有するとされ話題となった[5, 20]。ところが，YVO_4 でも高い熱伝導率を有するとの報告が最近出ており，混乱の様相を呈している。注意したい[22]。

次に，代表的 Yb^{3+} 系材料の光学特性を表2に示す[23〜30]。Ybは，$^2F_{5/2}$ と $^2F_{7/2}$ の二準位しか存在せず，励起状態吸収（ESA）などのアップコンバージョン損失が起こらない事により，高密度励起に適している。何よりもYb:YAGレーザーは，励起波長が940 nm，レーザー発振波長が1,030 nmなので原子量子効率は91.4%にも達する。このため808 nm励起，1,064 nm発振のNd:YAGでは励起に付随する発熱率が30〜40%であるのに対しYb:YAGでは10%前後に抑えられるため3〜4倍の高出力化が期待できる。また，Yb^{3+} のイオン半径が Y^{3+} のそれに近いため濃度消光が生じ難く高濃度添加が可能となる。上準位寿命も約1 msと長く，エネルギーの蓄積効果が期待できる。また，970 nmの吸収線では，さらに高い94%以上の原子量子効率が望める。Yb:YAGは，Nd:YAGと比較するなら熱発生が少ないことに加え，蛍光幅が約8.5 nmとNd:YAGに比べ10倍程度広いため高出力の波長可変動作や超短パルス発生などが期待できる。しかし，Yb系レーザーは，その下準位 $^2F_{7/2}$ が基底準位群に属することに起因したレーザー光の再吸収損

注2） $\sigma_e\tau_f$ 積が大きければ連続波（CW）動作時の発振閾値が小さくなり，レーザー発振が容易となる。レーザー材料の指標として良く用いられる[21]。

第6章 光源技術

表1 代表的Nd系レーザー材料の分光特性

材料	濃度 ($\times 10^{20}/cm^3$)	発光(蛍光)特性					励起光吸収特性		
		波長 $\lambda_e(\mu m)$	誘導放出断面積 $\sigma_e(10^{-19}cm^2)$	蛍光寿命 $\tau_f(\mu s)$	$\sigma_e \tau_f$ (a.u.)	蛍光幅 $\Delta\lambda_e$(nm)	波長 λ_p(nm)	吸収係数 α_a(cm^{-1})	吸収幅 $\Delta\lambda_a$(nm)
Nd:YAG [Y$_3$Al$_5$O$_{12}$]	1.0 at.% (1.38)	0.946 1.0642 1.319/1.338	0.24 2.63 0.37/0.21	225	0.09 1.00 0.14/0.08	0.7 1.1 1.2/1.2	808.4 868.6 885.4	9.1 2.8 1.6	1.2 1.1 2.8
Nd:YVO [Nd:YVO$_4$]	1.0 at.% (1.25)	0.914 1.0641 1.342	0.31 14.1 1.35	84.1	0.04 2.00 0.19	3.2 1.1 2.0	808.7 879.8	53.5* 39.8	1.7 1.4
Nd:GVO [Nd:GdVO$_4$]	1.0 at.% (1.21)	0.912 1.0628 1.341	0.24 10.3 1.38	83.4	0.03 1.45 0.19	3.2 1.0 1.9	808.2 879.0	33.2* 24.6	1.5 1.4
Nd:GGG [Nd:Gd$_3$Ga$_5$O$_{12}$]	1.7 at.%	0.933/0.937 1.062 1.323/1.331	0.27/0.23 1.54 0.34/0.34	200	0.09/0.08 0.52 0.11	0.8/0.8 0.90 1.4/1.4	807.6 871.0	14.5 5.9	1.1 1.5
Nd:SVAP [Sr$_5$(VO$_4$)$_3$F]	1.0 at.%	1.0654 1.33	5.00 2.10	210	1.77 0.75	1.6	809.0	16.9	1.6
Nd:FAP [(PO$_4$)$_3$F]		1.0629	5.00	230	1.94	0.6	807.0	[1.62×10^{-19}cm^2]	1.6
Nd:SFAP [Sr$_5$(PO$_4$)$_3$F]	0.72at.%	1.0585 1.328	5.40 2.30	298	2.72 1.16	0.6	805.2	27.4	1.6
Nd:YLF [YLiF$_4$]	1.0 at.%	1.047 1.053	1.87 1.25	460	1.45 0.97	1.37	792.0	7.0 2.4	2.0 1.8
Nd:glass	5.0 at.%	1.054	0.40	315	0.21	20	800.0	3.00	13
NPP [NdP$_5$O$_{14}$]	40.0	1.0512	2.00	115	0.22	5.1	800		
LNP [LiNdP$_4$O$_{12}$]	43.0	1.047 1.320	3.20 0.38	135	0.41 0.05		800	40.0	
NYAB [Nd:YAl$_3$(BO$_3$)$_4$]	1.95	1.062	4.46	56	0.24		808	8.30	8.4
Nd:LSB [Nd:LaSc$_3$(BO$_3$)$_4$]	5.10	1.062	1.30	118	0.14	4	808	36.0	3.0

*) 注：α_a=65 cm^{-1} at 808nm for 1 at.% Nd:GdVO$_4$, α_a=40cm^{-1} at 808nm for 1 at.% Nd:YVO$_4$（参考文献5）

表2 代表的Yb系レーザー材料の分光特性

	材料	発光(蛍光)特性					励起光吸収特性			最小励起率 β_{min}
		波長 λ_e(nm)	誘導放出断面積 $\sigma_e(10^{-19}cm^2)$	蛍光寿命 τ_f(ms)	$\sigma_e \tau_f$ (a.u.)	蛍光幅 $\Delta\lambda_e$(nm)	波長 λ_p(nm)	吸収断面積 $\sigma_a(10^{-20}cm^2)$	吸収幅 $\Delta\lambda_a$(nm)	
Nd	YAG	1064	2.63	0.23	1.00	0.67	808	6.60	1.2	—
Yb	YAG	1030	0.21	0.85(0.96)	0.32	8.5	940 969	0.82 0.80	18.0 2.7	0.058
	YSAG	1031	0.14	1.10	0.26	12.5	942 969	0.70 0.88	22.0 2.7	0.055
	YLF	1020	0.08	2.16	0.30	37.3	962	0.75	—	0.098
	FAP	1043	0.59	1.08	1.08	4.1	905	10	2.4	0.047
	SFAP	1047	0.73	1.26	1.55	4.0	899	8.6	3.7	—
	YVO	986 1017	4.28 0.02	0.32 0.75	2.30 0.03	5.0 —	985	6.7	3.6	0.140
	glass	1004	—	2.00	—	76.0	959	0.27	81.0	—
	KYW	1025	0.30	0.60	0.30	16.0	981	13.3	3.5	—
	KGW	1023	0.29	0.60	0.29	—	981	12.0	—	—
	BCBF	1034	0.13	1.17	0.26	24.0	912	1.1	19.0	0.097
	YCOB	1085	0.076	2.28	0.29	54.9	977	0.9	4.0	0.007
	GdCOB	1035	0.046	2.50	0.19	90.0	901	0.5	20.0	0.060
	YAB	1040	0.08	0.68	0.09	—	975	3.4	20.0	0.044

失を考慮しなければならない[31]。表2にあるβ_{min}は下準位吸収を飽和させるために必要な最小反転分布であり，室温での高効率発振のためには高密度励起が必要となる。

2.3 マイクロ固体レーザーの基本特性
2.3.1 単一モード発振

　一般に，定在波型共振器の固体レーザーは，利得スペクトル幅内に多数の共振周波数（縦モード）が許容されるため，空間的ホールバーニング効果により多重縦モード発振状態となる[21]。ところで，縦モード間隔（free spectral range；FSR）は共振器長に逆比例する。そのため，利得媒質長を1mm程度に短くし，これ自身を共振器とするマイクロチップレーザーでは，利得幅$\Delta\nu_0$内に許容される縦モード数を1本ないし2本に抑えられる。これにより，縦モードの単一化，すなわち単一周波数発振が可能となる（図1）[31,32]。ただし，媒質長が短くなればその分励起光の吸収効率が低下するため，吸収係数の兼ね合いを考慮しなければならない。このため材料探索と設計の指針として，吸収長$1/\alpha_a$を媒質長ℓに等しくしたとき利得幅$\Delta\nu_0$内に許容される縦モード本数が用いられる。

$$m = \frac{\Delta\nu_0}{c/2n\ell} = \frac{2n\Delta\nu_0}{\alpha_0 c} \tag{5}$$

ここで，nは屈折率，cは真空中の光速である。吸収長は励起光源の線幅にも依存するが，表1より，添加濃度1at.%のNd:YAGでは，$m=3.9$となるのに対してNd:YVO$_4$だと吸収係数が高いため$m=0.76$となり，単一縦モード動作のマイクロチップレーザー材料に適していることが分かる。図2に，最初に提案されたLD励起Nd:YVO$_4$マイクロチップレーザーを示す[32]。Nd濃度1.1 at.%のYVO$_4$結晶の両端面に反射鏡を直接蒸着し，長さ500μmのレーザー共振器を構成している。500 mWのLDで励起した場合，単一縦モードで103 mWの出力が得られた。また，

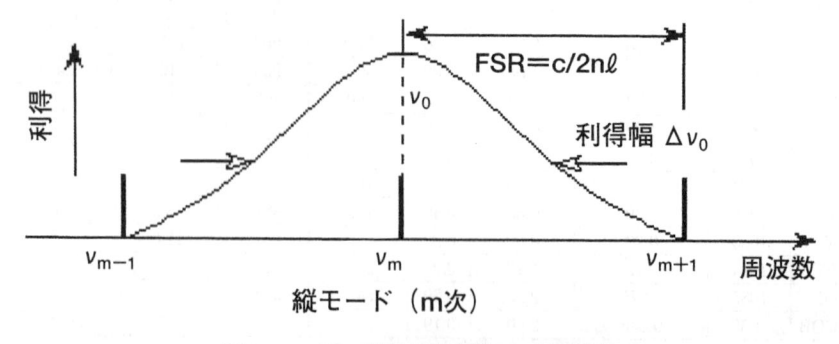

図1　レーザー利得と許容縦モードの関係

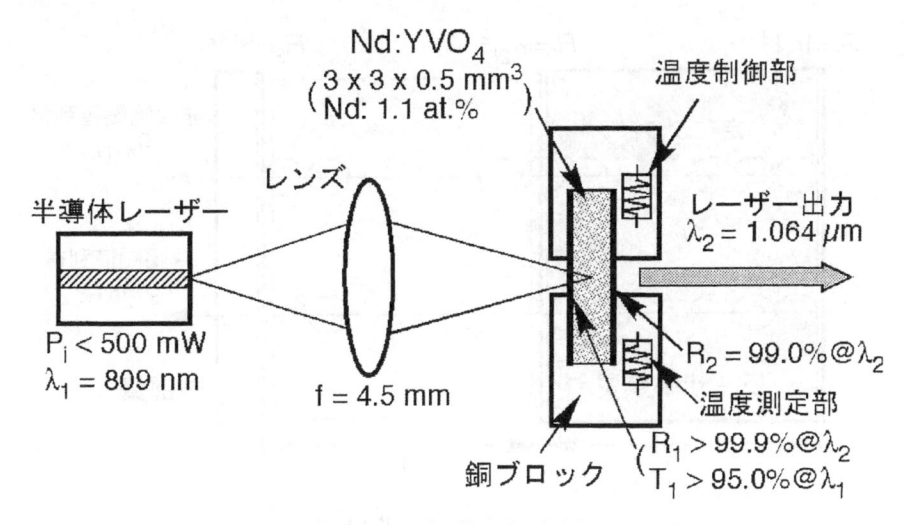

図2 Nd：YVO$_4$マイクロチップレーザーの構成

スロープ効率32.4%，最小発振閾値5.3 mWと，低閾値，高効率動作の高出力単一縦モード発振が簡単に実現できるとして注目された。

2.3.2 複合共振器による単一モード化

また，外部鏡を有する短共振器型マイクロチップレーザーは，共振器内部に種々の光学素子を挿入できるため，多機能化，高機能化が図れる。高い吸収係数を有するレーザー媒質を共振器端に配置する事で，空間的ホールバーニングによる多重縦モード発振を抑制できるものの[34,35]，限界がある。一方，レーザー共振器内部素子の反射率は共振器損失となり発振効率低下の原因とされていたが，ある条件下では効率低下につながらず波長選択素子としても機能することが明らかになった。ここでは，波長選択素子としての性能を知るため，図3の構成において，面1, 2, 3の全てで節となる定在波の閾値利得$g_{th,R}$と，面2では腹となる定在波に対する閾値利得$g_{th,NR}$を考える。複合共振器（CC：coupled-cavity）モデルより，それらの比は次式で与えられる[36]。

$$\frac{g_{th,NR}}{g_{th,R}} = \frac{\alpha_1 - \frac{1}{L_1}\ln\{r_1(r_3 e^{\gamma_2} - r_2)/(1 - r_2 r_3 e^{\gamma_2})\}}{\alpha_1 - \frac{1}{L_1}\ln\{r_1(r_3 e^{\gamma_2} + r_2)/(1 + r_2 r_3 e^{\gamma_2})\}} \quad (6)$$

ここで，α_1はレーザー媒質における損失係数を，γ_2は媒質と出力結合鏡間の損失を考慮した利得である。また，r_1, r_2, r_3は各面のレーザー発振光に対する電界に対する反射率である。すなわち，光強度に対する反射率Rとは，$|r|^2 = R$の関係にある。このモデルより，R_2の増大に伴い縦モード選択性が増すと共に発振閾値も低下することが示される。ここでは，Nd:YVO$_4$結晶の共振器側端面2に基本波に対して部分反射（$R_2 = 1, 11, 25\%$）を施し，出力鏡と併せてCC

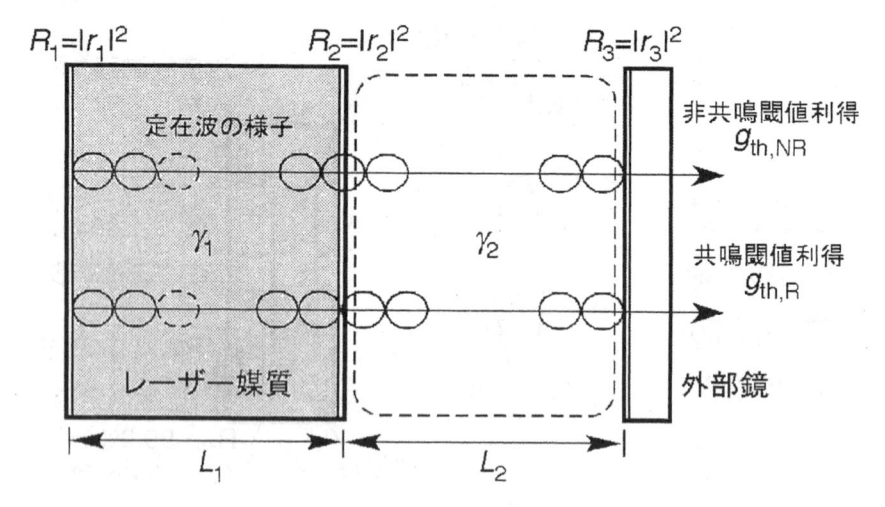

図3 複合共振器の基本構成

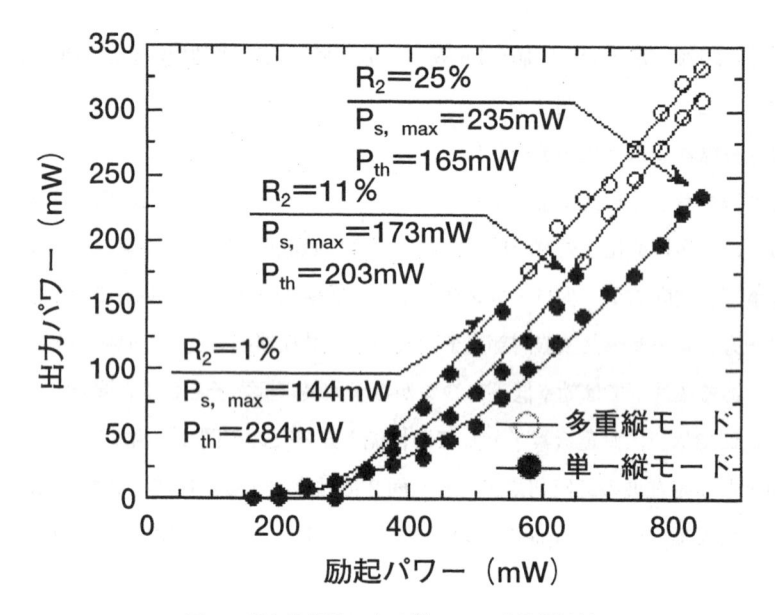

図4 複合共振器による単一モード発振特性

を構成した。入出力特性の結果を図4に示す。実験でも反射率R_2の増大に伴い単一縦モード出力は増大し、発振閾値は低下した。さらに、$R_2=25\%$のときには最大励起時においても単一縦モード（$M^2=1.03$）となりCC構成により、高効率で単一縦横モードレーザーが可能となることが示された[31]。

2.3.3 波長可変化

マイクロチップレーザーは、媒質の温度を制御して光路長を変える事により利得幅内で連続的

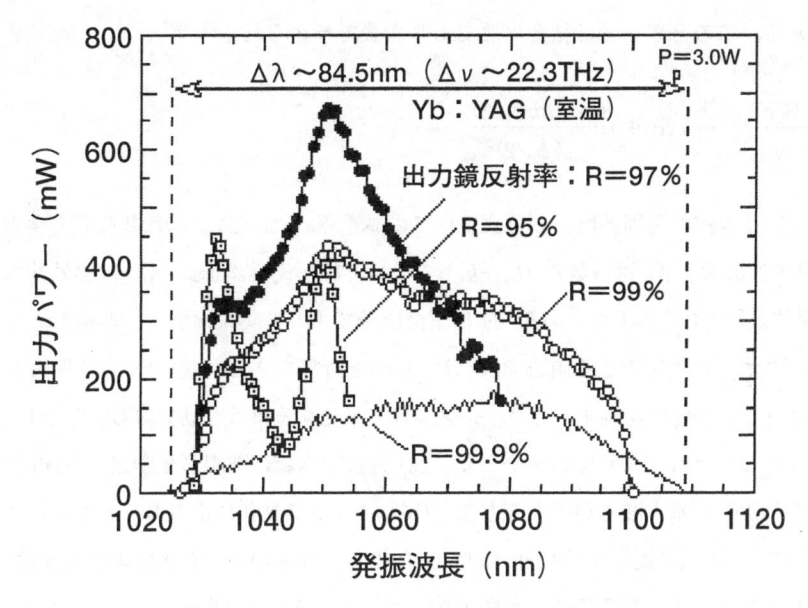

図5 Yb：YAGマイクロチップレーザーの波長可変特性

にレーザー発振周波数を掃引できる。Nd：YVO$_4$マイクロチップレーザーでは，結晶温度を室温より67K上昇させることにより，モードホップを起こさずに発振周波数を107GHz低周波数側にシフトできる。これによりNd：YAGレーザーへの注入同期が可能となる[37]。なお，理想的には130Kの温度シフトにより207GHzの掃引が可能とされている[33]。しかし，レーザー材料の蛍光幅が広い場合，または共振器内部に他の光素子を挿入する場合は単一縦モード発振を維持する事が困難になる。CC構成において，マイクロチップレーザーと外部鏡間にフィルター，回折格子などの同調素子を挿入することで，式(6)におけるγ_2が制御可能となる。これにより，単一縦モード化が望める[38]。次に述べるYb：YAGマイクロチップレーザーでは，複屈折フィルター（BF）を併用して1,024.10～1,108.56 nmと可変幅84.5 nm（22.3 THz）にわたる広帯域波長可変特性を得ている（図5）[39]。

2.4 光メモリー用単一周波数レーザー

NdやYbなど，希土類の発光中心を持つ固体レーザーは，一般に発振波長が1 μm領域に制限される。そのため，青緑色光発生には非線形光学波長変換が必要となる。そこで，その変換効率η_sについて検討する。基本波パワーP_ωの減衰が無視できる領域において変換効率は基本波パワーに比例すると考えられるため，

$$\eta_s = \kappa P_\omega \tag{7}$$

と近似できる。このとき，κ は結合係数であり次式で与えられる[21, 40]。

$$\kappa = \frac{2\omega^2 d_{eff}^2 \ell_S k}{\pi n_S^3 \varepsilon_0 c^3} h(B,\xi) \frac{\sin^2(\Delta k \ell_S/2)}{(\Delta k \ell_S/2)^2} \tag{8}$$

ここで，ω は基本波の角周波数，ε_0 は真空中での誘電率，c は光速，n_S は非線形光学素子の屈折率，k は基本波波数，Δk は波数差 ($k_{2\omega}-k_\omega$)，ℓ_S は非線形光学素子長，d_{eff} は実効非線形光学係数（mks単位系）である。また，$h(B,\xi)$ は集光因子であり，集束が弱く，非線形光学素子で生ずるウォークオフが無視できる領域では $h(B,\xi) \approx 1$ と近似できる。式(7)からも明らかなように変換効率は基本波強度に比例するため，レンズ等で集光する事は有効である。しかし，$h(B,\xi)$ の低下に注意しなければならない。そこで，(a) 共振器内部に非線形光学素子を配置する事で，閉じこめられた強い基本波を利用する方法，(b) Qスイッチ動作により得られるジャイアントパルスを用いる方法，(c) 擬似位相整合（QPM）による高性能の非線形光学素子を配置する方法，などが提案されている。ここでは，ホログラフィックメモリー用光源として，(a)の共振器内部SHG型レーザーと，(b)における受動Qスイッチ型マイクロレーザーについて紹介したい。

2.4.1 波長可変内部共振器 SHG 型 Yb：YAG レーザー

内部共振器SHG型レーザーにおける小型化，高効率化に関しては多くの報告があり，既にホログラフィックメモリーにも適用されている[41, 42]。ここでは，波長可変型光源を目指し行われた結果を示す[43]。レーザーはZ型共振器構成とし，その一端に濃度25 at.%，結晶厚400μmのYb：YAGの両端面にコーティングを施しサファイア基板（温度18℃に制御）に取り付けた物を配置した（図6）。なお，Yb：YAGチップ共振器側のコーティングは，発振波長に対し数%の反射率を有するため出力鏡と併せCC構成となる。この場合，結晶は薄いのでFSR〜200GHz (0.7nm)であるが，共振器全長は長いためYb：YAG利得幅内に複数の縦モードが許容される。そこで，共振器内部に波長選択用の複屈折フィルター（BF）を配置する必要がある。このとき，往復時のBF透過率，等価フィネスは各々，

$$T^k = \left\{ \frac{(1+q^2)\cos(\delta/2) + [(1+q^2)^2\cos^2(\delta/2) - 4q^2]^{1/2}}{2} \right\}^{2k} \tag{9}$$

$$F_{BF} = \pi / \{2\cos^{-1}[(c+q^2/c)/(1+q^2)]\} \tag{10}$$

となる[44]。ここで，$c = [(1+q^{2k})/2]^{1/2k}$，$q$ は偏光損失を考慮した単行透過率であり，波長λに対しΔnを複屈折，Lを媒質長とした場合の位相差は $\delta = 4\pi\Delta nL/\lambda$ で与えられる。そこで，BFの透過帯域幅は，$\delta\nu_{BF} = FSR_{BF}/F_{BF}$ であることより，単一縦モードであるためには，

第6章 光源技術

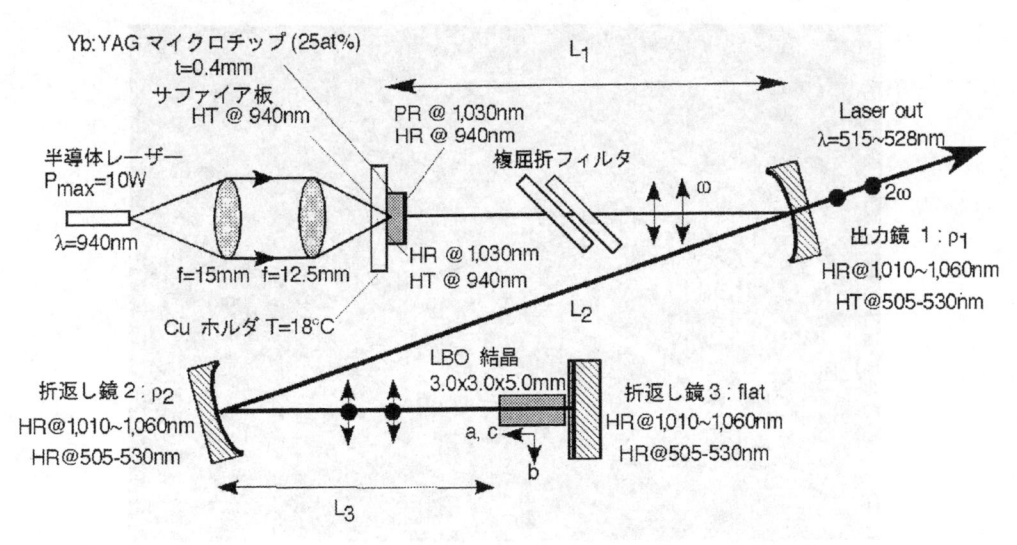

図6 共振器内部SHG型Yb:YAGマイクロチップレーザーの構成

$$\delta\nu_{BF} < FSR_{CC} \tag{11}$$

である必要がある。

次に具体的な共振器について述べる。SHG結晶にはLiB$_3$O$_{10}$（LBO）（3×3×5 mm^3）をタイプI位相整合（$\theta=90°$, $\phi=13.6°$）で用いた。Yb:YAGレーザー励起にはファイバー出力型LD（OPC-D010-mmm-HB/250-FCPS，コア径250mm，$M^2\sim 90$）を励起ビーム半径100μm程度に集光し用いた。また，波長制御には2枚の複屈折フィルター(水晶，厚さ1mm)をブリュースタ角で配置し，用いた。Yb:YAGレーザー結晶部では，LDのM^2値を考慮し，高密度励起とモードマッチングの両方を満たすよう励起光を100μm程度に集光した[32, 38]。さらに，共振器モード径もこれに合わせる必要がある。また，LBO部でも共振器ビームを細くする必要があり，ミラーの曲率，共振器長を$L_1=L_3=54$ mm，$L_2=94$ mm，$\rho_1=\rho_2=100$ mmとした。これより励起に付随した熱レンズにより焦点距離が短くなるにつれて緩やかにビーム径が絞られYb:YAG結晶では励起光とのモードマッチング効率が，LBO結晶ではSHG変換効率が高まるよう変化することとなる。

図7にこの共振器の外観写真を示す。励起吸収パワー6.3W時においてSH波最大出力520 mWを波長526nmで得た。ところでLBOの実効非線形係数d_{eff}は0.83 pm/Vであり，KTPの2.76 pm/Vに比べ3倍ほど低い。しかし，波長許容幅はKTPの0.4 nm cmに対しLBOは3.0 nm cmと約7倍程度広く安定動作が可能となる。波長可変動作は複屈折フィルターBFにより基本波の波長

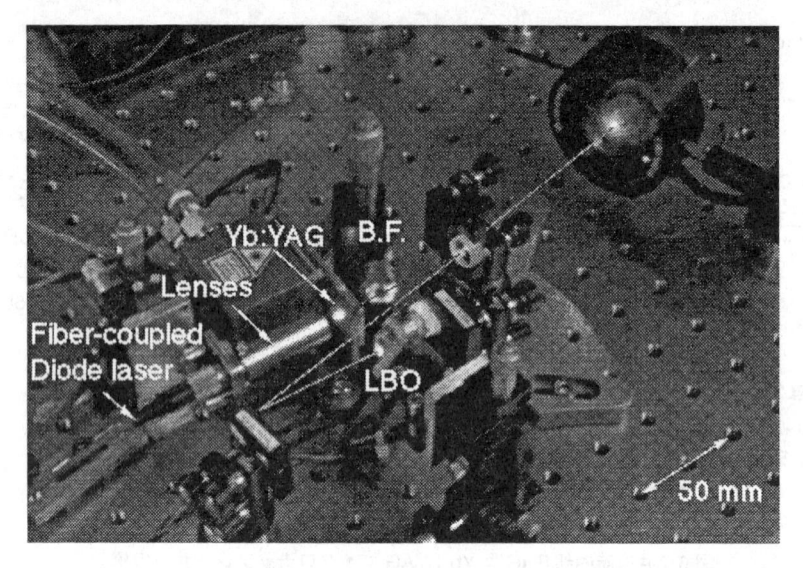

図7 共振器内部SHG型Yb:YAGマイクロチップレーザーの外観

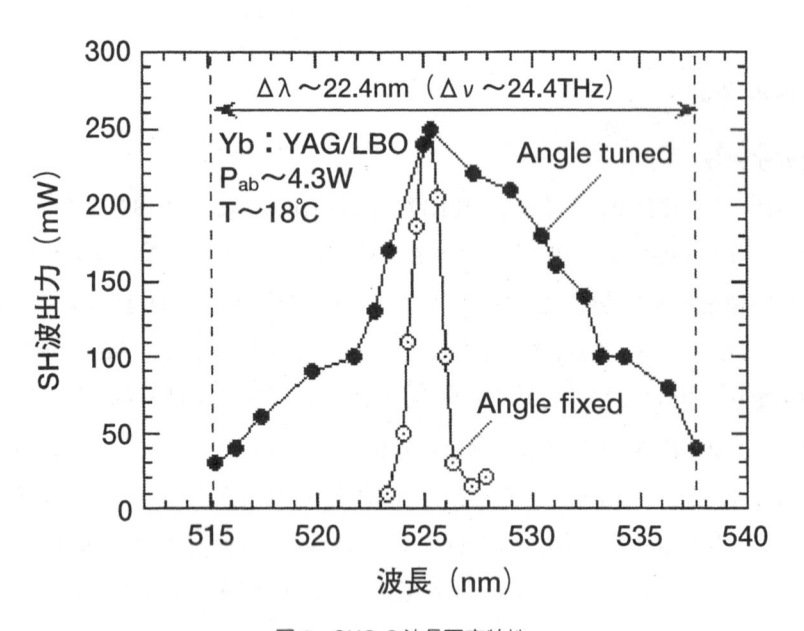

図8 SHGの波長可変特性

を選択し，次いでLBOの位相整合角を合わせた．図8にLBOを固定しBFのみによる波長可変特性とBFおよびLBOの角度を変え，各波長で位相整合角を合わせた場合の青緑光域波長可変特性を示す．このとき，単一縦モード発振を維持するため励起吸収パワーを約4Wに制限した．LBOとBFの角度を変えることにより，青緑光領域で22.4 nm（24.4 THz）と広い波長可変特性

が得られている。一方，LBOの角度を固定した場合においても，可変幅は4.5 nm（5 THz）にも達した[43]。また，共振器はYb：YAGマイクロチップと外部鏡による複合共振器構成になっているため，Yb：YAGマイクロチップのFSRにより340GHz（0.3nm）間隔でモードホップを起こしながら発振波長が変化する。付録に，波長可変Yb：YAGマイクロチップレーザーを用いた波長多重型ホログラフィックメモリーを紹介する。

2.4.2 受動QスイッチNd：YAGレーザー

固体レーザーにおいて特徴的とも言えるQスイッチ（Q-switch）とは，共振器の良好指数（quality factor）であるQ値を短時間で切換え，蓄積された反転分布エネルギーを一気に放出させることでジャイアントパルスを発生させる方式である。Qスイッチ固体レーザーは，種々の装置が必要なため大型で不便であるが先端研究には不可欠な道具とされてきた。一方，マイクロ固体レーザーでは，共振器走行時間を極端に短くできるため特別な工夫をしなくとも短パルス化が可能になると共に，単色性も改善される。さらに受動Qスイッチでは高電圧や高周波などの駆動装置が不要となり利便性も大きく向上する。ここでは，手のひらサイズ，メガワット尖頭出力Cr^{4+}：YAG受動QスイッチNd：YAGマイクロ固体レーザーとその非線形光学波長変換特性について紹介する。

一般にQスイッチとしては，共振器内部に配置した電気光学素子や音響光学素子に外部からの電気信号を加え偏光方向や回折方向を可変する事で共振器損失を制御する方式がとられてきた。この場合，素子が大きくなるためマイクロレーザーに適用する場合，その短共振器性が損なわれるだけでなく数kVに及ぶ高電圧やRF高周波装置が必要となる。一方，可飽和吸収体を共振器内部に配置する受動Qスイッチではそのような問題が解消されるが，逆に種々の制御が困難といった課題があった。

受動Qスイッチレーザーは，共振器内に配置したレーザー媒質と可飽和吸収体（saturable absorber；SA）より成る（図9）。レーザー媒質は四準位，SAは三準位で近似した。この動作について説明する。まず，励起光$h\nu_p$により発光中心の電子状態が上準位に励起され，次いで下準位に遷移する際に光子$h\nu_\omega$が発生する。共振器内の光子密度が低い初期状態ではSA吸収が強く，共振器損失が大きいためレーザー発振には至らない。励起を続ける事で，上準位分布密度n_gが蓄積・増大し，SA下準位の電子密度n_{SA}が減少する。これにより吸収が飽和し，急激なパルス成長が促されジャイアントパルス発振に至る。小型・低電力の装置でもレーザー媒質にエネルギーを蓄積し，それを瞬時的に放出できるなら高尖頭値のジャイアントパルスに変換できる。

次に，受動Qスイッチレーザーの尖頭値を高めるための条件について検討する。SAの初期透過率をT_0，飽和後の透過率T_fとした場合の出力パルスエネルギー，パルス幅は次のように与えられる[45~47]。

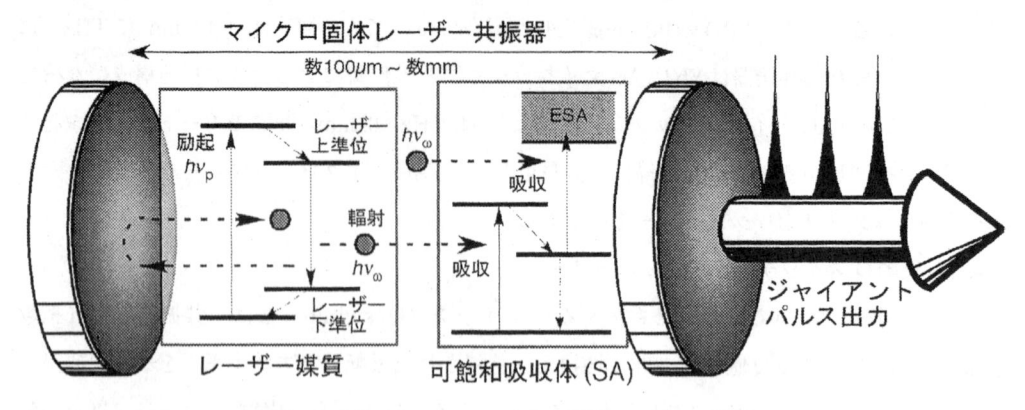

図9 受動Qスイッチマイクロ固体レーザーの構成

$$E_p = \frac{h\nu_\omega \cdot A_g}{2\gamma_g \sigma_g} \cdot \ln\left(\frac{1}{R}\right) \cdot \ln\left(\frac{n_{gi}}{n_{gf}}\right) \tag{12}$$

$$\tau_p = \frac{-2\ell_c}{c} \cdot \ln\left(\frac{n_{gf}}{n_{gi}}\right) \cdot \frac{p}{2\ln(T_0/T_f)} \cdot \frac{1}{Z} \tag{13}$$

ここで,

$$Z = 1 - \frac{n_{gt}}{n_{gi}} + [1+(\delta-1)p] \cdot \ln\left(\frac{n_{gt}}{n_{gi}}\right) + \frac{1}{\alpha}(\delta-1)p \cdot \left[1-\left(\frac{n_{gt}}{n_{gi}}\right)^\alpha\right] \tag{14}$$

また, $\alpha = \gamma_{SA}\sigma_{SA}A_g/\gamma_g\sigma_g A_{SA}$, $p = -2\ln(T_0/T_f)/(-\ln R + L - 2\ln T_0)$, $\delta = \sigma_{ESA}/\sigma_{SA}$ である。ここで, A_g, A_{SA} はレーザー媒質, SAでのレーザー光有効面積, γ_g, γ_{SA} は縮退による各々の反転分布減衰因子, σ_g はレーザー媒質の誘導放出断面積, σ_{SA}, σ_{ESA} はSAの吸収断面積及びESA断面積である。さらに, T_0, T_f はSAの初期透過率と飽和透過率であり, n_{gi}, n_{gt}, n_{gt} は, それぞれ発振開始時, 発振終了時, 出力ピーク時の反転分布密度であり, n_{gf} と n_{gi} の比及び n_{gt} と n_{gi} の比を求める事で, 受動Qスイッチレーザーのパルスエネルギーとパルス幅, すなわち尖頭出力が解析的に求まる[21, 45, 46]。

ここでは定性的な傾向について説明する。式(12)より, エネルギーの増大には出力鏡の反射率を下げ, レーザー媒質でのビーム面積を広げ, また, 反転分布初期値は大きく, 動作終了時には小さくすべきであることがわかる。さらに誘導放出断面積が小さく, 蛍光寿命の長いレーザー材料がエネルギー増大に適している事がうかがえる。式(13)からは, SAの透過率比, 因子Zを大きくする事で短パルス化される事が分かる。特に, レーザー共振器長を短くする事は, 直接短パ

第6章 光源技術

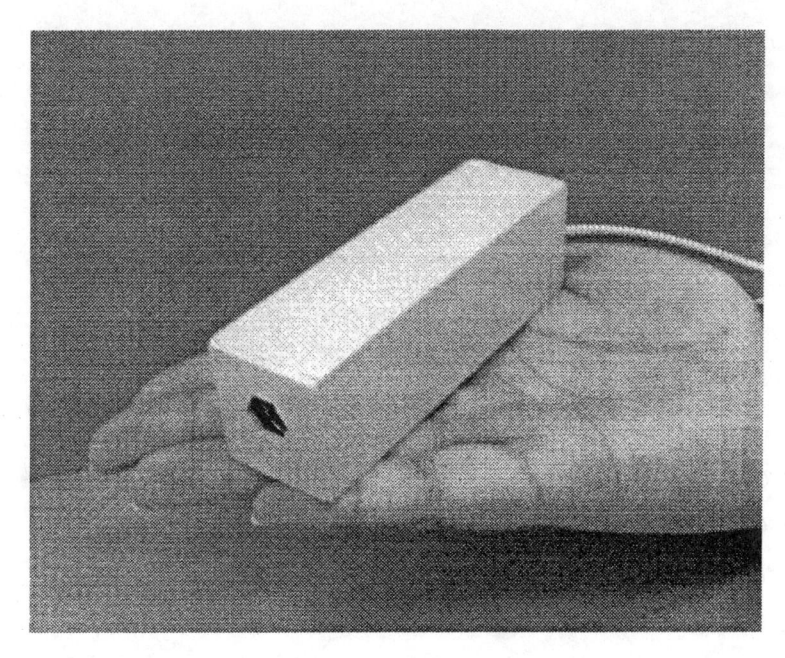

図10 受動Qスイッチマイクロ固体レーザーの外観（寸法 105×30×32mm^3）

ルス化に繋がるもので，従来の共振器長数10cmのレーザーをマイクロ化する事の重要性が見て取れる。さらに，マイクロ共振器は縦モードの単一化にも貢献するため，高尖頭値の高コヒーレント光が期待できる。

図10に，先の検討事項をもとに開発した受動Qスイッチマイクロ固体レーザーの概観を示す[47,48]。レーザー媒質に長さ5mmの1.4at.%Nd:YAGを，またSAに初期透過率30%のCr^{4+}:YAGを，反射率$R=56$%の出力鏡を，長さ15mmの共振器内部に配置した。励起には，コア径400μm, NA=0.22のファイバー出力LD（$\lambda_p=806$ nm, $\Delta\lambda_p=2.9$ nm）光を倍程度に拡大し，Nd:YAG端面より入射し用いた。ところで，受動Qスイッチでは，励起パワーの増大によりレーザー出力は増大するものの，パルスエネルギーは増大しない。代わりに繰返し周波数が上昇する。また，ジッターも大きく制御性に欠ける。そこで，LDを100Hzでon/off制御することで繰返し周波数を固定することとした。駆動電流パルス幅は，450μsと蛍光寿命の約2倍にすることで発振の安定化を図った。LDからの励起パルスパワーは30Wとし，平均光電力を1.35Wに抑え空冷を可能とした。この結果，最大で出力エネルギー0.96mJを得た。パルス幅は480psとサブナノ秒であったため尖頭出力にして1.7MWにも達した。波面センサー（WaveFront社，CLAS-2D）で横モード品質を測定した所$M^2=1.04$であった。式(2)で定義される輝度[注3]にして139 TW/sr-cm^{2}が，手のひらサイズで得られた。また，スペクトル幅は5pm以下と，測定に用いたファブリーペロー干渉計（Burielgh社，WA-4550型）の分解能限界で制限された。また，式(4)

ホログラフィックメモリーのシステムと材料

図11 レーザー照射ごとに氷が粉砕される様子

の輝度温度では少なくとも0.17ZK（1.7×10^{20} K）にもなり[注4]，太陽の10^{16}倍もの輝度温度光が手のひらサイズ，パルス当り消費電力13.5 mWで得られた事になる。

このような高輝度温度の光は非線形光学波長変換に適しており，受動Qスイッチマイクロレーザーの出力（600 μJ）をそのまま長さ10 mmの非臨界Type I 位相整合LBO（位相整合温度143.6℃）に入射することでパルス幅約400 ps，出力300 μJのSH波（532 nm）が得られ，集光しなくともSHG変換効率は約50％に及ぶ。この数100 kW尖頭出力の緑色光を，焦点距離110 mmのレンズで約11 μm直径まで絞り込んだところ，ステンレス鋼への微細穴開け加工も可能であった[48]。図11に，同様の条件で氷に照射した写真を示す。ショット毎に氷が粉砕されている様子が観測される。これらの諸元は，第2章で紹介されたコリニアホログラフィックシステムの光源として適するもので，今後の展開が期待される。

2.5 まとめ

小型，高効率，長寿命で便利な光源であるLDは種々の分野で応用が進展しているが，その低輝度特性のためレーザーの特長を生かした応用は制限されてきた。レンズなどの光学素子では，横モード特性までは改善できないため輝度はそれほど向上しない。これに対して，LD励起固体レーザーは，大量のLD出力光を束ね，空間的，スペクトル的特性を改善できるコヒーレンスコンバーターである。特に，LDとほぼ同一サイズのマイクロ固体レーザーは，外観や取り扱いも

注3） 輝度とは，式(2)にあるようにパワーを波長とM^2因子の自乗で除した値と定義される。例えば，出力エネルギー1 J，パルス幅10 nsの大型放電管励起固体レーザーにおける尖頭値は100 MWにも達するが，横モードが悪く$M^2 > 20$である。このため輝度は22 TW/sr-cm^{2}とかなり劣化する。

注4） 10^{20}は，垓倍（がいばい）に当り，1兆の1億倍である。SI単位系ではP（ペタ）の上の100E（エクサ：10^{18}）または0.1 Z（ゼタ：10^{21}）に相当する。ちなみにM（メガ：10^6），G（ギガ：10^9），T（テラ：10^{12}），P（ペタ：10^{15}）である。

第6章 光源技術

LDそのものであり，Qスイッチやモードロックによる時間的特性の加工も可能となる。ここで紹介した青緑色域単一周波数波長可変光源は，付録Aにもあるように波長多重ホログラフィックメモリーに適用された。なお，厚み300μmのYb：YAGマイクロチップをエッジ励起する事でCW最大出力も300Wを越える値が報告されており[49]，種々の可能性が提案されている。また，受動Qスイッチマイクロレーザーは，最近注目されているコリニアホログラフィックシステムに最適と考える。低消費電力ながらも，その尖頭出力は，数MWレベルに達しており，さらなる高出力化が進められている。例えば，出力30Wのファイバー出力LD（波長808 nm，$M^2 = 200$）の輝度は115 kW/sr-cm^{2}であるが，先端にマイクロチップレーザー（波長1.064μm，$M^2 = 1$）を取り付けた場合，Qスイッチにより尖頭値が向上するため輝度は0.14PW/sr-cm^{2}と9桁改善される。しかも，発振周波数も単一化されるためコヒーレンスが飛躍的に改善される。この事は物質への光照射による昇温の理論限界を示す輝度温度が高いとも表現できる。先のレーザーの場合，その輝度温度は1.7×10^{20}Kと太陽の10^{16}倍も上回る高い値を示しており驚愕に値する。このようなことは，どのようなレンズを幾つ組み合わせても不可能である。また，その高輝度特性の故，非線形波長変換による発振波長領域の拡大も容易となる。今後，小型全固体単一周波数光源であるマイクロ固体レーザーは，高輝度温度特性を要求するホログラフィック分野に展開でき，その実用化に大きく貢献するものと期待される。

謝辞

レーザー材料評価では分子科学研究所の佐藤庸一博士，及びYb：YAGレーザーによる光メモリー研究では東京工業大学の斎川次郎博士に協力頂いた。受動Qスイッチレーザーの実験ではハンブルグ大学のNicolaie Pavel博士，浜松ホトニクス㈱の酒井博氏，菅博文博士らに，また，製作では分子科学研究所装置開発部に協力頂いた。ここに感謝いたします。

付録：波長多重ホログラフィック光メモリーへの応用[43]

青緑色域波長可変共振器内部SHG型Yb：YAGレーザーを用いた波長多重記録ホログラフィックメモリー応用を検討した（図12）。マイクロチップレーザーからの出射ビームはビームスプリッター（BS）により信号光（signal beam）と参照光（reference beam）とに分ける。信号光はパターンプレートを透過し，フォトリフラクティブ材料のFe：LiNbO$_3$（Fe添加濃度600ppm，$7 \times 7 \times 3$ mm^3）に，参照光と角度2θで対向するように入射する反射型ホログラム構成となっている。このとき，干渉縞（grating）はFe：LiNbO$_3$のc軸と垂直方向に形成される。ホログラムの記録再生はマイクロチップレーザーの波長を変えて行う。Fe：LiNbO$_3$結晶の同じ位置にレーザーの波長を変えることで複数のホログラムの記録再生を行った結果を図13に示す。記録再生は波長521.69 nm（I），524.69 nm（M），525.35 nm（S）の3波長で行い，レーザーパワーはそ

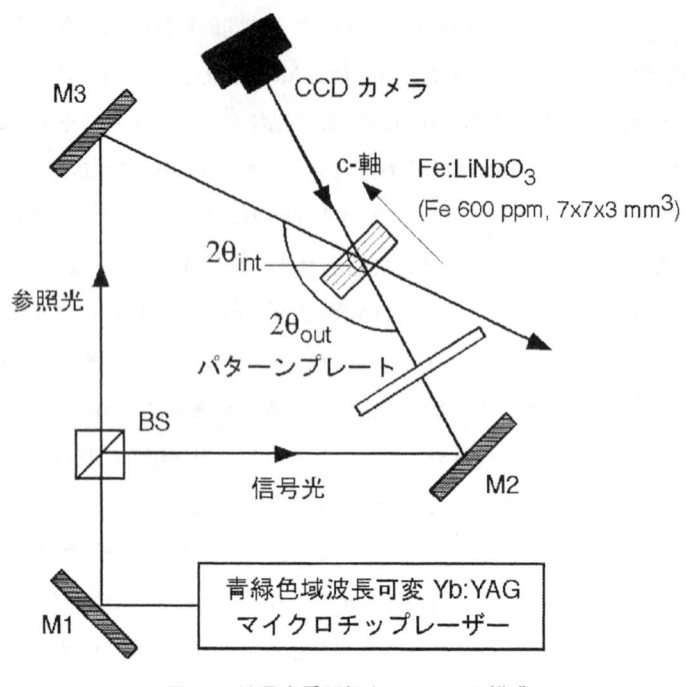

図12 波長多重記録光メモリーの構成

それぞれ60 mW, 100 mW, 90 mW, 露光時間は120 s, 60 s, 40 sであった。

次に,角度及び波長多重記録を組合せたホログラムの可能性について検討する。一般に,多重度は次式で与えられる[50]。

$$N=N_\lambda N_\theta = \left(\frac{\Delta\lambda}{\delta\lambda}+1\right)\left(\frac{\Delta\theta}{\delta\theta}+1\right) \tag{15}$$

ここで,$\Delta\lambda$は光源の波長可変幅,$\Delta\theta$はホログラム光学系の角度可変幅,$\delta\lambda$はホログラム間の波長分離幅,$\delta\theta$は角度分離幅である。また,吸収や光起電によるスクリーニング効果がない場合に,クロストークを起こさずに読み出しができる限界,つまり選択性は$\lambda/\delta\lambda_s=nL(1-\cos2\theta_{int})/\lambda$と与えられている[51,52]。ここで,$\delta\lambda_s$はホログラム間の波長分離許容幅,$L$は結晶長,$2\theta_{int}$はビーム間のフォトリフラクティブ結晶内での交差角である。反射型の$2\theta_{int}=180°$の場合に多重度は最大となる。このレーザーは,400 μmのマイクロチップにより0.3 nm間隔で22 nmの波長可変幅をもつため,波長多重度N_λは最大でも75程度に留まるが,角度多重記録を併用することにより30,000画面まではホログラムの記録再生が可能となる。また,結晶長3 mmのLiNbO$_3$では,レーザーの共振器長を調整する事で$\delta\lambda_s$を0.02 nmまで分離幅を狭めることが可能なため波長多重記録による多重度N_λは1,172まで向上できると期待される。

第 6 章 光源技術

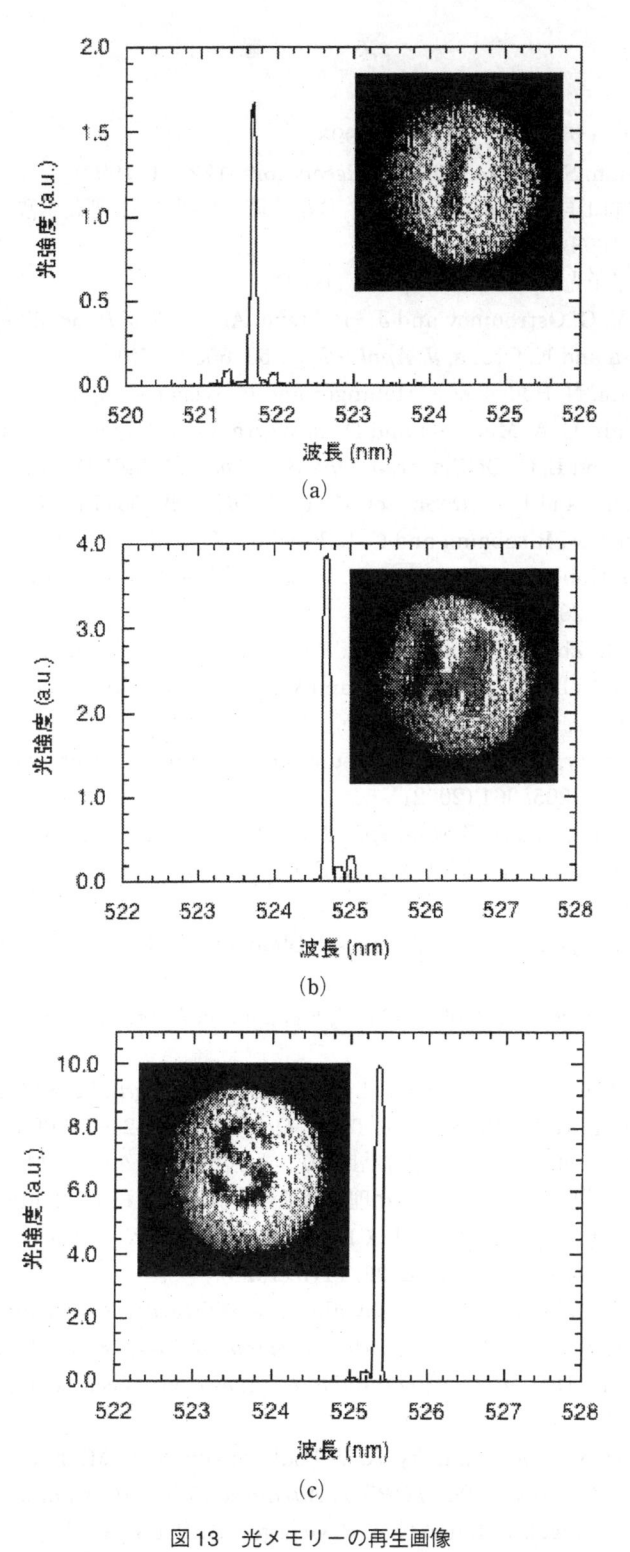

(a)

(b)

(c)

図 13 光メモリーの再生画像

文　　献

1) 平等拓範, レーザー研究, **26**, 723 (1998)
2) A. E. Siegman, *SPIE Proc. Optical Resonators*, **1224**, 1 (1990)
3) 長倉三郎, 井口洋夫, 江沢洋, 岩村秀, 佐藤文隆, 久保亮五, 理化学辞典　第5版, 岩波書店, p. 308 (1998)
4) 櫛田孝司, 量子光学, 朝倉書店, p.100 (1981)
5) T. Jensen, V. G. Ostroumov and J. -P. Meyn, *Appl. Phys. B*, **58**, 373 (1994)
6) K. Kubodera and K. Otuka, *J. Appl. Phys.*, **50**, 653 (1979)
7) K. Fuhrmann, N. Hodgson, F. Hollinger and H. Weber, *J. Appl. Phys.*, **62**, 4041 (1987)
8) N. Karayianis, C. A. Morrison and D. E. Wortman, *J. Chem. Phys.*, **62**, 4125 (1975)
9) P. P. Yaney and L. G. DeShazer, *J. Opt. Soc. Am.*, **66**, 1405 (1976)
10) T. S. Lomheim and L. G. DeShazer, *J. Appl. Phys.*, **49**, 5517 (1978)
11) A. W. Tucker, M. Birnbaum and C. L. Fincher, *J. Appl. Phys.*, **52**, 3067 (1981)
12) D. Pruss, G. Huber, A. Beimowski, V. V. Laptev, I. A. Shcherbakov and Y. V. Zharikov, *Appl. Phys. B*, **28**, 355 (1982)
13) P. Hong, X. X. Zhang, G. loutts, R. E. Peale, H. Weidner, M. Bass, B. H. T. Chai, S. A. Payne, L. D. DeLoach, L. K. Smith and W. F. Krupke, *OSA Proceeding on Advanced Solid-State Lasers*, **20**, 32 (1994)
14) C. Czeranowsky, M. Schmidt, E. Heumann, G. Huber, S. Kutovoi and Y. Zavartsev, *Opt. Commun.*, **205**, 361 (2002)
15) Y. Sato, T. Taira and A. Ikesue, *Jpn. J. Appl. Phys.*, **42**, 5071 (2003)
16) R. Lavi, S. Jackel, Y. Tzuk, M. Winik, E. Lebiush, M. Katz and I. Paiss, *Appl. Opt.*, **38**, 7382 (1999)
17) V. Lupei, A. Lupei, N. Pavel, T. Taira, I. Shoji and A. Ikesue, *Appl. Phys. Lett.*, **79**, 590 (2001)
18) V. Lupei, T. Taira, A. Lupei, N. Pavel, I. Shoji and A. Ikesue, *Opt. Commun.*, **195**, 225 (2001)
19) Y. Sato, T. Taira, N. Pavel and V. Lupei, *Appl. Phys. Lett.*, **82**, 844 (2003)
20) V. Lupei, N. Pave , Y. Sato and T. Taira, *Opt. Lett.*, **28**, 2366 (2003)
21) 平等拓範ほか, 固体レーザー (小林喬郎編), 学会出版センター, p.11 (1997)
22) 佐藤庸一, 平等拓範, 第53回応用物理学関係連合講演会予稿集, 25aP9, 1140 (2006)
23) L. D. DeLoach, S. A. Payne, L. L. Chase, L. K. Smith, W. L. Kway and W. F. Krupke, *IEEE J. Quantum Elecron.*, **QE-29**, 1179 (1993)
24) G. Lei, J. E. Anderson, M. I. Buchwald, B. C. Edwards, R. I.Epstein, M. T. Murtagh and G. H. Sigel, Jr., *IEEE J. Quantum Elecron.*, **QE-34**, 1839 (1998)
25) P. Wang, J. M. Dawes, P. Dekker and J. A. Piper, "Advanced Solid-State Lasers Conf. Ser. 13", p. PD15.1, OSA (1999)
26) N. V. Kuleshov, A. A. Lagatsky, A. V. Podlipensky, V. P. Mikhailov, E. Heumann, A. Diening and G. Huber, *OSA TOPS on Advanced Solid-State Lasers*, **10**, 415 (1997)
27) F. Auge, F. Mougel, F. Balembois, P. Georges, A. Brun, G. Aka, A. K.-Harari and D.

第6章 光源技術

Vivien, "Advanced Solid-State Lasers Conf. Ser. 13", p. 277, OSA (1999)
28) M. Yoshimura, H. Furuya, I. Yamada, K. Murase, H. Nakano, M. Yamazaki, Y. Mori and T. Sasaki, "Advanced Solid-State Lasers Conf. Ser.13", p. PDP11, OSA (1999)
29) J. Saikawa, Y. Sato, T. Taira and A. Ikesue, *Appl. Phys. Lett.*, **85**, 1898 (2004)
30) C. Krankel, D. Fagundes-Peters, S. T. Fredrich, J. Johannsen, M. Mond, G. Huber, M. Bernhagen and R. Uecker, *Appl. Phys. B*, **79**, 543 (2004)
31) 平等拓範, レーザー研究, **26**, 847 (1998)
32) T. Taira, W. M. Tulloch and R. L. Byer, *Appl. Opt.*, **36**, p. 1867 (1997)
33) T. Taira, A. Mukai, Y. Nozawa and T. Kobayashi, *Opt. Lett.*, **16**, 1955 (1991)
34) G. J. Kintz and T. Bare, *IEEE J. Quantum Electron.*, **QE-26**, 1457 (1990)
35) T. Sasaki, T. Kojima, A. Yokotani, O. Oguri and S. Nakai, *Opt. Lett.*, **16**, 1665 (1991)
36) T. Taira, W. M. Tulloch, R. L. Byer and T. Kobayashi, *OSA TOPS on Advanced Solid-State Lasers*, **1**, 14 (1996)
37) T. Taira, H. Ogishi and T. Kobayash, *IEICE Transactions C-I*, **J75-C-I**, 415 (1992) (in Japanese)
38) T. Taira, J. Saikawa, T. Kobayshi and R. L. Byer, *IEEE Journal of Selected Topics in Quantum Electrons*, **3**, 100 (1997)
39) J. Saikawa, S. Kurimura, N. Pavel, I. Shoji and T. Taira, *OSA TOPS on Advanced Solid-State Lasers*, **34**, 106 (2000)
40) T. Taira, T. Sasaki and T. Kobayashi, *IEICE Transactions C-I*, **J74-C-I**, 331 (1991)
41) T. Taira and T. Kobayashi, *IEEE J. Quantum Electron.*, **30**, 800 (1994)
42) T. Taira and T. Kobayashi, *Appl. Opt.*, **34**, 4298 (1995)
43) J. Saikawa, S. Kurimura, I. Shoji and T. Taira, *Opt. Mat.*, **19**, 169 (2002)
44) I. J. Hodgkinson and J. I. Vukusic, *Opt. Commun.*, **24**, 133 (1978)
45) N. Pavel, J. Saikawa, S. Kurimura and T. Taira, *Jpn. J. Appl. Phys.*, **40**, 1253 (2001)
46) 酒井博, 曽根明弘, 菅博文, 平等拓範, 電子情報通信学会研究会 信学技法, **LQE2004-6**, 23 (2004)
47) H. Sakai, A. Sone, H. Kan and T. Taira, CLEO-PR 2005, CThI2-2, 1246 (2005)
48) T. Taira, Y. Matsuoka, H. Sakai, A. Sone and H. Kan, CLEO 2006, CWF6 (2006)
49) M. Tsunekane and T. Taira, *Jpn. J. Appl. Phys.*, **44**, L1164 (2005)
50) S. Campbell and P. Yeh, *Appl. Opt.*, **35**, 2380 (1996)
51) S. Yin, H. Zhou, F. Zhao, M/ Wen, Z. Yang, J. Zhang and F. T. S. Yu, *Opt. Commun.*, **101**, 317 (1993)
52) X. Yi., P. Yeh and C. Gu, *Opt. Lett.*, **19**, 1580 (1994)

ホログラフィックメモリーのシステムと
材料《普及版》
　　　　　　　　　　　　　　　　　　（B1013）

2006年 4月28日　初　版　第1刷発行
2012年 9月10日　普及版　第1刷発行

　　監　修　　志村　努　　　　　　　　Printed in Japan
　　発行者　　辻　賢司
　　発行所　　株式会社シーエムシー出版
　　　　　　　東京都千代田区内神田 1-13-1
　　　　　　　電話 03(3293)2061
　　　　　　　大阪市中央区南新町 1-2-4
　　　　　　　電話 06(4794)8234
　　　　　　　http://www.cmcbooks.co.jp/

〔印刷　倉敷印刷株式会社〕　　　　　　© T. Shimura, 2012

定価はカバーに表示してあります。
落丁・乱丁本はお取替えいたします。

本書の内容の一部あるいは全部を無断で複写（コピー）することは，法律
で認められた場合を除き，著作者および出版社の権利の侵害になります。

ISBN978-4-7813-0571-4　C3054　¥4000E